PRÉCIS

D'ANATOMIE

TRANSCENDANTE

APPLIQUÉE A LA PHYSIOLOGIE.

IMPRIMERIE DE BOURGOGNE ET MARTINET,
RUE JACOB, 30, A PARIS.

PRÉCIS
D'ANATOMIE
TRANSCENDANTE
APPLIQUÉE A LA PHYSIOLOGIE,

PAR

M. E.-R.-A. SERRES,

Membre de l'Institut (Académie des sciences), et de l'Académie de médecine ,
Professeur au Muséum d'histoire naturelle , etc.

TOME PREMIER.

PRINCIPES D'ORGANOGÉNIE.

Mirantur aliqui altitudines montium, ingentes fluctus
maris, altissimos lapsus fluminum, et gyros siderum —
Relinquunt seipsos, nec mirantur!...
SAINT AUGUSTIN.

PARIS.
LIBRAIRIE DE CHARLES GOSSELIN,
Éditeur de la Bibliothèque d'élite,
30, RUE JACOB.
1842.

ERRATUM.

Page 9, ligne 33. *Au lieu de* un cinquantième ou un centième, *lisez* un cinquième ou un dixième de millimètre de diamètre.

AVERTISSEMENT

DES ÉDITEURS.

M. Serres ayant bien voulu se charger de rédiger, dans l'*Encyclopédie nouvelle*, les articles d'anatomie transcendante, les Editeurs ont pensé faire une chose utile au public en imprimant séparément la collection de ces articles. Leur ensemble forme un ouvrage dont on chercherait vainement l'analogue, et que le mouvement actuel de la science rend tout-à-fait nécessaire. Non seulement les naturalistes et les zootomistes disséminés dans les diverses parties de l'Europe, mais la jeunesse même qui s'empresse, au Muséum, aux leçons de l'illustre professeur, demandent depuis long-temps à la librairie un résumé de ces idées scientifiques si importantes et si caractéristiques de notre siècle. La difficulté était qu'un observateur compétent se chargeât de ce travail. Grâce au concours de M. Serres, l'*Encyclopédie nouvelle* a résolu la question; et en détachant, comme elle le fait aujourd'hui, ces précieux articles, elle y satisfait mieux encore. Le volume publié aujourd'hui renferme ce qui est relatif à l'histoire de l'organogénie et à l'exposé de ses principes généraux. La suite contiendra les articles spéciaux sur la formation régulière des divers systèmes d'organes, et ceux qui concernent les états anormaux de l'organisation, c'est-à-dire les maladies et les monstruosités. Les Éditeurs espèrent pouvoir livrer au public cet autre volume prochainement.

TABLE ANALYTIQUE

DES MATIÈRES CONTENUES DANS CE VOLUME.

PREMIÈRE PARTIE.

REVUE HISTORIQUE.

Indication sommaire des observateurs qui ont fait des travaux d'embryogénie, et des principales découvertes auxquelles leur nom se rattache.— Aristote.— Galien.—Fabrice d'Aquapendente.—Guillaume Harvey ; il émet le premier cette idée, que tout animal provient d'un œuf. — Malpighi ; il suit les développemens primitifs du poulet. — Régnier de Graaf ; découverte de la vésicule qui porte son nom. — Needham-Duverney, Rouhaut, Méry, Winslow, étudient l'évolution du cœur de l'embryon et du fœtus comparé à celui de l'adulte, ainsi que les anomalies organiques. — Ruysch ; son opposition aux recherches embryogéniques combattue par Boerhaave et Morgagni. — Haller; puissante impulsion qu'il donne aux recherches d'ovologie et d'embryogénie. — Wolf. — Albinus découvre la vésicule ombilicale, la membrane pupillaire de l'embryon ; ses travaux d'ostéogénie. — J. Hunter et Guillaume Hunter ; découverte de la caduque et du mode d'évolution du testicule. — Vicq-d'Azyr créateur de la théorie des homologues. — Sabatier. — Wrisberg, les deux Walter de Berlin. — Sœmmering père.

Bichat; ses études si remarquables sur les tissus primitifs des organes. — Dupuytren, Meckel, Béclard, Gall et Spurzheim. — Muller, Bosc, Jurine, Ehrenberg; recherches sur les infusoires.— Travaux des anatomistes modernes sur l'anatomie comparée.

Ovologie moderne. — Autenrieth, Burns, Claighton. — Cruikshanks confirme les faits observés par de Graaf. — Oken; ses idées sur la vésicule érythroïde. — MM. Emmert et Hochstetter. — Dutrochet détermine l'allantoïde chez les oiseaux et les reptiles. A son travail sur les enveloppes du fœtus chez les vivipares et les ovipares, se rattachent ceux de Cuvier, de

Bojanus, de Coste. — Purkinje découvre la vésicule prolifère
chez les oiseaux. MM. Baer, Wagner, Rathké, Valentin la
déterminent chez les autres animaux. — Prévost et Dumas
font naitre la moelle épinière des spermatozoaires.—Travaux
sur ces animalcules.(Siebold, Czermack, etc.). — Lallemand
émet l'idée que, dans l'acte de la reproduction, le zoosperme
est de la part du mâle ce que la vésicule prolifère est de la
part de la femelle.

Ovologie humaine. — Travaux sur la caduque (MM. Moreau, Breschet, etc., etc.). — Amnios ramené à la disposition
des séreuses (MM. Doellinger, Burdach, Serres, etc., etc.).—
Serres; suivant lui, les membranes fœtales des animaux supérieurs font partie de l'organisation fixe des animaux inférieurs.

Retour des observateurs modernes vers l'épigénèse.—Causes
de ce retour. — Période hypothétique, période positive des
sciences en général, et de l'organogénie en particulier. —
Nécessité de joindre l'examen des temps anciens aux temps
modernes dans l'esquisse des théories de l'organogénie. —
Conséquences et déductions les plus générales de la théorie
des préexistences et de celle de l'épigénèse organique. —
Rapports que l'organogénie établit entre les invertébrés et les
vertébrés, entre les faits d'anatomie comparée et les faits
d'embryogénie humaine. — Application de ses principes à
l'anatomie pathologique et à la paléontologie — Étendue de
l'organogénie considérée sous ce point de vue.

Aristote, premier inventeur de la théorie du développement
centrifuge. — Sa classification de phytologie et de zoologie
entièrement fondée sur la physiologie. — Ses idées sur les
deux vies; il fait commencer le développement de la vie
animale à l'apparition du cœur. — Galien; sa comparaison
de la formation des animaux à la construction d'un navire,
adoptée par Fabrice d'Aquapendente. — Opinion de ce dernier, qui fait dériver les principaux organes des nœuds
secondaires et primitifs des chalazes dont le prolongement
constitue la cicatricule.

Harvey, premier créateur de la théorie de l'épigénèse;

formation de l'embryon par addition de parties, par superposition, juxtaposition, adhésion; créateur de l'ovologie,
il émet l'idée que *tout animal provient d'un œuf*, et que l'organisation des animaux inférieurs est répétée transitoirement
par les embryons des animaux supérieurs.

Influence des recherches microscopiques de Leuwenhœck
et de Hartsœcker.— Idée de l'emboîtement des germes (Malebranche et Swammerdam). — Recherches organogéniques
délaissées.
Malpighi; ses travaux sur la cicatricule, sur la membrane
blastodermique, etc.; ses idées sur le développement du tissu
adipeux, sur l'homogénie glandulaire. — Boerhaave; ses
vacillations sur les idées d'homogénie histologique de Ruysch
et de Malpighi. Il regarde le système nerveux comme étant
générateur de tous les autres tissus. —Variations des auteurs
de la théorie centrifuge des développemens (Aristote, Galien,
Fabrice d'Aquapendente, Harvey, Malpighi. Boerrhaave),
relativement au point de départ des organismes.
École de Haller. — La physiologie se détache de l'anatomie
comme science distincte. — Travaux des anatomistes de cette
école en organogénie comparée.— Haller se prononce d'abord
pour l'épigénèse et ensuite pour la théorie des préexistences;
il fait du cœur l'organe générateur primaire. — La théorie
du développement centrifuge basée sur la physiologie de
l'adulte.

État du système des préexistences au sortir des mains de
Bonnet et de Haller. — Needham attaque l'hypothèse de
l'existence des germes; ses expériences sur la formation des
infusoires. — Forces occultes admises par cet observateur
pour l'explication des faits d'organogénie. —Wolf; analogie
des forces occultes dont il admet l'existence avec celles admises par Needham. — Il attaque l'idée de l'action formatrice
du cœur; ses travaux sur le développement du système sanguin; il émet l'idée de la formation successive des organes.
Théorie des évolutions organiques établie par Haller. —
Différences entre la théorie des évolutions et la doctrine de
l'épigénèse.
Théorie des homologues (André Bonn. — Vicq-d'Azyr. —
MM. Duméril et Oken, Spix et Meckel). — Application de
cette théorie aux organismes des invertébrés (MM. Savigny,
Dunal, Moquin-Tandon, Dugès, etc., etc.).

Principe de l'analogie des tissus organiques, par Bichat.
—Travaux des anatomistes de l'école de Haller, sur les divers
tissus du corps humain. — Bichat coordonne ces travaux et
crée l'anatomie générale.

Origine de l'anatomie comparée (Daubenton, Vicq-d'Azyr,
Cuvier).

Principe de corrélation des formes (Cuvier). — La création de la paléontologie, dernier résultat de la doctrine des
préexistences organiques.

Théorie des analogues du professeur Et.-Geoffroy Saint-
Hilaire. — Cet anatomiste fait pour les organes des animaux
ce que Bichat avait fait pour les tissus du corps humain.

Ovologie comparée (MM. Dutrochet, Cuvier, Oken, Carus).
Théorie du développement centripète (M. Serres).

DEUXIÈME PARTIE.

LOIS GÉNÉRALES.

Propositions dont la démonstration compose l'anatomie
transcendante. — Modes d'investigation de la zoologie et de
l'anatomie comparée. — Moyens de détermination de l'anatomie transcendante. — Epoques d'apparition, dans la vie
des animaux, des analogies et des différences organiques.—
Bases de l'anatomie transcendante.

Conséquences du système des préexistences relatives à l'accroissement. — Mode d'accroissement des corps organisés et
des corps inorganiques. — Formation des organes par juxtaposition de parties (membrane blastodermique , systèmes
osseux, dentaire, nerveux, vasculaire, musculaire).—Mode
d'association des tissus.

Conséquences de la théorie des préexistences pour la mor-
phologie des organes. — Antithèses entre les corps organiques et les corps inorganiques sous le point de vue de la
ligne qui est l'élément fondamental de leurs formes.—Inexac-
titude de ces oppositions quand on suit l'histoire des formations organiques. — Décompositions des formes circulaires
des organes (cavités, sinus, trous, etc.). — Décomposition

des formes organiques. (Système musculaire.—Muscles orbiculaires. — Sphincters.— Membrane omphalo-mésentérique. — Iris.—Globe de l'œil. — Cavité orbitaire. — Cavités cotyloïde, glénoïdes, etc. —Anneau vertébral.—Foie.—Prostate. —Rein. — Dents.— Couronne dentaire.)

But final des développemens. — Double mode de réunion des élémens organiques.— Réunion par association (colonne vertébrale). — Réunion par pénétration (sacrum).

Influence des deux modes de cohésion des élémens organiques (réunion par association. — Réunion par pénétration) sur l'état de ces éléments. — En organogénie, l'élément constitutif entre comme essence des organismes, et la forme comme accessoire (vésicules séreuses.—Faits d'adénogénie). — Les procédés usités en anatomie pour dévoiler la structure des organes les ramènent à l'état qu'ils avaient chez l'embryon à leur point de départ. — Ce qu'on entend par *organite* en organogénie. — Moyens de retrouver chez l'adulte les traces des organites pénétrés. — A quoi se réduisait la morphogénie organique dans la théorie des préexistences.

Les organismes des animaux reproduisent d'une manière permanente les états divers que présentent d'une manière transitoire les organismes de l'embryon humain. — Vie parasitique des êtres. — Influence de la durée de cette vie sur l'état de perfection des organismes, sur la durée de leur vie indépendante, sur la rapidité et la fécondité de leur reproduction. — Fractionnement des organismes de plus en plus marqué, à mesure que l'on descend l'échelle des êtres. — Etats divers des organes dans le cours de leur formation, répétés d'une manière permanente par leurs analogues dans la série des animaux. (Cœur.— Hyoïde.—Sternum. —Maxillaire supérieur. — Rein. — Glande thyroïde. — Prostate. — Utérus.— Pénis. — Clitoris.— Prolongement caudal.—Lobes optiques. — Cervelet. — Hémisphères cérébraux. —Cicatricule. — Blastoderme. — Tube digestif.)

Rapport des organes et des élémens organiques. — *Zoonites;* ce qu'on entend par ce mot. — Différences et analogies entre les organites et les zoonites, sous le point de vue de leur mode d'existence, sous le point de vue des diverses manières suivant lesquelles ils s'associent. — Rapport entre l'organogénie et l'idée zoologique de la série animale. — Sous le point de vue de la disposition de leurs tissus, les invertébrés sont des embryons permanens des vertébrés. — Invertébrés mono-hystes, deutohystes, etc., etc. — Rapports entre les embryons des vertébrés et les invertébrés, considérés d'après la manière dont s'ajoutent les uns aux autres les organes chez les embryons des vertébrés, et les tissus chez les invertébrés, d'après la variabilité des formes chez les uns et chez les autres, d'après l'analogie qui s'établit entre les monstruosités qui affectent les vertébrés et l'état organique permanent des invertébrés. — Influence des modifications que détermine une métamorphose de plus ou de moins pour la production des espèces chez les invertébrés. (Expériences de régénération du lombric terrestre. — Formation des kolpodes, des vorticelles, par M. Ehremberg, des rotellines. — Formation de la coquille des acères, de celle du *limnæus ovalis*, par M. Dumortier, du test bivalve de l'*isaura cycladoïdes*, par M. Joly.) — Application du principe de la concordance de l'organogénie et de la zoogénie à l'anatomie des cirrhipèdes, considérés comme les embryons permanens de l'écrevisse.

Faits généraux d'organogénie et d'embryogénie. — Nécessité des déterminations organiques. — Philosophie anatomique d'Aristote. — Influence des exigences de la médecine sur l'anatomie. — Application de l'idée des causes finales aux organismes de l'homme et des animaux (Galien). — Distinction des organes et des tissus — Union de la méthode d'Aristote à celle de Galien pour les déterminations organiques (Haller).

But des sciences générales; leurs procédés. — Procédés des sciences descriptives. — Nature des faits qui servent de base à ces deux ordres de sciences. — Inconvénients qu'elles entraînent à leur suite. — Causes de l'imperfection des sciences générales.

Double état présenté par les organes dans le cours de leurs formations.— Principe de détermination de l'anatomie comparée. — Détermination des organismes par la forme, par la fonction. (Organe hépatique, système respiratoire.) — Insuffisance de ces deux principes dans la détermiuation des organes de la vie de relation. — Etats divers de l'encéphale chez les vertébrés. — Insuffisance de la forme et de la fonction pour la détermination des os de la face et du crâne chez les oiseaux, les reptiles et les poissons. (Os carré des oiseaux, os operculaires des poissons.) — Nouvelle direction donnée par M. Geoffroy Saint-Hilaire pour la détermination de la tête osseuse des poissons. — Principe des connexions. — Principe du balancement des organismes. — Déterminations diverses de la région moyenne de l'encéphale (MM. Gall, Cuvier, Arsaki, Tiedemann, Tréviranus, Rolando, de Blainville). — Application du principe des connexions et des faits d'organogénie à la détermination des élémens encéphaliques des quatre classes des vertébrés, et de l'os carré des oiseaux. — Secours que ce principe prête à l'ovologie. — Détermination de la vésicule ombilicale (Sœmmering, Wrisberg), de l'allantoïde (M. Dutrochet), par le principe des connexions.

Définition de l'anomalie suivant les anatomistes. — Leurs vues générales sur les animaux invertébrés. — Ils admettent trois plans d'organisation différens pour les êtres organisés. — Difficultés de la liaison des invertébrés aux vertébrés.— Causes de ces difficultés.

Composition de l'ovule chez les invertébrés, absolument semblable à celle de l'ovule chez les vertébrés.—Connexions du vitellus avec l'embryon, inverses chez les invertébrés de ce qu'elles sont chez les vertébrés. — Conséquences de cette position du vitellus pour les rapports d'attitude des systémes nerveux et digestif dans les deux embranchemens. — Motifs qui s'opposent à ce qu'on regarde le système ganglionnaire des invertébrés comme correspondant au système cérébro-spinal des vertébrés.— Existence de quatre chaines nerveuses ganglionnaires chez les vertébrés. — Position, rapports, fonction des deux chaines nerveuses ganglionnaires antérieures, et des deux chaines nerveuses ganglionnaires postérieures chez les vertébrés. — Etat de la chaîne nerveuse ganglionnaire des invertébrés : chez les invertébrés supérieurs adultes, chez les invertébrés supérieurs à l'état de larve, chez *le cimothoé, le talitre, les cirrhipèdes, les anodontes, les balanes ;* chez les mollusques. — Rapports des divers états que présente cette chaîne nerveuse ganglionnaire chez les invertébrés aux diverses périodes de leur existence, avec les états divers des organes locomoteurs. — Existence du grand sympathique chez les invertébrés. (Crustacés décapodes, larve de *l'orycte nasicorne*, insectes.) — Les ganglions des invertébrés sont les analogues des ganglions inter-vertébraux des vertébrés.

Système d'organes sur lequel Aristote dirigea particulièrement ses vues. — Ce que Galien entendait par *membre.* — Théorie des homologues. (MM. Spix, Oken et Meckel.) — Composition homologique des invertébrés. (MM. Savigny, Oken, Dugès.) — Emploi des appareils locomoteurs dans la classification des invertébrés. (MM. Latreille, Cuvier, etc.) — Variétés de position des organes locomoteurs chez les mollusques. — Les ganglions nerveux suivent ces organes dans leurs divers déplacemens. (*Brachiopodes, clio boréalis, thétys, patelles, oscabrions, limaces, hélices, aplysies, céphalopodes, bivalves.*) — Disposition des membres et de la chaîne ganglionnaire nerveuse chez les insectes, les crustacés et les cirrhipèdes. — Rapport direct de développement entre les membres et les ganglions inter-vertébraux chez les vertébrés et les invertébrés. — Preuves physiologiques du renversement d'attitude de la chaîne nerveuse ganglionnaire des invertébrés.

Faits dévoilés par l'organogénie comparée. — Apparition des organes de la circonférence au centre. — Leur dualité primitive. — Coalescence des deux moitiés qui les composent primitivement.

Composition de l'œuf avant l'imprégnation. — Position de

Formation des organismes de la lame muqueuse du sac germinateur. (Intestin, vessie, etc.) — Explication par l'organogénie de deux exceptions apparentes à la loi de symétrie. (Poumon unique des ophidiens, ovaire unique des oiseaux.)

PRINCIPES

D'ORGANOGÉNIE.

PREMIÈRE PARTIE.

REVUE HISTORIQUE.

CHAPITRE PREMIER.

Introduction à l'étude de l'organogénie.

Le développement de l'homme, la comparaison de l'embryon et du fœtus avec l'adulte, ont à toutes les époques excité puissamment l'intérêt des anatomistes et des physiologistes. Cet intérêt, qui d'abord n'était qu'une simple curiosité, s'est accru de siècle en siècle par les révélations inattendues qui sortaient de cette comparaison; de telle sorte que l'Organogénie, qui, naguère encore, n'était qu'une partie très accessoire de l'anatomie, en est devenue présentement la partie principale, celle qui éclaire, celle qui commande, celle qui domine toutes les autres.

Dans cette situation, il est donc d'une haute utilité, pour fixer les esprits, de donner, au moins sommairement, un exposé de l'origine, du but, des méthodes et de la philosophie de la science. D'abord, nous jetterons un coup d'œil sur son histoire.

Aristote s'occupa beaucoup de la formation du poulet; mais, comme nous le verrons bientôt, il ne le fit qu'au point de vue particulier de la zoologie. Son anatomie, partout empreinte de ce caractère, décèle à chaque pas les germes des nomenclatures et des classifications modernes; on y distingue surtout le principe de *l'échelle des êtres organisés*, que nous verrons devenir si célèbre par la suite; mais quant à l'organogénie proprement dite, elle s'y trouve à peine indiquée.

Elle l'est moins encore dans les écrits de Galien, dont l'anatomie fut tout appliquée à *l'usage des parties* (science que nous désignons aujourd'hui sous le nom de physiologie), comme celle d'Aristote l'avait été à la zoologie. Or, l'action des organes ne pouvant être saisie que chez les animaux arrivés au terme de leur développement, ce sont les organismes de cette période de la vie, et uniquement de cette période, qui durent faire l'objet des considérations anatomiques de Galien. Créateur de l'anatomie descriptive des animaux, ses ouvrages se distinguent par les vues les plus élevées sur leur anatomie comparée; mais ils se taisent sur l'histoire des développemens des organes, parce que ces développemens étaient étrangers à son sujet et au but qu'il se proposait d'atteindre.

Au premier aperçu, l'ouvrage de Fabrice d'Aquapendente, intitulé *de la Formation du fœtus*, semble destiné à combler cette lacune; mais quand on a médité ce travail, remarquable d'ailleurs sous plusieurs rapports, on trouve qu'il ne renferme qu'une description, bien faite pour son époque, des enveloppes du fœtus et de leur usage. Ce n'est en résumé qu'un beau chapitre à ajouter aux écrits de Galien.

Pour voir l'organogénie se dégager des entraves qui lui étaient opposées, il faut arriver à l'époque qui suivit la chute de ce prince des écoles dont les doctrines étouffaient l'élan des hommes de génie; c'est alors que commença l'ère de la liberté de penser dans les sciences naturelles, et en particulier dans l'anatomie, qui devança toutes les autres.

A peine Bérenger de Carpi, Vésale, Sylvius, Eustachi et Fallope, eurent-ils placé l'anatomie de l'homme sur ses véritables bases, que Guillaume Harvey et Malpighi en firent sortir avec éclat l'étude de la formation des organismes, ainsi que celle de l'anthropogénie et de la zoogénie. Avant l'immortel auteur de la découverte de la circulation du sang, on dissertait beaucoup, sans se comprendre, sur la génération *mixte, équivoque, spontanée, primitive,* ainsi que sur les *atomes* et leur mélange. Son ouvrage tout expérimental sur la génération des animaux (*de generatione animalium*) remplaça cette métaphysique inintelligible par l'appréciation exacte des faits et par des vues élevées qui en formulaient les principaux rapports.

Tout animal provient d'un œuf, dit Harvey; et aussitôt, sans s'arrêter aux objections que fait naître une idée si hardie, il pose en principe que le problème fondamental, que le problème unique de l'organogénie consiste à déterminer par l'observation comment un animal, comment l'homme lui-même sort de cet œuf.

Aristote et Aquapendente n'avaient observé l'incubation qu'à l'œil nu. Tout leur échappait. Harvey se servit de la loupe, Malpighi du microscope, La solution de la question posée par Harvey, la plus grande qui ait jamais été posée dans les sciences naturelles, eût été indéfiniment ajournée, impossible peut-être, sans le secours que vint prêter à l'anatomie le microscope. Mais ce merveilleux instrument en changea tout-à-coup les conditions. Avec son aide Malpighi suivit, avec un rare bonheur, les premiers développemens du poulet; René de Graaff découvrit la vésicule qui porte son nom, et suivit les premières formations du lapin avec une sagacité qui n'a été dépassée que de nos jours, et qui souvent rappelle Malpighi. A peu près à la même époque, Needham s'attacha plus particulièrement à l'étude des enveloppes de l'œuf des mammifères et de l'homme ; il distingua le premier la vésicule ombilicale chez les animaux domestiques, et peu s'en fallut qu'il ne découvrit ses rapports avec le vitellus des oiseaux. Enfin il fit également de curieuses observations sur le placenta de divers animaux.

A côté de ces hommes remarquables se placèrent, vers la fin du dix-septième siècle et le commencement du dix-huitième, les Duverney, les Rouhaut, les Méry, les Winslow, etc. Avec eux se présentèrent deux questions d'un grand intérêt : l'une, l'évolution du cœur de l'embryon et du fœtus comparé à celui de l'adulte ; l'autre, l'étude de la monstruosité. La première, qui fut presque résolue, donna l'explication de la circulation à ces deux époques de la vie. La seconde ouvrit avec succès les recherches positives sur les anomalies organiques, qui ne sont que des évolutions sous une autre forme. Mais la science n'étant pas assez avancée pour apprécier toute la portée de ces questions, Rhuysch s'éleva avec force contre cette nouvelle direction ; et l'avenir de l'organogénie fut compromis un instant.

Fier d'avoir élevé à sa perfection l'art d'injecter les vaisseaux, Rhuysch traita avec une sorte de dédain les recherches embryogéniques, ainsi que celles dont les invertébrés étaient l'objet en vue d'éclairer la structure de l'homme. Imbu de l'idée que les petits animaux n'avaient rien de commun avec les grands, il émit le principe que ces derniers seuls pouvaient utilement servir l'anatomie comparée. Non content de frapper d'un blâme sévère les anatomistes qui voulaient faire servir les êtres du bas de l'échelle à l'explication de ceux qui en occupent le faîte, il en appela au jugement de la postérité pour l'appréciation de la supériorité de sa méthode sur celle d'Harvey et de Malpighi. Heureusement que la réponse ne se fit pas long-temps attendre. Du vivant même de Rhuysch, la voix puissante de Boerhaave et celle plus compétente de Morgagni, se firent entendre en faveur de la méthode de Malpighi, et ces grands esprits rouvrirent par la force de leurs raisons la carrière organogénique que Haller allait parcourir avec tant de succès.

Haller, que l'on trouve toujours sur sa route, à quelque recherche qu'on se livre en anatomie ou en physiologie, résuma tout ce que l'on avait fait avant lui sur le développement de l'homme et des animaux. Après avoir marqué le point où était parvenue la science, il traça le programme de ce qui restait à faire et la marche qu'il fallait suivre. Joignant alors l'exemple au précepte, il fit des travaux immenses sur la formation du cœur, sur le développement des os, qu'il suivit de jour en jour chez les oiseaux, sur l'ovologie du poulet, dont il commença à bien apprécier les enveloppes, et enfin sur l'ovologie et l'embryogénie des mammifères. Ces observations nombreuses l'initièrent profondément aux mystères des formations organiques, et il en donna de belles preuves dans ses vues sur les anomalies des organismes des animaux et de l'homme. Mais Haller fut trop général dans ses recherches; il embrassa trop d'objets pour pouvoir tous les approfondir; et par suite il glissa le plus souvent sur les difficultés de l'organogénie, au lieu de chercher à les résoudre.

Wolf, qui fut un des rivaux de Haller, était d'un esprit tout-à-fait opposé. Les questions qu'il se proposait étaient circonscrites; mais il pénétrait si avant dans leur profondeur qu'il laissait peu à faire après lui. Ses observations microscopiques sur l'évolution première du canal intestinal sont d'une précision admirable. Celles sur la transformation vasculaire de la membrane ombilicale du poulet tiendraient du merveilleux, si tout n'était en effet merveilleux dans la nature, quand on s'élève à ses premières formations. C'est un spectacle qui confond que de voir apparaître des taches jaunes sur cette membrane, de voir ces taches se convertir en points rouges que Wolf nomme *îles sanguines;* puis d'apercevoir sur ces îles des milliers de vaisseaux capillaires qui se dirigent de tous côtés pour se réunir à leurs congénères, et former par leur réunion les ramuscules, les rameaux, les branches et les troncs qui vont porter à l'embryon les matériaux de son développement. Ces expériences fondamentales sont de celles qu'il faut avoir répétées, si l'on veut se livrer avec fruit aux études de l'organogénie.

Malpighi avait trouvé Rhuysch sur sa route; Haller se heurta contre Albinus, que l'on peut regarder comme le continuateur de Rhuysch. Même habileté pour les préparations, même précision pour décrire; même entraînement pour l'anatomie matérielle, mais aussi même dédain pour la philosophie de l'anatomie générale et comparée. Une seconde fois, l'organogénie eût été compromise si le hasard n'eût placé la vésicule ombilicale de l'homme sous le scalpel de cet habile anatomiste, qui lui assigna la position invariable qu'elle occupe chez les mammifères entre le chorion et l'amnios. Entraîné, malgré ses principes, dans ces voies nouvelles de la science, il leur dut la découverte de la membrane pupillaire de l'embryon, sur laquelle MM. Edwards, Cloquet et Giraldès ont fait de nos jours de si intéressans travaux. Son ostéographie, si supérieure à tout ce qui avait été fait avant lui, dut ce mérite à ses études sur l'ostéogénie du fœtus, dans lesquelles il dépassa ce que Vésale, Fallope, Eustachi, Coiter, Esson, Riolan, Kerkring et Nesbitt, avaient déjà fait sur ce sujet.

Après ces anatomistes, et sur la même ligne qu'eux, en ce qui concerne l'organogénie, nous placerons les deux Hunter en Angleterre, et Vicq-d'Azyr en France.

La gloire du nom de Hunter est attachée à la découverte de la membrane caduque chez l'homme, à celle de ses deux lames et à la cavité qui les sépare : les recherches importantes de ces savans sur le chorion, sur le placenta et la structure de l'utérus, apprirent aux physiologistes que l'ovologie humaine pouvait rivaliser d'intérêt avec l'ovologie des oiseaux et celle des mammifères, qui, jusque là, avaient trop exclusivement occupé les anatomistes. C'est à eux aussi que l'on doit la détermination de l'évolution du testicule, qui, placé d'abord sur les côtés de la colonne vertébrale, descend dans le scrotum, qu'il doit occuper toute la vie, sous la protection d'un repli du péritoine qui l'empêche de s'égarer dans sa route. Au nom de Hunter se rattache également l'hypothèse célèbre des vaisseaux absorbans et exhalans, qui n'est qu'une extension des artères ou des veines succulentes de Rhuysch ; hypothèse dont Bichat fera une théorie pour expliquer la nutrition, la composition et la décomposition des parties pendant le cours de la vie.

C'est seulement par le système osseux que nous pouvons rattacher le nom de Vicq-d'Azyr à la théorie du développement des animaux ; mais il s'y rattache par une de ces idées-mères qui ne s'effacent plus de la science une fois qu'elles y sont écrites. Cette idée est celle de l'analogie du membre supérieur et inférieur de l'homme. Il en avait trouvé les racines dans Galien, et c'est d'elle qu'est sortie plus tard la doctrine qu'en Allemagne Spix, Oken, Meckel et M. Carus, ont désignée sous le nom de *Théorie des homologues.*

Nous devons mentionner encore les travaux de Sabatier sur la disposition intérieure du cœur du fœtus ; ceux de Wriberg sur l'embryologie, dans lesquels les enveloppes de l'œuf humain sont si bien décrites, et la vésicule ombilicale si bien représentée, qu'on n'a pu que l'égaler dans ces derniers temps. Les deux Walter de Berlin ont peu ajouté au travail de Wriberg ; mais Sœmmering père a la gloire d'avoir fait admettre définitivement la vésicule ombilicale au nombre des membranes de l'œuf humain ; ses tables sur l'embryon de l'homme sont connues de tous les anatomistes, et sa formation du placenta, par l'épanouissement des vaisseaux ombilicaux, qui consacre une grave erreur, l'est même beaucoup trop.

Ici se termine la première période de l'anthropogénie et la série des travaux qui en ont posé les bases positives. Elle est remarquable en ovologie, par la découverte de la vésicule ombilicale, par celle de la membrane caduque, et par les vues qui furent émises sur la détermination comparative du chorion. Elle se distingue en embryogénie par la découverte des premiers développemens de la colonne vertébrale et de la moelle épinière, par celle des évolutions du cœur et du système sanguin, ainsi que par des recherches précises sur la formation du poumon, de l'encéphale, du canal intestinal, des reins primitifs et du système osseux.

Notre Bichat ouvre la seconde période de l'organogénie par des études très remarquables sur les tissus primitifs des organes.

Hippocrate avait dit qu'il n'y a en médecine qu'une seule maladie; Aristote, en zoologie, qu'un seul animal; et Galien, én physiologie, qu'une seule fonction : la zoologie, la physiologie et la médecine étaient donc par là ramenées à l'unité; comment l'anatomie serait-elle restée en arrière ? Cétait pour la mettre au niveau des autres sciences que les anatomistes s'étaient efforcés de découvrir la fibre élémentaire, que Malpighi avait imaginé ses *acini* ou ses glandules, et Rhuysch ses vaisseaux capillaires primordiaux : dans la première de ces suppositions, tous les organismes n'auraient été qu'une fibre mille fois variée dans ses transformations, comme ils n'auraient été, dans la seconde et la troisième, qu'une glandule ou un vaisseau sanguin. La science en était encore à débattre ces chimères, quand Bichat parut et créa l'histologie.

On n'a pas assez remarqué, ou même on n'a pas remarqué du tout, par quelle méthode fut produite cette partie intéressante de l'anatomie générale. Ce ne fut ni par des dissections plus minutieuses ou plus habiles, ni par l'application des réactifs chimiques aux divers tissus, ni même par l'analyse qu'il fit de leurs propriétés, en imitant ce que Haller avait tenté pour le système nerveux. Ces procédés matériels ne sont en quelque sorte que l'échafaudage. Le fond même de la méthode est l'application des principes linnéens à l'analyse des organismes.

C'est en imitant Bichat que Dupuytren et Meckel ont ajouté le tissu érectile, Béclard le tissu fibreux jaune, à ceux dont cet anatomiste avait lui-même tracé les caractères. C'est en pénétrant plus profondément que lui dans la composition intime des organes, que Gall et Spurzheim ont fait revivre la texture fibreuse de l'encéphale, sur laquelle Malpighi, Prochaska, Reil et Autenrieth avaient fait des expériences si concluantes. C'est en reprenant le microscope sous sa direction, que Purkinjé, Deusch, Muller, Valentin, Retzius et Mietger ont retrouvé les canaux osseux si bien observés et décrits par Leuvenhoek et Malpighi. Enfin, c'est encore sous ses auspices que s'est rouverte l'étude microscopique des organismes que poursuivent avec persévérance tant d'habiles anatomistes, et dont il est difficile d'apprécier complétement dès à présent tous les résultats.

Il en est un cependant qui, tout particulier qu'il soit, mérite déjà de fixer vivement l'attention. Les recherches de Muller, de Bosc, de Jurine, de Bory de Saint-Vincent sur les animaux infusoires, si précieuses pour la zoologie, étaient restées pour l'organogénie d'une stérilité absolue. Ces animaux, qui sont des points le plus souvent invisibles à l'œil nu, étant presque toujours transparens, incolores, le microscope faisait bien distinguer entre eux des différences de forme, mais la transparence des organes rendait inutile pour l'anatomie les grossissemens les plus considérables. Comment faire cesser cette transparence? L'idée de les injecter s'était bien présentée à l'esprit; mais comment injecter des animaux dont le plus grand nombre n'a qu'un cinquantième ou un centième de millimètre de diamètre? Un procédé des plus ingénieux, en surmontant cette diffi-

culté, a rendu à l'anatomie une classe entière d'être orga-
inisés. Ce procédé, imaginé par Gleichen et perfectionné par
M. Ehrenberg, consiste à colorer en bleu, en vert ou en
rouge l'eau que ces animaux avalent pour leur nourriture.
En s'injectant eux-mêmes de cette manière, leurs estomacs
et leurs intestins se dessinent avec netteté, et permettent
de distinguer et de rallier autour d'eux leurs autres organismes. Or, ces organismes, intéressans pour l'anatomie
générale, le sont surtout pour l'organogénie, car ils reproduisent les ébauches premières des organes chez les jeunes
embryons des mammifères et de l'homme ; et c'est particulièrement sous ce rapport que les nombreux travaux des
naturalistes modernes sur les polypes simples et composés
intéressent la physiologie. Ces animaux représentent en
effet, avec les infusoires inférieurs, les véritables embryons
des vertébrés à leur point de départ.

Les rapports de l'organogénie avec la zoologie et l'anatomie comparée ne s'arrêtent pas à ce premier trait de
ressemblance : une fois en marche, les organismes des embryons des animaux supérieurs et des invertébrés se perfectionnent graduellement, et sur deux lignes parallèles,
dont l'une représente les transformations successives des
organismes chez les embryons supérieurs, l'autre les transformations correspondantes sur ceux des animaux invertébrés. La comparaison de cette double évolution des organismes des animaux, en introduisant dans la science des
rapports nouveaux et inaperçus, a ouvert une mine féconde
en résultats pour la théorie du développement de l'homme
et des autres êtres.

Ainsi, les recherches nombreuses faites sur les annélides
par MM. Oken, Blainville, Nortmann, Moquin-Tandon,
Charles Morren, Dugès, Gruithuisen, Milne Edwards ;
sur les mollusques par MM. Cuvier, Carus, Raspail, Meyen,
Blainville, Schebel, Jacquemont, A. de Quatrefagues, Serres ;
sur les crustacés par MM. Strauss, Audouin, Ratké, Milne

Edwards, Blainville, Husché, Martin Saint-Ange, Bour-
meister; sur les insectes par MM. Latreille, Geoffroy Saint-
Hilaire, Audouin, Herold, Léon Dufour, Ramdohn, Strauss
et Serres, si remarquables pour la zoologie et l'anatomie
comparée, le deviennent peut-être plus encore quand on les
considère sous ce nouveau point de vue. On observe en effet,
dans l'embranchement des invertébrés, que c'est par une
série d'évolutions successives que les divers appareils organiques se perfectionnent d'une classe à la classe qui l'avoi-
sine; de telle sorte que l'on peut dire à la rigueur que le
rang que ces animaux occupent dans le règne animal leur
est assigné par une métamorphose de plus ou de moins dans
leurs principaux organismes. Et d'autre part, en rapprochant ces évolutions fixes des évolutions passagères des organismes chez les embryons des vertébrés, on aperçoit
entre elles des analogies que n'eût jamais fait soupçonner
la considéra tion des animaux adultes.

C'est en effet l'un des principaux résultats qui ressort des
travaux faits en organogénie générale sur les reptiles par
MM. Steinburch, Gruthuisen, de Blainville, Steinthem, Du-
trochet, Isidore Geoffroy Saint-Hilaire, Duméril, de Baër,
Muller, Siebold, Panitza, Rudolphi, Ratké, Serres; sur les
oiseaux par MM. Diellinger, Pander, Burdach, Meckel,
Tiedemann, Dutrochet, Baër, Valentin, Dalton, Rolando,
Prevost, Dumas, Geoffroy Saint-Hilaire, Muller, Serres;
sur les mammifères et l'homme par MM. Oken, Meckel,
Kieser, Tiedemann, Blainville, Owen, Isidore Geoffroy
Saint-Hilaire, Baër, Valentin, Ratke, Muller, Husché,
Breschet, Heusinger, Burdack, Serres; sur les anomalies
organiques, par MM. Otto, Meckel, Tiedemann, Geoffroy
Saint-Hilaire père et fils, Serres, Breschet; sur les géné-
rations hybrides, par Spallanzani.

Pendant ce mouvement rapide de la zoologie, de l'anatomie comparée et de l'organogénie, l'ovologie ne restait
pas en arrière; elle signalait sa marche par des découvertes

non moins importantes que la plupart de celles que nous venons de mentionner. Autenrieth publiait ses idées curieuses sur les enveloppes du fœtus. Burns confirmait par des recherches nouvelles les vues de Hunter, et supposait *à priori* la présence d'un liquide dans la cavité de la caduque ; il décrivait avec beaucoup de soin un fait de conception dans la trompe de Fallope. Claigthon et Cruikshank reprenaient les faits observés par Graaff sur la formation du lapin : le premier les révoquait en doute ; le second les confirmait en les appuyant sur un mémoire concernant le développement de la marmotte. Dzondi reprenait les travaux de Fabrice d'Aquapendente sur l'allantoïde des ruminans. M. Oken portait dans l'ovologie l'originalité de ses vues que confirmaient en partie les travaux de ses disciples Schelling, Pfeffen, Kieser : ses idées sur la vésicule érythroïde préparaient le beau mémoire de MM. Emmert et Hechstetter sur la vésicule ombilicale.

Si l'histoire de cette vésicule laissait peu de chose à désirer, il n'en était pas de même de l'allantoïde : mal déterminée chez les mammifères, elle était méconnue chez les oiseaux et les reptiles, quand M. Dutrochet présenta à l'Institut son remarquable travail sur l'analogie des enveloppes du fœtus chez les vivipares et les ovipares ; travail dont celui de M. Cuvier, qui le suivit, ne fut que le développement, et auquel on doit rattacher en partie ceux de Bojanus sur les enveloppes du chien et de la brebis, ainsi que ceux beaucoup plus précis de M. Costes sur ces mêmes animaux et le lapin.

A peu près à la même époque, MM. Prevost et Dumas, en renouvelant l'opinion qui fait pénétrer les animalcules spermatiques jusqu'à l'ovule, passaient à côté d'une petite vésicule primordiale à laquelle ils n'attachaient pas l'importance qu'elle mérite ; c'est la vésicule *prolifère*. Découverte plus tard chez les oiseaux par M. Purchinjé, les belles recherches de MM. Baër, Wagner, Ratthi et Valentin sont arrivées à la déterminer également chez les mammifères, les reptiles et les poissons, ainsi que chez la plupart des invertébrés. La découverte de cette vésicule effaça de la science l'opinion qui faisait naître des spermatozoaires la moelle épinière; mais cette opinion cependant, en rappelant sur ces petits êtres, délaissés depuis Leuvenhoek, Needham et Gleichen, l'attention des observateurs, a déjà produit les recherches si intéressantes de Czermak, Siebold, Wagner, Milne Edwards, Peltier et Dujardin, ainsi que celles plus importantes de M. Lallemand, qui tendent à montrer que, dans la reproduction des êtres, le zoosperme n'est de la part du mâle que ce que la vésicule prolifère est de la part de la femelle.

L'ovologie humaine, plus complexe que celle des mammifères, suivait de près l'impulsion de l'ovologie générale. L'appareil de la membrane caduque, si important chez l'homme, quoique si rudimentaire chez les animaux qui l'avoisinent, était toujours l'objet des études persévérantes des anatomistes : l'histoire de cette double enveloppe, le liquide que sa cavité renferme, son analogie avec les membranes séreuses, sa structure, ses rapports avec les villosités du chorion ainsi que ses usages, recevaient des recherches de MM. Moreau, Breschet, Velpeau, Osiander, Carus, Juerg, Bojanus, Valentin, Burdach, Martin Saint-Ange, Serres, un degré de précision qui complète presque la belle découverte de Hunter. La structure du chorion et la formation du placenta sont soumises à des investigations nouvelles d'où sortiront peut-être des résultats qui, en déterminant leur usage et leurs rapports réels avec l'embryon, réduiront à leur juste valeur les opinions si diverses sur l'allantoïde de l'œuf humain. L'amnios, que l'on considérait comme une membrane simple, est ramenée à la disposition commune des vésicules séreuses par les observations récentes de MM. Dellinger, Pockels, Burdach, Velpeau, Breschet et Serres, qui est arrivé à déterminer avec précision la manière dont l'embryon humain s'enfonce dans cette enveloppe.

Enfin, on avait cru jusqu'à ce jour qu'aucun animal ne pouvait vivre sans se dépouiller complétement de ses enveloppes fœtales. L'idée que ces membranes, qui sont en effet temporaires chez les animaux supérieurs, peuvent devenir permanentes et faire partie de l'organisation fixe des animaux inférieurs, s'est présentée à M. Serres : à ce nouveau point de vue, non seulement les mollusques forment une classe entière d'animaux qui passent toute leur vie dans les enveloppes fœtales, mais on aperçoit encore dans plusieurs genres d'infusoires des enveloppes partielles, qui, ainsi que dans l'embryon, constituent presque en entier l'animal.

Tel est en abrégé le tableau des principales recherches dont l'organogénie, l'anthropogénie et la zoogénie ont été successivement l'objet. Si le dix-septième et le dix-huitième siècle ont fait, dans cette partie de l'anatomie qui résume toutes les autres, des découvertes importantes, on doit remarquer aussi que celles des anatomistes du dix-neuvième ne leur sont pas inférieures. De la réunion de ces travaux résulte une masse imposante de faits, et suffisante déjà pour la constitution d'une science distincte, l'*organogénie animale*, ou, si l'on aime mieux, l'*anatomie transcendante*, nom par lequel je l'ai déjà désignée.

Mais les faits seuls, quelque nombreux qu'ils soient, ne constituent pas une science : pour s'élever véritablement au caractère scientifique, il faut qu'ils soient liés et coordonnés entre eux de manière à laisser paraître ce qu'ils ont de commun, ce qu'ils ont de différent, et à permettre de démêler par la comparaison leurs rapports essentiels ainsi que les conditions et les règles de leur développement. En un mot, la question est de montrer comment d'un œuf se forme un homme ou tout autre animal, et de faire voir comment, pendant la durée de ce travail de formation , les organismes transitoires des animaux supérieurs correspondent aux organismes fixes des animaux inférieurs des divers degrés de la série zoologique.

CHAPITRE II.

De la philosophie de l'organogénie.

Nous allons essayer de satisfaire au moins en partie à cette tâche en traçant brièvement l'histoire du développement de l'homme et des animaux. C'est une science tout entière et presque nouvelle dont il faut exposer les principes, les règles et les rapports avec les autres sciences naturelles. Intéressante par sa nature et son objet, cette science acquiert par les travaux et les idées générales de notre époque un intérêt plus grand encore. Le système des préexistences organiques qui lui avait servi de pivot jusqu'à ces derniers temps s'écroule de fond en comble ; des pensées hardies et profondes s'élèvent du milieu de ses ruines, et la théorie de l'épigénèse, si long-temps méconnue, si long-temps repoussée, si parfaitement d'accord avec les véritables tendances de l'esprit humain dans notre siècle, renaît enfin. Encore une fois, selon l'expression prophétique de Bacon, la vérité triomphe de l'erreur.

Ce perfectionnement de l'organogénie tient à la fois au perfectionnement de l'observation et à celui de la philosophie qui en généralise les résultats. La philosophie dans les sciences d'observation est l'ensemble des formules ou des principes qui résument les faits. Aussi long-temps que ceux-ci sont peu nombreux ou indécis, l'esprit cherche à suppléer et à leur nombre et à leur indécision par des hypothèses destinées à remplacer les liens qui manquent. C'est cet état transitoire que l'on a désigné sous le nom de *période hypothétique des sciences.* Mais à mesure que les faits se multiplient, à mesure qu'ils s'éclaircissent par une observation continue et persévérante, le raisonnement, saisissant par leur comparaison leurs véritables rapports, de l'ensemble raisonné de ces rapports naissent les principes et les théories qui constituent ce qu'il faut nommer la *période positive.* Toutes les sciences naturelles ont dû nécessairement et inévitablement traverser la première période pour arriver à la seconde ; toutes sans exception se ressemblent à cet égard ; et sous ce rapport, l'histoire de l'une est l'histoire de toutes les autres.

De cette direction uniforme de l'esprit humain dans les sciences, résulte donc, pour leur avancement, la nécessité de joindre l'examen des temps anciens aux temps nouveaux. Souvent en effet la période positive deviendrait incompréhensible si l'on ne s'aidait, pour en bien comprendre les conditions, des données fournies par la période hypothétique. C'est particulièrement le cas de l'organogénie, en tant qu'elle sert de base à la théorie du développement centripète de l'homme et des animaux, opposée à la théorie du développement centrifuge autour de laquelle s'était ralliée la période hypothétique.

En effet, si les organismes de l'homme et des animaux se forment de la circonférence au centre ; si la loi centripète est la règle générale et commune de tous les développemens organiques, il devient nécessaire, pour s'en mieux assurer encore, de rechercher comment s'était établie la loi centrifuge qui lui est opposée ; quelles étaient ses bases ; quelles étaient ses preuves. Si, comme le prétend la doctrine de l'épigénèse, les organismes de l'homme et des animaux sont d'abord fractionnés, divisés et morcelés ; s'ils ne sont composés primitivement que de pièces et de morceaux, selon l'expression d'un disciple de Haller, ne faut-il pas savoir sur quelles fausses apparences la loi centrifuge, expression dernière de la doctrine des préexistences, avait pu les supposer formés de toutes pièces, sans fractionnement, sans division ?

Si, pour former de cet état primitif de dispersion et de décentralisation des organismes un tout unique et harmonique, la nature procède par des règles fixes et générales ; si ces règles, déduites de l'expérience et de la loi centripète, sont, comme le soutient l'Ecole moderne, la loi de symétrie et la loi d'homéosygie ou de conjugaison, doit-on ignorer comment et pourquoi la loi centrifuge était allée précisément à l'opposé, en imaginant que tous les organismes étaient préformés d'avance ; en les supposant contenus à l'état virtuel dans les réservoirs de la génération, et là emboîtés les uns dans les autres depuis l'origine du monde ; en déduisant de là, par conséquent, qu'à la rigueur, il n'y avait point à rechercher les lois de la formation des corps organiques, puisqu'au lieu de se former réellement tous les jours, sous nos yeux, ils n'auraient fait que se développer hors des germes secrets que Dieu, dès le jour de la création, aurait déposés sur notre globe dans le sein des premiers pères ? Si, guidée par la doctrine de l'épigénèse, une observation sévère constate en effet, de la manière la plus évidente, le développement graduel et successif des organismes, leur passage d'un état à un état tout différent, leurs transformations diverses, leurs métamorphoses, en un mot, ne faut-il pas savoir sur quoi la doctrine contraire s'était fondée pour soutenir que tout organisme est au fond immuable, tout développement se réduisant à un passage du petit au grand ; de telle sorte que le fœtus ne serait que la répétition de l'animal parfait, l'embryon la répétition du fœtus, et l'œuf, de même que l'ovule, la répétition infiniment petite de l'embryon, du fœtus et de l'adulte ?

Ainsi nous trouvons-nous ramenés en ce moment, par le mouvement même de la science, à la discussion de son principe fondamental, au débat entre la doctrine des pré-

existences qui suppose les organismes formés à l'avance,
et celle de l'épigénèse, qui prétend qu'avant l'instant de la
conception, il n'en existe que les préparatifs. C'est une question d'une valeur immense, et dont les conséquences, si considérables tant pour l'anatomie que pour la physiologie, s'enchaînent en outre d'une manière indissoluble avec les recherches les plus élevées de la philosophie. En effet, si les
êtres existent à l'état latent chez leurs ancêtres, même les
plus éloignés, ainsi que le prétend la doctrine des préexistences, on sent toute la force que tire de cet argument physique la doctrine de l'hérédité absolue des races et de la
solidarité des enfans dans les pères. Au contraire, si les
parens ne fournissent à l'être que les élémens du corps qu'il
construit ensuite lui-même jusqu'à l'amener, de transformation en transformation, à l'état définitif sous lequel il doit
prendre sa place dans le monde, la liberté humaine et le
droit de propre personnalité reprennent tous leurs titres. Il
y a donc là un point capital de concordance entre les sciences
en apparence les plus éloignées l'une de l'autre; et il ne faut
pas s'en étonner, puisqu'il s'agit d'une question qui appartient au fond le plus essentiel de la vie, fond sur lequel se
réunissent nécessairement toutes les sciences. Mais ce n'est
point sur quoi nous devons insister ici. Pour nous, le mérite de la doctrine de l'épigénèse est dans sa convenance avec
les faits que l'expérience nous découvre. Il faut un principe
qui les relie, et sans les fausser, tous ensemble. Entassés
comme ils le sont encore, sans mesure, sans règle, sans lien,
ils font de l'anatomie générale et comparée une science
morte véritablement propre à rebuter les sens, qui tantôt dégoûte l'esprit par l'aridité de ses conceptions, et tantôt l'é-
gare en l'entraînant dans le malheureux dédale de la métaphysique allemande. Mais dégagée de ces vues préconçues
qui étaient destinées à la mettre en rapport avec un autre
ordre d'idées, l'organogénie nous montre enfin la nature dans
sa véritable grandeur. La terre est un immense laboratoire

où se développe continuellement, depuis l'apparition de la vie sur le globe, une succession de véritables nouveaux venus dont les organismes, suivant une marche progressive et ascendante, s'échelonnent depuis les infusoires, point de départ de la nature, jusqu'aux mammifères et à l'homme, dernier terme de ses efforts. La science met ainsi à découvert cette marche ascendante et toujours continue de la vie, jalonnée, de loin en loin, par des temps d'arrêt qui semblent pour la nature des temps d'accouchement et de repos ; de telle sorte que le règne animal tout entier n'apparaît plus en quelque sorte que comme un seul animal qui, en voie de formation dans les divers organismes, s'arrête dans son développement, ici plus tôt, là plus tard, et détermine ainsi à chaque temps de ces interruptions, par l'état même dans lequel il se trouve alors, les caractères distinctifs et organiques des classes, des familles, des genres, des espèces.

De là l'embryogénie comparée, présumée inutile et sans but dans l'hypothèse des préexistences, reprend parmi les sciences physiologiques le rang élevé que lui assigne l'ordre des faits qu'elle rassemble. A ce point de vue, en effet, on voit d'abord la forme transitoire des embryons supérieurs revêtir fugitivement et en passant les attributs organiques et permanens des animaux inférieurs ; de plus l'organisation permanente de ces derniers dessine dans ses degrés successifs de perfection toutes les phases embryonnaires de celui d'entre eux qui se rapproche le plus du dernier des vertébrés ; de sorte que, pour eux aussi, les coupes diverses de leur zoologie ne sont en quelque sorte que l'échelle graduée de leur organogénie.

On rend donc ainsi à l'anatomie générale et comparée l'immense collection des organismes des invertébrés, qui, faute de terme de rapport avec les organismes des vertébrés, ne sont présentement pour la science qu'une source de confusion et d'erreur. Qu'y a-t-il, en effet, de comparable entre l'organisation d'une annélide, d'un mollusque et celle d'un vertébré, si on considère celui-ci lorsqu'il est arrivé au dernier terme de ses développemens? Quel rapport entre deux ordres d'organismes dont l'un est si descendu et l'autre si élevé? Quelle est la règle qui pourrait embrasser dans leur ensemble des organisations si disparates, si distantes, dont les contrastes frappent les yeux les moins exercés? L'absence de lois tout-à-fait générales, en anatomie comparée, est donc la conséquence nécessaire du point de vue trop limité dans lequel on se tient renfermé.

Mais que l'on vienne à élever par la pensée les organismes des invertébrés, ou, ce qui revient au même, à abaisser dans la même proportion les organismes des vertébrés, on obtiendra alors des élémens comparables, et l'on pourrra clairement saisir les différences ainsi que les analogies. C'est justement ce que fait la nature dans le grand tableau de l'organogénie. Ne pouvant dans l'ordre actuel de ses développemens élever les invertébrés, elle ramène les vertébrés à leur niveau. C'est en effet le tableau remarquable qu'offre l'embryogénie de ces derniers animaux. Suivez dans toutes leurs phases les changemens multipliés que subissent leurs organismes en se développant ; arrêtez-vous à chacune de ces métamorphoses, étudiez avec soin ses caractères, et vous verrez ces transformations vous dessiner en passant les formes et les attributs des organismes permanens des animaux invertébrés.}

Tel est le fait le plus général de l'embryogénie. On en voit sans peine sortir une à une les conséquences les plus essentielles qu'il renferme.

En premier lieu, si l'anatomie comparée est une embryogénie permanente, l'organogénie est à son tour une anatomie comparée transitoire.

En second lieu, si les organismes en voie de développement s'arrêtent dans leur marche, ces organismes, frappés d'un temps d'arrêt, devront nécessairement reproduire ceux de quelque animal des rangs inférieurs à celui que l'on observe.

En troisième lieu, l'anatomie pathologique, qui s'occupe de ces organismes dits anormaux, n'est au fond que l'organogénie dans les temps d'arrêt, ou, ce qui revient au même, qu'une forme nouvelle de l'anatomie comparée.

En quatrieme lieu, si les organismes des êtres inférieurs ne sont que ceux des êtres supérieurs en voie de développement, il en résulte naturellement une impulsion nouvelle donnée par l'organogénie à la paléontologie.

Enfin, et ce point mérite une attention particulière, si la formation des organismes peut être ramenée à des règles, ces règles organogéniques seront nécessairement applicables, et à l'anatomie comparée, et à l'anatomie pathologique, et même, on peut le croire, à la paléontologie; car, dans la science comme dans la nature, tout se lie et se coordonne.

Quel horizon que celui de l'organogénie considérée comme science distincte! Elle embrasse, comme on le voit, non seulement tous les êtres dans le travail de leur formation, mais encore tous les êtres inférieurs à l'homme dans leur état définitif, puisque leurs organismes nous donnent le tableau permanent des dispositions, des formes et des rapports qui ne sont que transitoires dans le développement de l'homme. L'explication du corps de l'homme, tel est en effet le dernier terme et le but élevé de cette nouvelle science. Elle doit nous apprendre ce qu'il est. Elle doit nous apprendre aussi quelle est la raison des variétés qu'il offre à nos méditations dans les diverses races, série qui n'est elle-même qu'un appendice du grand tableau de l'organogénie et de la zoogénie.

On voit donc que la question première, que la question fondamentale de l'organogénie et de la zoogénie, se réduit à savoir si les organes des animaux se forment ou s'ils préexistent. La science débat, depuis son origine, ces deux

opinions contraires, sous les noms d'épigénèse et de préexistences. Depuis environ un siècle, les préexistences ont
prévalu par des considérations prises en dehors de l'anatomie et de la physiologie, et l'épigénèse a été rejetée parce
qu'on a trop tôt désespéré de découvrir les règles qui président à la formation des organes. La loi du développement
centrifuge est la conséquence des préexistences organiques,
comme la loi centripète est la conséquence de l'épigénèse.
La discussion générale rentre donc dans la discussion de
ces deux lois; et ainsi, en recherchant l'origine de la première, nous verrons se dessiner les faits qui établissent la
seconde. Dans cette lutte animée, nous verrons le système
des préexistences s'étayer sans cesse sur des suppositions,
sur des *à priori* dont le temps dévoilera l'erreur; tandis
que nous trouverons ses antagonistes ne s'appuyant que sur
des preuves de fait qui sont de tous les temps et à la portée
de tous les esprits. D'un côté seront Aristote, Galien,
Aquapendente, Malpighi, et Haller dans sa vieillesse; de
l'autre, nous rencontrerons Harvey, Needham, Wolf et
Haller dans la vigueur de son talent. Pressée ainsi de toute
part par des hommes de génie, nous verrons la nature se
dévoiler peu à peu. Au milieu même des contradictions
éclatantes qui jailliront de ces oppositions, les diverses
sciences naturelles, filles les unes des autres, se détache-
ront une à une du faisceau commun, et nous verrons enfin
la théorie de l'épigénèse servir de faîte à ces longs et nobles
efforts. Spectacle admirable que ce combat du génie de
l'homme contre les mystères les plus ardus de la nature !

CHAPITRE III.

Des préliminaires du système des préexistences organiques.

Aristote est en quelque sorte l'inventeur de la théorie du développement centrifuge. Ce génie si vaste, embrassant dans leur ensemble tous les êtres organisés, et pressentant déjà l'utilité d'une méthode pour les distinguer, les classa par ce qu'ils ont de général et de commun, *la vie*. Partant de cette abstraction, il divisa les êtres organisés en deux classes : ceux qui, comme les végétaux, n'ont qu'un seul mode d'existence, la vie végétative, et ceux qui, comme les animaux, ont, de plus que la vie végétative, celle de relation. La première classification de zoologie et de phytologie fut par conséquent toute physiologique.

Cela posé, Aristote établit que l'apparition de la vie végétative sur le globe a dû précéder la vie animale, qui n'a été, dit-il, que surajoutée à la première afin de compléter les êtres organisés. Les animaux étant doués de deux vies, le développement de chacune d'elles, ainsi que celui des organes qui y correspondent, doit être soumis, ajoute-t-il, à l'ordre général de la manifestation vitale sur la terre ; car les animaux ne sont que des végétaux mouvans et communiquant librement les uns avec les autres. La question de l'organogénie se réduit donc dès lors à une simple topographie des appareils végétatifs et de relation. Or, qui ne sait que le cœur et les poumons, l'estomac et les intestins sont placés au centre de l'animal parfait, tandis que les organes des sens et ceux de la locomotion en occupent la périphérie ? D'après le principe d'Aristote, les développemens devaient donc procéder, dans leur superposition, du centre à la circonférence ou du dedans au dehors. Les sens l'indiquent, dit ce grand naturaliste, et la raison ne saurait autrement le concevoir.

Pour juger cette hypothèse devenue si fameuse, pour concevoir comment il est vrai que les sens et la raison attestent le développement centrifuge, il est nécessaire de se reporter au temps précis où Aristote faisait commencer le développement des animaux. Ce n'est ni à la vésicule de Graaff, qui ne lui était pas connue, ni à l'ovule dont il ignorait l'existence, ni même aux membranes de l'œuf et au blastoderme, dont il avait pour son temps des notions si précises. Pour lui, les premiers développemens de l'œuf et de l'embry-germe ne sont point des formations animales. Ces développemens et les parties qu'ils constituent appartiennent à la vie végétative. L'animal, pour Aristote, ne se montre qu'à l'instant où apparaissent les mouvemens du cœur. Alors seulement il commence à se mouvoir par lui-même (*per se movens*); il cesse d'être un végétal pour revêtir les premiers caractères de l'animalité. L'apparition des mouvemens du cœur, tel est donc le point de départ tardif de l'embryogénie aristotélique; et cet organe est le centre d'où tout radie postérieurement vers la périphérie. Cette vue profondément erronée est la source première de toute la théorie du développement centrifuge.

Sans nous arrêter aux objections que pourrait nous fournir contre cette opinion l'ordre même des développemens, nous demanderons aux physiologistes modernes quel est celui d'entre eux qui oserait en prendre la responsabilité; qui oserait soutenir que l'ovule et ses membranes, que l'œuf, ses enveloppes et les premiers linéamens de l'embryon appartiennent au règne végétal; qui ferait commencer l'animalité à l'apparition si tardive du cœur, soit chez les embryons, soit même dans le règne animal, et qui rejetterait ainsi parmi les végétaux, les infusoires, les zoophytes, la plupart des annélides et même certains mollusques. C'est cependant sur cette base téméraire que reposera désormais l'hypothèse du développement centrifuge. Tout être privé de cœur sera exclu du règne animal par arrêt arbitraire.

Galien, qui se plaça si haut par son traité *De usu par-*

tium, adopta sans restriction toutes les idées d'Aristote.
N'ayant pas suivi, comme lui, les phases diverses de la formation du poulet, il ne put appuyer son sentiment sur l'ir-
récusable témoignage des sens; mais il s'en dédommagea en
appelant à son secours les lumières *à priori* et toutes les
formes possibles du raisonnement. La comparaison de la
construction d'un navire, dont il se servit pour mettre la
conception des développemens à la portée de tout le monde,
est restée célèbre dans la science. Or, dit Galien, dans cette
construction, l'artiste pose d'abord la carène, qui constitue
le centre du bâtiment; de même la nature établit en premier
lieu le centre de l'animal, qui, pour cela même, a reçu le nom
de *carène;* puis, autour de ce centre, les parties latérales de
l'animal, comme du navire, viennent successivement s'appuyer et s'arcbouter, de telle sorte que, l'une des construc-
tions comme l'autre, se trouve formée du centre à la circonférence; car la nature est l'image de l'art, ou plutôt l'art ne
fait dans cette œuvre qu'imiter la nature. Cette comparaison
parut sans réplique à la foule des sectateurs et des admi-
rateurs de ce physiologiste, et l'édification d'un navire devint sans opposition dans toutes les écoles l'emblème du développement de l'homme, que Galien déclarait avec raison
la plus grande des opérations de la nature. Il est besoin de
se rappeler la grandeur de l'influence que ce médecin exerça
long-temps sur l'esprit des anatomistes pour concevoir le
prodigieux succès de cette manière d'interpréter le mystère
des développemens organiques.

Aquapendente y sacrifia jusqu'à ses propres observations.
Cet homme remarquable, celui des physiologistes anciens
qui a le mieux compris l'étendue du problème de la formation des animaux, traça d'une main hardie la route qui
seule pouvait conduire à en trouver la solution. Le poulet,
dit-il, est précédé par l'œuf: pour connaître comment se
développe le premier, il est donc indispensable, conclut-il,
de savoir comment procède le second. Cette méthode sévère

et rigoureusement logique, mise en pratique, le conduisit à la découverte de la vésicule ovigène à laquelle Graaff devait attacher plus tard son nom, et dont il était réservé à Malpighi de nous dévoiler l'usage. De cette vésicule, Aquapendente voit sortir l'œuf, qui est un de ses produits. L'œuf ainsi formé ou sécrété par la vésicule ovigène, il en suit pas à pas les transformations dans le cours de l'incubation. Portant spécialement son attention sur le développement des membranes, il observe que ces membranes précèdent la formation de la cicatricule dans le milieu de laquelle doivent apparaître les premiers linéamens du poulet. S'attachant ensuite à l'embryon de ce dernier, il s'élève à cette conséquence, que le poulet se forme aux dépens des chalazes dont il ne lui semble que le prolongement : idée ingénieuse que nous trouverons plus tard reproduite pour les mammifères par M. Oken. Suivant toujours la même pensée, Aquapendente voit dans les trois nœuds primitifs des chalazes le principe des trois grandes cavités des vertébrés supérieurs : la tête, le thorax et l'abdomen ; et enfin, dans ses nœuds secondaires, il croit reconnaître les membres qui doivent plus tard se surajouter à ces trois foyers principaux de la vie. Or, les chalazes sont situées à l'extrémité des deux diamètres de l'œuf ; en se déplissant, elles s'avancent de dehors en dedans ; leur marche est donc concentrique ; et si les chalazes forment le poulet, il est manifeste que les matériaux constitutifs de l'animal se dirigent des deux pôles de l'œuf qu'occupent les chalazes, au point central ou médian dans lequel se manifeste la cicatricule. Ainsi la nature, dans ce travail, obéit à la loi centripète. Cette conclusion est rigoureuse, et tout indique qu'elle était dans la pensée de l'anatomiste, bien que son expression positive manque dans ses écrits.

Si Aquapendente, se laissant diriger par ses propres observations, avait suivi toute l'incubation sans idées préconçues et avec cette sagacité, nul doute qu'il n'eût posé les bases du développement centripète ; mais arrivé sur le développement même du poulet, qu'il fait commencer, avec Aristote, à l'apparition du cœur, il se place sous la fâcheuse impression de Galien, en l'exagérant encore. Cette comparaison de la construction d'un navire lui parait si ingénieuse qu'il ne cesse de la reproduire. Il ne voit pas que la nature puisse agir différemment de l'art, ou plutôt l'art, répète-t-il, n'a fait ici qu'imiter la nature ; car de même que l'artiste pose d'abord les matériaux les plus solides, sur lesquels il enchâsse les autres ; de même, dans la formation des animaux, la nature commence par le développement des os, et construit ensuite autour de cette charpente solide les autres tissus organiques. — Quoi ! les os précèdent tous les autres organes ! Est-ce bien Aquapendente qui parle ? se demande Harvey à cette allégation surprenante. — Qui ne sait en effet que, dans la succession des formations organiques, les os, comme parties solides, sont les derniers à se manifester ?

CHAPITRE IV.

Des préliminaires du systeme de l'épigénèse organique.

Harvey, suivant à son tour l'incubation et les premiers temps de la génération avec ce regard d'aigle qui caractérisait son génie, jette çà et là des éclairs de lumière qui semblent vouloir dissiper la doctrine antique. Son esprit, appuyé sur l'observation, ne peut concevoir que les formations ne soient qu'une modification de la matière organique qui ne ferait que changer de figure, aux diverses périodes du développement, comme l'argile sous la main du potier. Il ne peut voir l'embryon dans les chalazes, et le poulet tout entier dans la cicatricule. « Il y est, ajoute-t-il, ou il n'y est pas. S'il y est, qu'on nous le montre ; et s'il n'y est pas, si l'on ne peut l'y découvrir, pourquoi le supposer ? Est-ce là la manière dont nous devons procéder dans cette partie si difficile de la science? La science des réalités n'est-elle pas assez difficile? n'est-elle pas assez longue? faut-il y ajouter encore l'étude de nos rêves et la contradiction de nos suppositions? » Pour Harvey l'embryon ne se métamorphose pas seulement, comme le supposait Aquapendente, et comme plus tard le supposeront les sectateurs de la théorie des préexistences. L'embryon, dont les premiers rudimens sont dans la cicatricule, se forme par addition de parties, par superposition, juxtaposition, cohésion : d'où il suit que le tout n'est pas dans le noyau primitif, mais résulte d'une succession et d'une association de parties diverses. Ce langage nouveau donne pour la première fois le caractère scientifique à la doctrine de l'épigénèse. Mais, pour la dernière fois, il est vrai, nous retrouvons encore dans l'embryogénie l'abstraction des deux vies qui lui a été si funeste; car pour Harvey, de même que pour ses prédécesseurs, les membranes de l'œuf, les premières ébauches de l'embryon, sont le produit d'une vie particulière. Jusque là, l'être organisé est un végétal; il ne s'animalise qu'aux premières pulsations du cœur, dont ce physiologiste fait aussi le *primum vivens*. D'après cette considération, commençant seulement à ce point l'étude organogénique, Harvey crut et dut croire en effet à la réalité du développement centrifuge d'Aristote (1). Ce fut son erreur; mais cette erreur il sut la compenser par des découvertes et des aperçus qui sont presque dignes de rivaliser avec l'immortelle découverte de la circulation.

« Tous les animaux et l'homme proviennent d'un œuf, » a-t-il dit; et depuis Harvey les recherches anatomiques les plus profondes, les observations microscopiques les plus élevées, révèlent aux observateurs que l'œuf est en effet la matrice générale du règne animal. En créant l'ovologie, cette pensée hardie prépara en même temps les nouvelles

(1) *De Generatione*, p. 223.

routes à l'embryogénie et à la zoogénie. Si en effet tous les animaux proviennent d'un œuf, qui ne voit dans ce fait général le germe de l'analogie primitive des animaux que notre illustre Geoffroy Saint-Hilaire poursuivra dans tous les organismes? Qui ne voit aussi que tous les animaux devront provenir de cet œuf commun, d'après un ordre constant et des règles communes, comme le déclare positivement Harvey (1)? Qui ne voit enfin que, pour découvrir cet ordre de formation, il est indispensable de suivre attentivement l'apparition graduelle et successive des organismes, dont ce grand homme fait aussi un précepte général? La conséquence, pour ainsi dire forcée parce qu'elle est dans la nature, de cette manière de considérer l'organogénie, c'est donc que les embryons des animaux supérieurs et de l'homme doivent traverser dans leur développement les états organiques qui caractérisent les animaux qui leur sont inférieurs (2) : vérité

(1) « Quippe in omnibus animalibus eodem modo, atque or-
» dine procreatur; presertim in perfectioribus quadrupedibus,
» atque ipso adeo homine. » (*De Generatione*, p. 246, 247.)

(2) « Sic natura perfecta et divina nihil faciens frustra, nec
» cuipiam animali cor addidit, ubi non erat opus, neque prius-
» quam esset ejus usus, fecit; sed iisdem gradibus in formatione
» cujuscunque animalis, transiens per omnium animalium consti-
» tutiones (ut ita dicam) ovum, vermem, fœtum, perfectionem
» in singulis acquirit. Hæc alibi in fœtus formatione multis obser-
» vationibus confirmanda sunt. » (Harvey, *Exerc. anat. de motu
cordis.*)

Dans tout le règne animal, le premier produit de la génération est un être simple, presque identique d'une extrémité à l'autre de la série. C'est un œuf, c'est-à-dire un fluide environné d'une membrane, auquel s'est combiné un petit zoosperme. L'œuf est fourni par la femelle, le zoosperme par le mâle. Nous retrouvons l'un et l'autre, et chacun à part, sur les organes générateurs des deux sexes, soit que ces organes soient réunis sur un seul individu, soit que des individus séparés les portent.

Nous avons donc ainsi isolément, et pour ainsi dire dans la

capitale dont la démonstration constituera peut-être un des titres de gloire de notre époque !

CHAPITRE V.

Développement du système des préexistences.

Telles sont les grandes vues qu'avait enfantées dès son apparition la théorie de l'épigénèse. Le temps était appelé à les développer, suivant la marche sévère que commandent des recherches de cette nature. Malheureusement à l'époque où les sciences reprirent leur vie nouvelle, le système des préexistences organiques vint se jeter au travers de ces premiers efforts. En tranchant les questions au lieu de les

main, les deux radicaux de nature différente dont la combinaison va donner les conditions de naissance à un être nouveau.

Mais comment s'opère cette combinaison ? Que se passe-t-il dans l'œuf et le zoosperme au moment où s'opère l'union de ces deux élemens ? Ce mystère paraît impénétrable à nos sens ; Dieu seul en a le secret.

A la vérité, nous apercevons bien quelques différences entre l'œuf fécondé et celui qui ne l'est pas ; mais ces différences, très importantes en elles-mêmes, sont fugaces comme un souffle à côté du grand acte qui vient de s'opérer, à côté du grand fait qui va se produire par l'incubation et les développemens.

Il y a un phénomène chimique qui semble avoir quelque analogie avec ce phénomène générateur, c'est celui de la formation des sels. Comme dans la génération, il y a deux radicaux distincts : la base salifiable et l'acide ; comme dans la génération, il y a un produit nouveau, un composé binaire, le sel. Or, peut-on dire, la base salifiable, c'est l'œuf ; l'acide, c'est le zoosperme ; le sel, c'est l'œuf fécondé. Mais que s'est-il passé dans le moment indivisible de la pénétration de la base et de l'acide ? Comment le sel en est-il sorti avec des propriétés si différentes de ses deux résoudre, ce système arrêta l'organogénie dans ses plus importantes directions, en substituant une philosophie mystique et toute artificielle à la philosophie naturelle qui doit seule la diriger. Le présent funeste des préexistences fut fait à l'organogénie par l'abus des premières recherches microscopiques de Leuvenhoek et de Hartsoeker. Etonnée des résultats fournis par le microscopes, l'imagination des physiologistes en exagéra encore la portée. On vit d'abord tout l'animal dans l'œuf soumis à l'incubation, puis on l'aperçut dans l'ovule avant la conception ; et enfin l'esprit s'affranchissant des lenteurs de l'observation, Swammerdam et Malebranche imaginèrent la préexistence des germes et leur éternel emboîtement. Cette gigantesque idée eut un succès que n'égalèrent jamais les découvertes des Galilée et des Newton. Chose incroyable! on trouva tout simple que les générations passées et futures eussent été emboîtées dans

radicaux pris séparément? La chimie l'ignore. Ni la théorie des équivalens ni celle des substitutions n'en rendent compte. L'électricité, que l'on fait intervenir, n'est encore qu'un mot. S'il y a mystère pour le chimiste dans ce phénomène naturel si simple , il n'y a donc pas à s'étonner qu'il y ait mystère pour le physiologiste dans le phénomène infiniment plus relevé de la génération de l'être. A la vérité, le chimiste opérant lui-même le mélange, la génération du sel, qui s'opère sous ses yeux, semble un fait expérimental plus certain que celui de la génération d'un animal; car avec les deux radicaux on crée à volonté. Mais ce degré de certitude, si c'en est un, le physiologiste le possède comme le chimiste. Le physiologiste peut mettre dans un vase des œufs non fécondés, et dans un autre des zoospermes; en versant les derniers sur les premiers, il crée des animaux à volonté, comme le chimiste forme des sels. Et dans ces générations il ne s'agit pas seulement des animaux infusoires, des mollusques, des annélides, des crustacés ou des insectes; ce sont des poissons, ce sont des reptiles , si élevés dans l'échelle des êtres, que l'on a fait développer par ce procédé. Ainsi l'analogie se soutient jusqu'au bout, et rien cependant ne détruit le mystère initial.

l'ovaire d'Ève, notre mère commune ; on trouva plus simple encore que, tout invisible qu'il soit dans l'œuf, l'embryon ne fût pas moins la répétition exacte de l'homme adulte. La science ainsi réglée d'avance, les recherches embryogéniques n'offrirent plus qu'un intérêt minime. A quoi bon, disait-on, s'épuiser dans des travaux aussi délicats et aussi difficiles, si au fond l'embryon le plus jeune ne nous offre que la miniature de l'animal parfait ? Que peut gagner la science dans cette étude des infiniment petits, si ces infiniment petits ne sont autre chose que ce que la nature nous montre en grand dans un autre âge de l'homme et des animaux ? Qu'y avait-il à répondre à des argumens en apparence si décisifs ? Aussi la science de l'organogénie fut-elle délaissée ; et le célèbre Bonnet félicita hautement les physiologistes de cet abandon, en leur montrant la facilité avec laquelle le système des préexistences expliquait des choses reconnues tout-à-fait inexplicables dans la voie positive et expérimentale.

Le délaissement de l'embryogénie n'arriva cependant qu'après que Malpighi eut révélé par ses travaux tout le secours que cette science devait attendre du microscope. Il n'arriva qu'après que Haller, tantôt partisan de l'épigénèse, tantôt de la préexistence, se fut décidément déclaré pour ce dernier système. Comment donc l'organogénie avait-elle marché sous ces deux naturalistes ? comment le système des préexistences s'était-il fondé ? et comment la théorie de l'épigénèse parvint-elle à reprendre le dessus ? C'est ce que nous devons présentement examiner.

Une remarque que nous avons déjà faite, et que nous devons reproduire, c'est que le caractère primitif de l'organogénie fut l'indivisibilité de la vie, et partant l'unité de sa graduation dans les êtres qui en sont doués. Comme on n'avait pas séparé la nature organisée en deux natures, une végétale, l'autre animale, il n'y avait pas deux ordres d'anatomie et d'anatomistes, deux ordres de physiologie et de physiologistes. La nature organisée était une, et chacun, selon l'étendue de ses facultés, l'embrassait dans son ensemble, à l'imitation d'Aristote. Sous ce rapport, Malpighi est un homme à part. Il se détache comme un géant de la foule des embryogénistes qui l'ont précédé et suivi. Entré dans l'organogénie par l'étude des végétaux, il applique aux premières formations des animaux les données que lui avait fournies l'observation des formations végétales. Il fait ce qu'auraient dû faire ses prédécesseurs s'ils avaient eu le microscope à leur disposition. Considérant à son point de départ l'embryogénie animale, il en compare les premières formations aux formations végétales, dont elles ne sont qu'une imitation. Ce parallèle l'oblige d'en étudier les rudimens avec un soin minutieux, et cette étude l'entraîne dans un champ de découvertes dont lui-même n'apprécie pas toute la valeur.

Avant lui, tout le monde avait parlé de la cicatricule de l'œuf, mais personne n'avait suivi dans sa composition l'ébauche première de l'embryon. Comme Malpighi saisit et dessine cette première ébauche! Avec quelle sagacité il suit le redressement latéral de la membrane blastodermique que l'on n'a retrouvée qu'un siècle plus tard! De quels traits ineffaçables il peint et la première apparition de la colonne vertébrale, et celle du système nerveux, et celle, plus difficile encore à bien voir, du système sanguin! Créateur de l'organogénie, comme Harvey l'avait été de l'ovologie, Malpighi rapporte ces premières formations, antérieures à l'apparition du cœur, à une action formatrice des tissus, qui se répète chez les végétaux et les animaux inférieurs, et qui, chez les animaux supérieurs et l'homme, préside à la vie moléculaire de composition pendant toute la durée de l'existence. C'est cette force, dont la nature et l'essence nous échappent, que l'on retrouve à chaque pas dans la physiologie explicative sous les noms de *force plastique*, de *nisus formativus* ou de *propriétés vitales organiques*. Si Harvey avait eu connaissance de ces faits micro-

scopiques ; s'il avait vu, comme Malpighi, le rachis se former
par une double série de noyaux vertébraux se superposant
successivement les uns au-dessus des autres ; s'il avait observé la moelle épinière apparaissant au milieu de ces
noyaux, puis les vésicules cérébrales se surajoutant à
ce cordon nerveux ; s'il avait vu naitre le cœur par un vaisseau, et s'il avait suivi les formes variées qu'il revêt avant
d'arrêter ses formes permanentes, la théorie de l'épigénèse,
on peut le croire, eût été dès lors et à jamais fondée.

Mais ces beaux faits restèrent inféconds dans l'esprit de
Malpighi, préoccupé qu'il était de la théorie des préexistences, système qui s'imposait aux savans comme une ré-
vélation nouvelle. Le développement centrifuge en étant
un des anneaux, Malpighi s'attacha à prouver que le système adipeux se propage du grand épiploon aux diverses
parties du corps, c'est-à-dire du centre à la circonférence.
A peine cependant eut-il émis cette idée générale que,
descendant à la formation des vésicules adipeuses qui composent le système, il les vit au contraire se développer de
la circonférence au centre ; vérité si bien démontrée depuis
lors par M. Raspail, qui a en même temps distingué les vésicules secondaires échappées à la sagacité de Malpighi.
D'une vésicule adipeuse à la vésicule ovigène de Graaff, la
distance paraît infinie si l'on a égard à l'importance du produit ; elle n'est presque rien, au contraire, si l'on ne considère que le mode de formation : quand donc Malpighi compare cette vésicule ovigène à un corps glanduleux ; quand il
lui fait sécréter les ovules chez les oiseaux, non seulement
il fait un pas immense dans l'avenir, mais il sape dans ses
racines l'emboîtement prétendu des germes ; car il est clair
que si les ovules sont sécrétés par la vésicule ovigène de
Graaff, leur préexistence est illusoire. Ici donc, comme
partout ailleurs du reste, les faits bien observés allaient à
la théorie centripète, quoique recueillis sous l'influence de
la théorie centrifuge. De même que Fabrice d'Aquapen-

dente, Malpighi, poussé par l'esprit de système, concluait en sens inverse de ses propres observations.

Comme la théorie de l'épigénèse avait fait de la formation successive des parties un des préceptes de l'organogénie, la théorie des préexistences le rejeta, puisque tout était présumé se développer en même temps; et de cet abandon résulta naturellement celui de l'étude des règles de formation et de développement. Mais, par une espèce de compensation, le système de l'homogénie prit alors un essor nouveau. Pendant près d'un demi-siècle, tous les efforts des anatomistes se dirigèrent vers la découverte d'un tissu primitif dont tous les organismes n'auraient été que des modifications. Hippocrate avait dit qu'il n'y avait qu'une maladie, dont toutes les maladies n'étaient que des transformations; Platon et Aristote n'avaient également admis qu'un animal, dont les métamorphoses diverses avaient produit tous les animaux : c'est à prouver la réalité de ces abstractions que s'attacha principalement la philosophie anatomique de cette période; et il faut convenir que la démonstration de l'homogénie ovulaire d'Harvey était bien de nature à entretenir cette illusion.

Le tissu fibreux, le plus facilement observable dans les organes, fut le premier supposé le générateur des autres. Le tissu vasculaire, qui exige des préparations plus difficiles, dut attendre toute l'habileté d'un Ruisch pour acquérir cette prééminence. Enfin, il fallut à Malpighi toute sa sagacité dans les observations microscopiques pour découvrir les *acini* ou les petits follicules glanduleux dans la structure intime des organismes. L'homogénie glandulaire, fibreuse ou vasculaire, ne fut jamais démontrée. Mais si l'on ne trouva pas ce que l'on cherchait, on découvrit ce que l'on ne cherchait pas. En pénétrant, comme on le fit, dans la structure intime des organes, en s'appliquant à saisir leur similitude de composition, on inscrivit dans la science une foule de vérités utiles qui rapprochèrent de sa perfection l'anatomie descriptive. On signala des aperçus et des rapports nouveaux qui mirent sur la voie de diverses analogies des tissus et des organes : observations importantes, puisque devaient en sortir plus tard l'homologie organique de Vicq-d'Azyr et de Spix, l'histologie de Bichat et la théorie des analogues de M. Geoffroy Saint-Hilaire.

Au milieu des discussions animées qui accompagnèrent ces recherches, Boerhaave se décida d'abord pour l'homogénie vasculaire, qui favorisait ses théories devenues si célèbres, et particulièrement celle de l'inflammation pathologique, la plus fameuse de toutes. Plus tard, la découverte de Malpighi sur l'apparition précoce de la moelle épinière frappa si vivement cet esprit généralisateur, qu'il supposa, à l'instar des homogénistes, que toutes les parties étaient primitivement nerveuses, et que toutes radiaient au commencement du centre à la circonférence. Et ainsi l'on revint de cette manière plus que jamais à l'hypothèse du développement centrifuge, que depuis quelque temps on semblait avoir délaissée.

Il est curieux de suivre les variations de la théorie centrifuge au sujet du point de départ des organismes. Placé par Aristote dans les organes intérieurs, Galien l'avait limité au foie, puis à la colonne vertébrale ; Fabrice d'Aquapendente avait suivi Galien dans cette opinion. Fixant le début de l'animalité à l'apparition du cœur, Harvey avait fait de cet organe le *primum vivens*, laissant en dehors de l'organogénie tout ce qui précédait l'apparition de cet organe. Enfin, ces premières formations étant entrées dans la science avec les travaux de Malpighi, on vient de voir l'application qu'en fit Boerhaave en attribuant à la moelle épinière l'action formatrice centrifuge, que l'on avait précédemment placée dans le foie, dans la colonne vertébrale, dans le cœur et dans les organes de la vie végétative.

C'est sous ces auspices, dans cet état d'indécision, que

s'ouvrit la savante école de Haller. En présence de ces deux opinions contradictoires, elle devait nécessairement, par son influence, entraîner enfin les esprits d'une façon positive vers l'une ou l'autre des deux manières de considérer les formations organiques. Elle finit malheureusement par les entraîner dans la fausse voie.

Quand on lit avec attention les leçons de Boerhaave, et leurs commentaires si supérieurs aux leçons mêmes, on reconnaît sans peine que la science des organismes va prendre une direction nouvelle. Jusque là l'*usage des parties* de Galien n'occupait qu'une place accessoire dans l'étude des appareils organiques; cette partie accessoire devient tout-à-coup la partie essentielle et fondamentale, celle autour de laquelle toutes les autres vont se rallier; la *physiologie*, en un mot, se détache de l'anatomie comme science distincte. Elle se détache, non comme science spéciale limitée à l'homme, mais comme science comparée, c'est-à-dire qu'elle prend l'homme pour terme de rapport et tous les animaux pour objet de comparaison et sujet d'expérimentation. Avec une donnée en apparence si simple, la même du reste qui donne plus tard naissance à l'anatomie comparée, Haller, par un privilége réservé à lui seul, fonde une science nouvelle, et sur des bases si larges que nul depuis n'a pu refaire son ouvrage. C'est une véritable encyclopédie des sciences naturelles appliquées à l'étude des fonctions de l'homme.

En ce qui concerne l'organogénie comparée, un des premiers actes de cette école expérimentale fut d'effacer de la science les organismes chimériques que le développement centrifuge avait fait admettre. Ainsi, pour transporter le fluide graisseux du centre à la circonférence, on avait imaginé un ordre de vaisseaux adipeux, comme on avait créé des vaisseaux névro-lymphatiques pour la circulation centrifuge des esprits vitaux et des esprits animaux, dont l'existence, au dire de Malebranche, ne pouvait être mise en doute par personne. Mais on rejeta nettement ces vaisseaux, parce que d'une part le scalpel ne put les découvrir, et que de l'autre les expériences qui auraient dû les dévoiler furent toutes négatives. Cette logique sévère, la seule, du reste, que les raisonnemens anatomiques puissent admettre, fut d'abord employée par Haller à l'étude des formations organiques. C'est à l'aide de cette arme si puissante dans l'interprétation des faits qu'il réfuta l'hypothèse des préexistences organiques, bien qu'élevé dans cette doctrine, comme il l'avoue lui-même. Il se déclara formellement pour l'épigénèse, qui lui paraissait ressortir avec évidence des observations de Guillaume Harvey, de Malpighi, de Lancisi, de Maître-Jean, et des expériences de Réaumur et de Trembley sur les régénérations animales; et ce fut même pendant cette période de progrès de sa vie scientifique qu'il posa les fondemens de sa belle théorie, tout épigénique, des arrêts de développement.

Par quelle fatalité Haller fut-il entraîné dans l'opinion contraire? Que s'était-il passé dans son esprit, pour l'amener à voir tout l'animal dans l'œuf? pour n'admettre dans ses développemens qu'une élongation des parties? pour voir tout le cœur dans son canal primitif? pour se refuser à l'évidence des sens, quand il apercevait les oreillettes et les ventricules se surajoutant sur ce canal, et ses fibres musculaires apparaissant là où elles n'existaient pas auparavant? Comment pouvait-il s'expliquer la nudité primitive des viscères qu'il avait si bien constatés après Harvey, Malpighi et Maître-Jean? Comment pouvait-il croire, d'après ces faits, que l'embryon fût la répétition de l'animal parfait? Comment, dans cette hypothèse, se rendait-il compte de l'existence de certains organes chez l'embryon, et de leur disparition chez l'adulte? du canal intestinal nouveau qui succède chez les insectes au canal intestinal primitif? des branchies qui sont remplacées par les poumons? des corps de Wolff qui précèdent les organes génitaux? Comment expliquait-il les régénérations de la tête, de la queue, des pattes, des organes reproducteurs qu'avaient démontrées les expériences de Réaumur, celles de Trembley et de Mortimer? Si en effet, comme on le supposait, le Créateur a dit à chaque être : Tu auras cela, rien que cela ; comment pouvons-nous retrancher la tête à un animal, et lui voir reproduire une nouvelle tête? Comment pouvons-nous le diviser en deux, et voir sortir de ces moitiés deux animaux nouveaux et complets? Quelle est la possibilité de ces créations nouvelles, de ces êtres artificiels dont on est loin d'avoir atteint les limites, et sur lesquels MM. Charles Morren et Dugès ont appelé si vivement de notre temps l'attention des physiologistes?

Sans insister, comme il aurait dû le faire, pour y peser long-temps, sur toutes ces inconnues du problème organogénique, déclaré cependant par lui l'un des plus importans de la physiologie, Haller se pressa d'arriver à conclure, contre ses premiers sentimens, que l'épigénèse est impossible; qu'il n'y a point dans le corps de l'animal de partie faite avant les autres, ni succédant ; que toutes enfin sont formées en même temps. Il rejeta ainsi, et qu'on nous passe l'expression, il rejeta d'un trait de plume la successibilité des organismes qu'avaient observés ses prédécesseurs et lui-même. Ces auteurs, prétendit-il, n'ont voulu dire autre chose sinon que telles parties sont visibles dans l'embryon quand telles autres ne le sont pas. Tout est donc contenu dans la partie. L'animal est dans l'embryon, l'embryon dans l'œuf, l'œuf dans l'ovule, et tous les ovules étaient renfermés dans les ovaires des premières femelles. C'est de ce principe qu'Haller arriva au développement des organismes. Du moment qu'il admettait que les développemens n'avaient d'autre effet que de rendre visibles des parties qui ne l'étaient pas ; qu'il réduisait les formations à une élongation, ou à une ampliation des organismes, il se plaçait dans la nécessité d'imaginer une force active capable de produire ces résultats. Trop positif en physiologie pour admettre une force occulte, il lui fallait une force visible, expérimentale en quelque sorte ; le cœur lui offrait ces conditions chez le fœtus et l'adulte : il s'y attacha donc, et supposa son existence et son action à toutes les périodes de la vie embryonnaire.

Remarquons ici le pas rétrograde que va faire l'organogénie. Harvey avait déjà attribué au cœur l'action formatrice des organismes ; mais pour lui, l'animal ne datait que de l'apparition des mouvemens de cet organe. En dehors de cette explication se trouvaient donc les organismes qui précèdent le cœur, et que Harvey, de même qu'Aristote, rejetait dans la vie végétative. Malpighi paraît, et prouve par des observations microscopiques admirables que ces premières formations qui précèdent le cœur sont tout aussi animales que les autres. La prétendue action formatrice de cet organe tombe par conséquent devant lui. Pour la faire revivre, que fait Haller? Sans revenir à l'opinion d'Aristote, sans partager la vie embryonnaire en deux vies, l'une végétale, l'autre animale, sans même répudier les recherches de Malpighi, il suppose hardiment ce qui n'est pas ; il suppose que bien que le cœur ne soit ni visible ni formé, son action impulsive n'en existe pas moins ; il suppose enfin une fonction sans organe ; et par une circonstance singulière, cette supposition le conduit à interpréter le developpement du cœur et du système sanguin en sens inverse de leur manifestation réelle, en sens inverse de l'ordre de successibilité qu'il constate lui-même par ses observations. Cette tache dans la vie scientifique de Haller est véritablement le sommeil du génie. Harvey avait fait du cœur le *primum vivens;* Haller en fit le *primum faciens.* Ce *primum faciens* se trouvant au centre de l'animal, tout l'animal se développait ainsi nécessairement du centre à sa circonférence. A la vérité, de même que les animaux sans cœur se trouvaient n'être pas des animaux dans le sens d'Harvey, de même, dans la loi centrifuge de Haller, il fallait que ces animaux se développassent sans cause de développement ; car il faut bien observer que, si Haller admettait l'existence du cœur chez les embryons des vertébrés, à l'époque où il n'est ni formé ni par conséquent visible, il était obligé de se bien garder d'étendre cette supposition aux animaux inférieurs qui s'arrêtent dans leur développement avant l'apparition de cet organe : supposer un cœur aux polypes, en effet, ç'eût été faire écrouler toute l'hypothèse.

Quoi qu'il en soit, ce fut d'après des données si peu vraisemblables que le système des préexistences devint la croyance presque générale des physiologistes. Ce fut d'après une analogie reconnue matériellement fausse que le développement centrifuge devint la loi primordiale des développemens. Ce fut d'après un fait contredit par l'anatomie que l'action formatrice des organismes fut dévolue au cœur. Ce fut enfin d'après toutes ces erreurs réunies que la physiologie du jeune embryon fut presque ramenée à la physiologie de l'être parfait.

Tout se tient, tout se lie en effet dans les sciences anatomiques et physiologiques. Les fonctions suivent nécessairement les organes ; ceux-ci étant déclarés immuables, les fonctions ne sauraient varier. Telles elles sont chez l'adulte, telles elles doivent être chez le jeune embryon, puisque l'embryon n'est présumé qu'un diminutif de l'adulte. Telles aussi on les supposa. Or, qui peut douter que chez l'adulte le mouvement circulatoire ne soit centrifuge ? Qui peut douter que chez l'enfant, l'accroissement n'ait son principe dans le transport continu du fluide sanguin du centre à la circonférence ? Qui ne sait que les alimens introduits dans le canal intestinal sont convertis en chyle, lequel de ce point central se distribue dans tous les organismes ? Qui ne sait encore que c'est pour ramener la physiologie utérine à la physiologie extra-utérine que tant d'embryogénistes ont avancé que le fœtus se nourrit des eaux de l'amnios? Qui ne sait enfin que l'action nerveuse a son foyer dans l'axe cérébro-spinal, et qu'elle radie de ce point central à la périphérie du système nerveux? Ce sont là des notions vulgaires tant elles sont positives. Mais sont-elles applicables aux jeunes embryons et aux organismes en voie de formation? C'est là la clef de la question. Le système des préexistences répond par l'affirmative; mais les faits, tous les faits embryogéniques conduisent à affirmer la négative. C'est donc dans les faits d'organogénie et dans leur interprétation rigoureuse que la théorie de l'épigénèse aurait dû chercher uniquement son point d'appui. C'est là ce qui lui assure positivement la victoire.

CHAPITRE VI.

De la théorie de l'épigénèse.

Tel était le système des préexistences au sortir des mains de Bonnet et de Haller. Il reposait sur deux hypothèses brillantes. L'une, empruntée en quelque manière à Leibnitz, était relative aux germes; on supposait ces miniatures de végétaux et d'animaux, flottans dans l'espace, circulant paisiblement dans les divers corps organisés jusqu'à ce qu'ils eussent rencontré le moule dans lequel ils devaient se développer; l'emboîtement indéfini commençait à être délaissé.

La seconde hypothèse était relative à l'embryogénie; le cœur et son action impulsive avaient remplacé toutes les forces occultes des anciens physiologistes; on voyait, on touchait pour ainsi dire cette force; il ne s'agissait que de supposer la présence de l'organe du cœur à toutes les périodes de l'animalité.

De ces deux hypothèses, la première, toute métaphysique, n'exerça pas une grande influence sur l'avenir de l'anatomie; la seconde, toute physiologique, devint au contraire la base autour de laquelle se construisit toute l'embryologie animale.

Les plantes, en effet, étant privées de cœur furent rejetées par cela même du développement centrifuge. L'organogénie végétale fut séparée de l'organogénie animale; il y eut scission, et scission si profonde entre les deux règnes, que les traces ne peuvent encore en être effacées. Plus tard, les progrès rapides de la zoologie faisant connaître une multitude d'animaux privés de cœur, ces êtres, que l'on désigna sous le nom de zoophytes, furent censés se développer sans cause de développement. La loi centrifuge se trouva donc ainsi limitée aux vertébrés et à ceux des invertébrés pourvus d'un cœur. Ainsi ce n'était plus une loi générale; et au fond ce n'était pas même une loi particulière, puisque, dans leur état primitif, tous les embryons des vertébrés sont zoophytes.

Cette insuffisance de la théorie des préexistences et de la loi centrifuge ramena vers l'épigénèse deux célèbres contemporains de Haller, Needham et Wolf. Le premier s'attaqua à l'hypothèse des préexistences, le second à l'hypothèse du développement cardiaque ou centrifuge; et l'une et l'autre de ces suppositions eussent dès lors disparu de la science, si, à la logique des faits, ces deux anatomistes n'eussent allié des principes occultes de développement qui les firent méconnaître.

« Si vos germes errans ne sont ni l'œuf, ni l'ovule, ni la
» vésicule ovigène, ni rien, en un mot, de ce qui est saisis-
» sable dans la génération, que sont-ils donc? demanda
» Needham. Si quelqu'un les a vus, qu'il nous les montre.
» Si c'est une chimère, à quoi bon s'en occuper, quand
» tant de choses positives nous échappent encore? La na-
» ture réelle n'est-elle pas assez vaste sans créer de plus
» une nature imaginaire? Êtes-vous plus avancés d'ailleurs

« par ces préformations de germes, soit que vous les em-
» boîtiez les uns dans les autres, soit que vous les suppo-
» siez flottans dans l'espace ? Et d'ailleurs, après en avoir
» supposé pour tous les êtres normaux, en supposerez-vous
» encore pour toutes les variétés, pour toutes les anomalies,
» pour tous les cas morbides, pour toutes les monstruo-
» sités ? » A ces observations, Needham ajouta ses belles
expériences sur la formation des infusoires. Il suivit le
développement des monades, des vibrions, des vorticelles
dans diverses infusions végétales; et comme on lui objecta
que les germes flottans dans l'espace pouvaient bien être
tombés dans ses infusions pour s'y développer, il répéta son
expérience dans des vases clos, sans communication avec
l'air, et dans des infusions dépourvues d'air par une forte
ébullition. Les résultats furent les mêmes : les infusoires
se montrèrent dans les dernières comme dans les premières
expériences. Or, n'est-ce pas là, se demanda Needham,
l'image de la création primitive des êtres organisés? N'est-ce
pas là l'explication de l'emblème que nous présente la Ge-
nèse ? A ces pensées élevées, il en ajouta de plus positives
que l'expérience a depuis confirmées. Sans connaître l'idée
de Harvey sur la transformation des êtres, il observa que,
parmi les infusoires, les uns s'arrêtaient à un développement primaire, les autres à un développement secondaire,
d'autres encore à un développement tertiaire ; de sorte que
leur animalité paraissait se perfectionner à chaque développement. Les germes n'étaient donc pas la miniature des
animaux parfaits ?

De ces expériences, Needham conclut, premièrement,
que les animaux se développent par épigénèse, et que ce
que l'on désignait sous le nom de germe, loin de représenter en petit l'animal parfait, n'en renfermait même pas
l'ébauche; secondement, qu'il y avait une progression dans
les développemens, l'organe dans l'état primitif de l'animalité simulant une sorte de cristallisation ; troisièmement,

que les substances animales et végétales, considérées à l'origine, sont les mêmes substances; de sorte, ajoute-t-il, que, sous l'influence de certaines conditions, les animaux deviennent végétaux et les végétaux deviennent animaux.

Quel regret on éprouve de voir des résultats si avancés défigurés sans cesse par la supposition de forces destinées à en donner des explications inintelligibles !

Suivant Needham, tout se réduit à une force expansive qui peut tout et fait tout, et à une force de résistance destinée à contre - balancer les effets de la force expansive; c'est par un balancement alternatif et continu de ces deux forces qu'il prétend donner la formule des formations animales et végétales. Ce sont des sommes d'inconnues ajoutées à des faits positifs : aussi est-ce un vrai chaos que la création ramenée par Needham au balancement de ces deux forces! Mieux valaient les préexistences de Haller que l'épigénèse ainsi présentée. Cette idée de Needham n'a cependant pas été totalement abandonnée ; elle a été reprise de nos jours par M. Oken. Pour ce naturaliste, ce sont les infusoires qni ont commencé la vie animale sur le globe, et de leur perfectionnement graduel sont sortis l'homme et les animaux; et quant aux forces expansive et répulsive, elles sont simplement remplacées chez lui par les attractions et les répulsions électro-magnétiques.

L'obscurité inévitable dans cette alliance des faits et de l'arbitraire est encore ce qui a frappé de stérilité les belles recherches de Wolf. Personne n'a soutenu l'épigénèse avec plus de force que cet illustre anatomiste; personne ne l'eût, mieux que lui, assise sur ses véritables bases, s'il s'était borné à l'interprétation rigoureuse des faits; mais après avoir blâmé Needham, après avoir montré l'insuffisance de *ses forces expansive et de résistance*, il en imagine à son tour qui n'en sont que la copie. En effet, quelques efforts que fasse Wolf pour se persuader que sa *force essentielle* n'est pas la même que la *force expansive* de

Needham, et que sa *solidescence* n'est pas la *résistance* de l'observateur hollandais, il n'y a au fond d'autre différence que celle de leur application. Needham applique ses principes occultes au développement des germes, tandis que Wolf les restreint au développement des organismes : voilà toute leur opposition.

On a cherché long-temps, et l'on cherche encore aujourd'hui, à quoi tient la confusion de la théorie de la génération de Wolf. Elle tient évidemment au mélange continuel des faits avec des principes qui n'en sont pas l'expression, et qui sont même en désaccord avec eux. Mais alors qu'en résumé, selon cet observateur, il faut dégager les faits de leurs explications, on trouve que le développement des végétaux se fait par une interposition successive de vésicules qui se déposent dans les interstices de ce que Wolf nomme le tissu celluleux, et que la formation de nouvelles couches est le résultat de cette addition vésiculaire. Passant des végétaux aux animaux, on voit que l'état primitif de l'animalité est constitué par des globules ; de telle sorte que si l'on choisit pour exemple la figure veineuse ou l'aire ombilicale du poulet, on n'y rencontre d'abord que de petits corps globuleux, lesquels, en se réunissant, forment des lignes, puis des points rouges que Wolf nomme *îles sanguines ;* puis enfin que ces *îles sanguines* se couvrent de vaisseaux avant l'apparition du cœur. Arrivant ensuite à cet organe, dont il renverse par ses observations la prétendue action formatrice, Wolf constate, d'une part son apparition tardive, et d'autre part que lorsqu'il apparaît, il semble frappé d'immobilité. Un peu après, ses mouvemens qui commencent sont encore si faibles que le globule sanguin oscille, comme il le ferait sous l'action d'un mouvement peristaltique. Qu'il y a loin de ce mouvement péristaltique, capable tout au plus de faire osciller un globule sanguin, à cette force supposée qui devait projeter le liquide au loin en creusant les canaux destinés à le contenir ! Haller le sentit, et ce fut pour soutenir le développement centrifuge qui croulait devant cette observation fondamentale qu'il imagina que les parties existaient, quoique non visibles, et que le cœur agissait puissamment, bien qu'on ne pût encore constater sa présence.

Ainsi Needham avait jugé la préexistence des germes ; Wolf jugea l'action centrifuge du cœur. Restait encore le développement spontané ou successif des parties par où l'épigénèse se distingue également du système des préformations. Wolf rendit à la science ce nouveau service ; il montra que les parties naissent les unes après les autres, et même qu'elles naissent les unes des autres par voie de sécrétion ; il fit surtout cette remarque profonde que Needham avait déjà indiquée, savoir, que primitivement toutes les parties de l'animal sont fluides et comme inorganiques, qu'ensuite les vaisseaux s'y développent par une action propre et inhérente en quelque sorte à leur tissu. Si cela était, répondit Haller, il faudrait admettre l'épigénèse. Or cela est.

Haller, cependant, n'admit pas l'épigénèse. Toutefois, continuateur des travaux de Malpighi, il avait trop vu et trop bien vu par lui-même pour s'en tenir aux développemens tels que les avait conçus Bonnet. Il avait trop vu et trop bien vu pour n'apercevoir dans les développemens qu'un simple accroissement. Frappé des observations de Needham et de Wolf, et voyant sous le microscope, quelquefois même à l'œil nu, les organes changer de forme et de position en passant d'un état à l'autre, il exprima ces métamorphoses par le mot d'*évolutions*. La théorie des évolutions organiques est une protestation formelle contre celle des préexistences. Moyennant cette théorie, en effet, l'embryon n'était plus la miniature exacte de l'animal parfait ; il passait par des états divers qui n'étaient pas son premier état ; en un mot, il changeait. Néanmoins ce n'était pas encore là l'épigénèse. A la vérité, comme on ne commençait les observations que lorsque les premières formations étaient déjà accomplies, Haller parvenait ainsi à accorder avec les évolutions son idée favorite du développement centrifuge par l'action formatrice du cœur (1). Dans la théorie des évolutions, en effet, on n'ouvre l'expérience que lorsque les premières formations sont déjà accomplies; on procède donc sur des organes déjà formés pour en suivre seulement les diverses transformations. Dans celle de l'épigénèse, au contraire, on s'élève au-delà; on a pour objet de dévoiler la formation même des organes. Le terrain de l'une commence où celui de l'autre finit : l'épigénèse est accomplie quand les évolutions commencent.

On voit ainsi comment, au moyen de la théorie des évolutions, Haller a pu justifier d'une certaine manière son idée favorite sur le développement centrifuge et l'action formatrice du cœur. On s'explique aussi par là pourquoi le développement des végétaux, comparé à celui des animaux, fut forcément exclu de cette théorie. La séparation des deux règnes était la conséquence nécessaire de l'époque tardive à laquelle on faisait commencer les observations. C'était, au fond, la continuation de la méthode d'Aristote et d'Aqua-

---

(1) Cette erreur fut aussi l'erreur de Meckel. Il n'admit pas cette puissante activité du cœur, mais en la rejetant, il fut, si je puis ainsi dire, plus hallérien que Haller lui-même, car il fit un pas en arrière en revenant aux préexistences que son chef avait reconnues insuffisantes. La théorie des évolutions organiques, toutefois, restera comme un des plus beaux titres de la gloire de Meckel. L'histoire conservera avec soin ses travaux remarquables sur les évolutions du cœur des mammifères, sur celles du poumon, sur les transformations diverses du canal intestinal et des organes génito-urinaires; elle conservera en les fécondant ses belles vues sur l'arrêt des développemens dont il avait trouvé les germes dans Haller. Mais elle regrettera qu'un si beau talent se soit épuisé au service d'une idée déjà usée, qui lui a fait confondre les évolutions avec les formations organiques.

pendente, la dénégation de celle d'Harvey et de Malpighi, qu'on croyait cependant continuer.

C'est au contraire l'épigénèse qui, saisissant la matière à son passage de l'état inorganique à l'état organisé, la suivant ensuite pas à pas pour saisir son passage de l'état amorphe à l'état vasculaire, forme la vraie continuation de la méthode de Malpighi. Et de même que le système des évolutions repousse toute analogie entre le développement des animaux et celui des végétaux, de même l'étude de cette analogie est une des bases indispensables de l'épigénèse : aussi trouve-t-on là un caractère commun dans les travaux de Malpighi, de Needham et de Wolf. Ces anatomistes à jamais célèbres ont encore pous caractère commun de ne pas s'être arrêtés là où l'observation directe les abandonnait. En voulant aller au-delà, en voulant expliquer comment la matière végétale s'arrêtait au point où elle s'arrête, et pourquoi la matière animale la dépassait pour former des êtres supérieurs, ils ont dépassé le but qu'il nous est donné d'atteindre, et se substituant à la nature, ils ont fait un mélange de l'hypothétique et du positif qui dépare leurs travaux et les rend souvent inintelligibles.

Toutefois, de ces efforts réunis sortit la science des évolutions organiques, qui, considérant les organismes à leur seconde période de formation, n'est en réalité que le science du deuxième temps de l'épigénèse. A partir de la seconde période de formation des organes, l'épigénèse et les évolutions se confondent en effet et marchent en commun pour suivre les transformations organiques jusqu'à leur parfait développement. Mais voici cependant les différences de ces deux théories.

Celle des évolutions ne commence les observations qu'à l'époque où les premières formations sont déjà accomplies, c'est-à-dire à l'apparition du cœur. Tout ce qui le précède est censé préexister ou préformé; c'est une inconnue dont on ne s'occupe pas. Cette inconnue, au contraire, est l'objet constant des travaux de la théorie de l'épigénèse. Elle la poursuit avec d'autant plus d'ardeur que ce n'est pas quand les organismes sont déjà formés que l'on peut apprécier et saisir leurs règles de formation. Cette appréciation ne peut avoir lieu que pendant le cours et la marche de leurs premiers rudimens. Ainsi, dans la théorie des évolutions, absence de règles de formation des organismes ; dans celle de l'épigénèse, nécessité de l'étude de ces règles. Dans la théorie des évolutions, délaissement des rapports qui peuvent exister entre les végétaux et les animaux ; dans celle de l'épigénèse, nécessité de l'étude de ces rapports. Dans la théorie des évolutions, accroissement par intus-susception ; dans celle de l'épigénèse, accroissement par extra-susception. Dans les évolutions, développement des organismes par extension et continuité ; dans l'épigénèse, développement des organismes par addition successive de matériaux organiques homogènes.

En suivant la conversion de la théorie des préexistences dans celle des évolutions organiques, on peut suivre aussi la transmission des idées d'une période à l'autre dans les recherches anatomiques ; car il est à remarquer que l'application des mêmes principes dans la science a presque toujours produit des résultats analogues, modifiés seulement par la marche progressive des observations. Ainsi le principe de l'unité et de la continuité des organismes avait produit, comme nous l'avons dit, la théorie de l'homogénie histologique ; le même principe conduisit, avec le système des évolutions, à la théorie de l'homologie organique. Au lieu d'un tissu élémentaire, ce fut une collection de tissus, un organisme composé qui fut présumé donner naissance par son extension et sa répétition à tous les organismes analogues.

André Bonn est le premier qui, en déduisant les organismes les uns des autres, ait remarqué la répétition des parties qui les constituent. Les poils, les ongles, les dents, les follicules glandulaires ramenés à un type commun, constituent sans doute un fait aussi remarquable que la transformation de l'enveloppe cutanée en membrane muqueuse, qui fixa d'abord l'attention des anatomistes.

Ce que André Bonn avait fait pour l'enveloppe générale des organismes Vicq-d'Azyr l'essaya pour les membres des animaux et de l'homme. L'analogie des extrémités supérieures et inférieures est si patente qu'elle a frappé dans tous les temps même le vulgaire. Mais pour arriver de cette idée vague à une démonstration anatomique, il fallait toute la puissance du génie, et le but qu'atteignit l'anatomiste français. Il compara les os aux os, les muscles aux muscles, les vaisseaux et les nerfs aux vaisseaux et aux nerfs. Le résultat de cette comparaison fut de montrer que les mêmes parties se répétaient exactement dans la composition des extrémités supérieures et inférieures. Indépendamment de ce rapport, il y avait encore dans le beau travail de Vicq-d'Azyr le germe du principe de la coexistence et de l'harmonie des parties dont la démonstration constitue un des plus beaux titres de gloire de Cuvier.

Jusque là cependant l'homologie n'était pour ainsi dire qu'individuelle. On comparait deux élémens organiques, différens en apparence, pour faire ressortir l'analogie de leur composition ; mais il n'y avait pas encore un élément général qui servît de type, et duquel on pût déduire toutes les parties d'un même système organique. Le tronc parut enfin fournir cet élément.

Comme chacun le sait, l'axe osseux du tronc est formé par une succession de vertèbres superposées chez l'homme les unes au-dessus des autres. Le rachis n'est donc en définitive que la vertèbre répétée. Or le rachis est couronné en haut par le crâne, et repose en bas sur le bassin. Que sont donc ces dernières parties ? quels sont leurs rapports avec la chaîne des vertèbres qui les réunit ? L'idée la plus originale émise sur la fin du dernier siècle fut sans contredit celle qui considérait le crâne comme un pur assemblage de vertèbres. Gœthe paraît en avoir été le premier auteur. Mais M. Duméril en France, et M. Oken en Angleterre, sont les premiers qui aient donné la démonstration d'un rapport si inattendu. Le crâne est donc une répétition de la colonne vertébrale; et de même le sacrum n'en est que la continuation. Voilà en deux mots le résumé du commencement de cette fameuse doctrine des homologues.

Ainsi limitée, elle nous paraît à l'abri des critiques dont elle a été l'objet. Mais en est-il de même quand, avec MM. Oken et Spix, on cherche dans les diverses parties de la tête la répétition des diverses parties du corps ; dans le crâne pris séparément la tête de la tête ; dans le nez le thorax ; dans l'hyoïde le bassin ; dans les maxillaires et les dents tout l'appareil osseux des membres? En est-il de même quand, poussant plus loin l'homologie des parties supérieure et inférieure, on considère avec M. Meckel le gland et le clitoris comme la répétition de la langue, le vagin comme la répétition des fosses nasales, le petit bulbe qui termine la moelle épinière comme la répétition du cerveau? Ces homologies forcées ne feraient-elles pas descendre l'organisation des vertébrés au niveau de celle des invertébrés? Chez ces derniers, la simplicité des organismes justifie cette répétition ; elle a été mise hors de doute, d'ailleurs, pour la bouche des insectes et des crustacés, par notre célèbre et infortuné confrère M. Savigny ; pour les polypes et les annélides, par MM. Dunal, Moquin-Tandon, Meckel, Charles Morren, Audouin, Milne Edwards, et surtout par M. Dugès. Ces animaux, que l'on a si justement nommés animaux associés, ne sont en effet qu'une simple multiplication d'une partie d'eux-mêmes. Mais avant d'appliquer aux vertébrés ces belles idées sur la composition des invertébrés, la logique n'obligeait-elle pas de déterminer préalablement l'élément fondamental de l'organisation typique de chacun des deux embranchemens? Ne devait-on pas rechercher, ainsi

que l'a fait le premier M. Geoffroy Saint-Hilaire, si la
vertèbre existe chez les crustacés et chez les insectes,
comme chez les animaux supérieurs qu'elle caractérise ?
Quoi qu'il en soit, ces vues homologiques n'étaient au
fond, semble-t-il, que la reproduction des métamorphoses
d'Aquapendente, qui dérivait l'embryon des chalazes et de
ses nœuds, à peu près de la même manière que M. Oken
le fait provenir de ses enveloppes et du cordon ombilical.

A côté de cette anatomie unitaire avait paru l'anatomie
générale de Bichat. Par opposition à l'homogénie histologique, on pourrait l'appeler histologie différentielle. Créée
sous l'influence de la théorie des préexistences et des évolutions, elle emprunta à la physiologie sa principale direction, et, afin de dévoiler les propriétés des organismes, elle
s'appliqua d'une manière toute particulière à l'étude de leur
structure. Cette étude ramenait nécessairement à celle des
tissus. Celle-ci, l'école de Haller ne l'avait pas négligée :
les systèmes osseux et musculaire avaient été l'objet des
travaux d'Albinus, de Winslow, d'Hebenstreit, de Bertin
et de Sabatier ; le système vasculaire avait particulièrement
occupé Ludwig ; les vaisseaux lymphatiques, Cruikshank
et Mascagni ; le système nerveux, Haller et Prochaska. Des
découvertes importantes avaient signalé le passage de ces
anatomistes ; mais éparses dans des volumes et sans connexion entre elles, ces découvertes restaient étrangères
les unes aux autres. Ce défaut était surtout devenu sensible
depuis que, dans un but tout physiologique, Haller les
avait mises en présence les unes des autres dans son grand
ouvrage. On avait été frappé, et on ne pouvait manquer
de l'être, de la pauvreté des idées générales en anatomie
en présence d'une si étonnante richesse de faits particuliers. On avait donc reconnu que dès lors là n'était pas toute
la science ; et, par une sorte d'instinct scientifique, chacun
s'était mis à l'œuvre sur ce trésor pour systématiser. Mais,
disons-le hautement, il n'y avait qu'un homme de génie

qui pût le faire comme l'exigeaient l'anatomie et la physiologie. C'est alors que Bichat se présenta, et l'anatomie générale parut.

On n'a pas fait assez d'attention au procédé par lequel cette belle œuvre fut créée. Ce ne fut ni par des dissections plus habiles, ni par les réactifs chimiques auxquels furent soumis les divers tissus, ni même par l'analyse qu'il fit de leurs propriétés que Bichat parvint à son but. Ces procédés matériels, qui se répètent dans tout son ouvrage et à l'occasion de chaque système, ne sont en réalité que l'échafaudage. Une idée mère, une pensée première toujours présente les domine. C'est le principe de l'analogie des tissus organiques. Les caractères anatomiques d'un tissu une fois posés, Bichat suit ce tissu dans toutes ses modifications, dans toutes ses transformations, et ne l'abandonne que lorsqu'il est obligé de renoncer à ses procédés sévères d'investigation, qui sont la pierre de touche du principe des analogies. C'est là qu'est toute son histologie. Analogie de structure, analogie de propriétés, partant, analogie de fonctions, c'est là, je le répète, le cachet caractéristique de l'œuvre impérissable de Bichat et la source de ses utiles applications.

Effectivement, en suivant la transition des tissus, pour étudier leurs diverses transformations normales, Bichat s'aperçoit que ces transformations se répètent aussi d'une manière anormale. Or, cette évolution anormale des tissus, en les modifiant, modifie aussi leurs propriétés, et modifiant leurs propriétés, entraîne inévitablement la modification de leurs fonctions. Mais les fonctions modifiées constituent les maladies. Les maladies sont donc ainsi rattachées aux transformations que subissent les organismes. Or, ces transformations, dites accidentelles, considérées en elles-mêmes et dans leurs rapports avec les modifications fonctionnelles, donnent naissance à une science nouvelle, l'anatomie pathologique. C'est la science qui, préparée par

Bonnet et Morgagni, s'est élevée si haut d'après les travaux de Laënnec, de Bayle, de Corvisart, Dupuytren, de Meckel, d'Otto, de Cruveilhier, de Serres, d'Abercrombie, d'Andral, de Lallemand, de Louis, de Rostan, de Breschet, de Lisfranc et d'Isidore Geoffroy Saint-Hilaire.

Elle est à l'étude des maladies ce qu'est à la physiologie l'anatomie normale. Ainsi toutes les sciences médicales forment en définitive un faisceau indissoluble dont le principe des analogies forme le lien.

Que sommes-nous en médecine, sinon des disciples de Bichat, des continuateurs de ses vues histologiques et de ses idées sur la corrélation et l'évolution des fonctions, si bien exposées dans son Traité de la vie et de la mort? N'est-ce pas en suivant les routes que son génie nous a tracées que la médecine française est parvenue à la hauteur où elle s'est placée depuis environ un demi-siècle? Les progrès de la médecine, en effet, sont subordonnés à ceux de l'anatomie pathologique; ceux-ci aux progrès de l'histologie; et l'histologie enfin n'est elle-même qu'une application féconde du principe des analogies. Cette dernière vérité est d'autant plus utile à faire sentir que son expression ne se trouve nulle part dans les écrits de notre physiologiste! C'est une vérité capitale cependant dans les sciences naturelles, car leur histoire nous les montre se détachant successivement les unes des autres à mesure qu'une masse de faits de même nature se rallie et se coordonne autour d'un principe général. C'est ainsi que s'est détachée la physiologie générale sous Haller; c'est ainsi que se sont détachées tour à tour l'histologie et l'anatomie pathologique; c'est ainsi que nous avons vu se détacher encore l'anatomie comparée, la paléontologie et la zoologie.

C'est ainsi, disons-nous, qu'est née l'anatomie comparée. Daubenton avait le premier compris le principe général, le lien commun de tous les faits particuliers qui devait lui servir de base. Il avait pris l'homme pour terme de rapport, et les animaux pour terme de comparaison. C'est ce qui donna, pour la première fois, à cette étude une direction positive et un but que firent mieux ressortir encore les travaux de Vicq-d'Azyr. Mais ni Vicq-d'Azyr ni Daubenton n'avaient réussi à lui donner le caractère vraiment scientifique, et cette gloire fut réservée à l'illustre Cuvier. Encore ici, ce n'est point par des dissections plus nombreuses, ni par des rapprochemens et des comparaisons mieux entendues que cette science se produisit comme science distincte. Elle ne se dégage que sous l'influence d'un principe, celu i de la *corrélation des formes.* Les formes organiques chez l'homme et chez les animaux se subordonnent les unes aux autres pour concourir à une action déterminée ; une forme donnée en nécessite une seconde, la seconde une troisième, la troisième une quatrième, et ainsi s'enchaînent de proche en proche toute la série des organismes d'où résulte l'animal. Tel fut le point de départ. Ainsi considérée, l'anatomie comparée marcha aussitôt vers deux grands résultats : d'une part, elle rapporta aux formes de l'homme les variations de forme des animaux, et d'autre part elle subordonna les unes aux autres les formes des animaux eux-mêmes en déterminant leurs rapports réciproques. Du premier résultat sortit l'anatomie comparée différentielle ; du second naquit la zoologie, dont le principe fondamental , déduit de la corrélation des formes, fut la *subordination des caractères.* « Ainsi, comme l'a dit Bacon, les faits ne sont » que la vérification des principes, et l'art d'inventer dans » les sciences se réduit à celui de les extraire de l'expérience » et de l'observation. C'est, en un mot, l'art d'observer en » grand. Une fois reconnus, donnez à ces principes, ajou-» tait le même philosophe, le temps de se développer, » et vous verrez une nuée de faits qui se rangeront d'eux-» mêmes en ordre de système, et formeront cette philosophie » expérimentale qui doit assurer l'empire de la philosophie » rationnelle. »

Bacon semblait prophétiser par ces paroles l'histoire des animaux fossiles. Qu'est-ce en effet que la paléontologie, sinon une armée de faits perdus et enfouis dans les couches diverses dont se compose notre globe? Qui ne sait que les ossemens fossiles étaient connus avant Georges Cuvier? Qui ne sait qu'ils étaient précieusement conservés dans les cabinets et décrits avec soin dans la plupart des recueils académiques? Mais pas une seule idée générale n'était encore sortie de ces descriptions minutieuses. Cuvier paraît et leur applique le principe de la corrélation des parties, déjà éprouvé par l'anatomie comparée, déjà éprouvé par les belles applications qu'en avaient faites Galien et Vicq-d'Azyr; et aussitôt ces ossemens, sortant pour ainsi dire de la profondeur obscure de leur sépulture, rallient à la voix de ce principe leurs fragmens dispersés, et se coordonnent en squelettes non moins complets que ceux que nous préparons dans nos laboratoires. Et cette résurrection inattendue ne se borne pas aux squelettes, les animaux perdus nous apparaissent en entier avec les caractères de leur ordre et de leur famille: c'est une sorte d'image de la création; c'est l'exemple de la puissance d'une idée ou d'un principe général même dans les sciences qui dépendent de l'observation.

C'est à ce point qu'il faut placer la fin du règne des pré-existences organiques; sa dernière heure fut naturellement amenée par l'épuisement des grandes découvertes que permettait l'anatomie des organismes dans leur complet développement. Le principe de la corrélation des formes et de l'harmonie des parties en avait été la plus grande et la plus féconde expression. Ce principe reposant sur l'idée que les organes d'un même animal forment un tout unique, dont toutes les parties se tiennent, agissent et réagissent les unes sur les autres, il en résultait qu'il ne peut y avoir de modifications dans aucune d'elles qui n'en produise de correspondantes et d'analogues dans toutes les autres. Leur harmonie ne pouvait être conçue qu'à l'aide de ce concours mutuel et général. Or, la conséquence de ce principe, en organogénie, était non seulement de faire prévaloir l'Idée que les jeunes embryons sont la miniature de l'animal parfait, mais même d'arrêter dans ses développemens la théorie des évolutions qui admet dans les organismes des transformations passagères. Il fallait donc de nouveaux principes pour donner à l'organogénie un nouvel essor et la ramener dans une direction qu'elle avait abandonnée ; et il fallait de plus que ces principes portassent l'attention sur l'ordre des faits que présentent transitoirement les organismes dans le cours de leurs développemens. Ces principes nécessaires aux progrès ne se firent pas attendre.

En effet, à côté de la théorie différentielle des organismes, née du principe de l'harmonie des parties, s'élevait la théorie des analogues, née, de son côté, du principe des analogies organiques, et nettement formulée pour la première fois par M. Geoffroy Saint-Hilaire. La base de la nouvelle théorie était la recherche des analogies, comme celle de la précédente était la recherche des différences. Son but était d'établir l'analogie de composition des organes et des animaux, contrairement à la théorie différentielle qui les supposait essentiellement différens. Or, pour déterminer cette différence, on s'était contenté d'invoquer la considération des organes et des êtres dans le dernier terme de leur développement. Au contraire, voulant déterminer leurs analogies, M. Geoffroy Saint-Hilaire imagina de porter son étude sur les périodes diverses du développement des organes et des animaux. C'est ainsi qu'il montra par les faits les plus saisissans qu'avant d'être différens, les animaux et les organes sont d'abord analogues. A la fixité des formes organiques et à l'invariabilité des espèces zoologiques, conséquences dérivées de la théorie différentielle des organismes, il substitua donc la variabilité, conséquence aussi logique de la théorie des analogues. Aux raisonnemens de la théorie différentielle, cet illustre savant opposa des faits organogéniques éloquens. A l'hypothèse des préexistences, il opposa le principe des évolutions. Sous l'influence de la théorie différentielle, l'anatomie comparée et la zoologie demeuraient des sciences purement descriptives, comparables à ce que chez l'homme on a l'habitude de nommer l'anatomie descriptive ; sous l'influence de la théorie des analogues, ces sciences devinrent aussi générales que l'était devenue sous Bichat l'anatomie humaine. Ainsi ce que Bichat avait fait pour les tissus organiques, M. Geoffroy Saint-Hilaire l'essaya pour les organismes et les organes. Il alla chercher dans l'état embryogénique des animaux des analogies effacées plus tard par la série de développemens ; et par cette méthode aussi nouvelle que les vues qui le dirigeaient, il ouvrit la route féconde que nous parcourons présentement, et dont le résultat définitif sera de réunir l'anatomie comparée et la zoologie, ces deux sciences qui conserveront à jamais les noms de Cuvier et de Geoffroy Saint-Hilaire, bien que les vues de ces deux grands naturalistes aient été différentes, leurs principes opposés, et leurs résultats contradictoires quelquefois en apparence.

Pendant que M. Geoffroy Saint-Hilaire traçait ainsi les premières lignes de cette nouvelle direction, démontrant par l'expérience que les organismes des vertébrés inférieurs avaient leurs représentans dans l'état passager des organismes des embryons des vertébrés supérieurs, M. Meckel, en Allemagne, fécondait la théorie des évolutions organiques d'après Haller ; MM. Spix, Oken, Carus, Müller, de Blainville, Dumortier, généralisaient les vues homologiques de Bonn et de Vicq-d'Azyr, en appelant à leur secours et les données de la théorie différentielle et celles de la théorie des analogies organiques. Enfin, l'ovologie comparative, presque abandonnée depuis Hunter, recevait des travaux de M. Dutrochet cette impulsion hardie qu'ont si heureusement suivie MM. Cuvier, Oken et Carus.

Toutefois, dans la théorie des analogues, comme dans celle des évolutions, comme dans celle des homologues, l'organogénie n'entrait encore que d'une manière accessoire. Les faits qui lui sont propres, employés à combler les lacunes qu'exigeaient ces théories, n'étaient considérés ni en eux-mêmes ni dans leurs rapports mutuels, ni dans leur liaison respective dans la série des animaux. En un mot, l'organogénie animale n'était point arrivée à former une science distincte. Et cependant que de faits embryogéniques recueillis depuis Aristote, Aquapendente, Harvey, Malpighi, Maître-Jean, Haller, Needham et Wolf! De même que pour la physiologie, de même que pour l'anatomie générale, de même que pour l'anatomie pathologique, de même que pour l'anatomie comparée et la zoologie, ces faits restaient inféconds dans leur isolement. Employés tour à tour à soutenir ou à combattre les idées générales dont nous venons d'esquisser le tableau, interprétés souvent en sens inverse de leur vraie manifestation, leur assemblage formait un chaos inextricable dans lequel l'esprit cherchait en vain un point de ralliement.

Ce point de ralliement existait cependant dans la nature; car d'une part l'embryogénie nous montrait les organismes, dans leur état primitif, fractionnés, disjoints, séparés, et d'autre part, dans leur développement complet, l'anatomiste observait ces mêmes élémens réunis et combinés de manière à former un tout régulier et parfait. Comment donc s'opérait cette métamorphose? Etait-ce le hasard qui présidait à un ordre de développement si constant, si régulier, qui se soutenait même dans les formations irrégulieres et en apparence désordonnées? Comment un ordre aussi parfait aurait-il pu naître, si les développemens n'avaient été assujettis à des règles fixes et générales?

Or, de tout temps on avait pressenti l'existence de ces règles. Mais en voulant les imaginer au lieu de les formuler méthodiquement d'après la loi des observations, on n'avait pu arriver à rien de précis. Telle avait été l'erreur de Wolf, déjà si avancé cependant dans la théorie de l'épigénèse ; telle est encore, selon nous, l'erreur des physiologistes qui s'aventurent à suivre les données *à priori* de la philosophie de la nature. Pour arriver à ce résultat, objet constant des efforts de tant d'anatomistes, comme nous l'avons vu, depuis Aristote, il n'y avait donc qu'une voie sûre, celle de l'observation, si souvent éprouvée dans les sciences naturelles. C'est uniquement dans cette voie que pouvait se trouver le principe de salut pour l'organogénie : aussi est-ce par cette voie que nous avons été conduits au fractionnement primitif des organismes, ainsi qu'aux règles qu'ils suivent dans leur marche pour se réunir et s'associer. C'est l'observation qui nous les a montrés tantôt parcourant régulièrement tous les temps de formation qui leur ont été assignés selon les diverses espèces, tantôt s'arrêtant en route et produisant par cet arrêt des variétés de formes infinies, dessinées toutes cependant sur un même fond et avec des matériaux analogues. C'est l'observation, secondée par la comparaison, qui nous a conduits à reconnaître que les organismes des animaux inférieurs s'arrêtaient dans leurs développemens à l'une ou à l'autre des périodes embryonnaires des animaux supérieurs. C'est l'observation qui nous a dévoilé que les divers temps d'arrêt subis par les organismes des embryons supérieurs produisaient ces déformations organiques si nombreuses et si variées qui constituent en grande partie le domaine de la médecine et de l'anatomie pathologique. C'est enfin par l'observation, la comparaison et le raisonnement que, descendant et remontant alternativement la chaîne du règne animal et celle des formations embryonnaires qui la reproduisent fidèlement, nous sommes parvenus à rallier cette multitude de faits ou transitoires ou permanens à une règle générale et commune, la loi centripète des développemens qui les domine tous.

La théorie centripète des développemens organiques

n'explique pas seulement les faits connus; elle a prévu avec précision les faits à venir. Que l'on parcoure les travaux immenses publiés depuis quelques années par MM. Geoffroy Saint-Hilaire, Dutrochet, Meckel, Carus, Tiedemann, Rathké, de Baër, Husché, Audouin, Dugès, Milne Edwards, Purkinge, Valentin, Dumortier, Breschet, Moquin-Candon, Quatrefages; surtout que l'on parcoure le bel ouvrage de tératologie de M. Isidore Geoffroy Saint-Hilaire; et pour nous servir encore des expressions de Bacon, on verra cette armée innombrable de faits anatomiques, zoologiques, zoogéniques, se ranger et se grouper d'elle-même autour de la loi centripète, à laquelle, si je puis ainsi dire, tous ces faits appartiennent, comme des rameaux à leur tige commune.

Et, pour finir, ce qu'il y a de remarquable et d'inattendu, c'est que la théorie du développement centripète des organismes n'est, au fond, que la réalisation de la formation épigénique de l'homme et des animaux, tel'e que l'avaient entrevue Harvey, Needham, Wolf et Haller lui-même dans le temps où il n'avait point encore abandonné la cause désormais invincible de l'épigéniste.

DEUXIÈME PARTIE.

LOIS GÉNÉRALES.

CHAPITRE PREMIER.

Considérations préliminaires.

L'anatomie transcendante se compose donc de la démonstration des propositions qui précèdent ; elle embrasse dans son ensemble le champ immense des organismes parfaits des animaux, et celui plus étendu encore des organismes en voie de développement, soit qu'on les considère dans l'embryogénie des animaux supérieurs, soit qu'on les considère dans l'ensemble des animaux inférieurs. Les faits qui la constituent sont ainsi de deux ordres : d'une part, les formes transitoires que présentent les organismes dans le cours de leurs développemens ; et d'autre part, les formes permanentes auxquelles les organismes s'arrêtent chez les animaux inférieurs. Elle marche de cette manière vers l'explication des organismes parfaits en suivant les transformations qu'ils subissent, et en rendant compte des arrêts qu'ils éprouvent, soit normalement chez les animaux inférieurs, soit anormalement dans le cours de l'embryogénie des animaux supérieurs.

De la spécialité de ces faits et de leur comparaison naissent des aperçus et des rapports différens des rapports et des aperçus qui composent l'anatomie comparée et la zoologie, limitées à la considération des organismes et des animaux parfaits. Comme, dans les sciences naturelles, on ne distingue que par les différences, la zoologie et l'anatomie comparée différentielles, se proposant particulièrement la distinction des animaux et de leurs organismes, ont dû faire de l'étude des différences la règle principale de leurs recherches. Le principe de la corrélation des formes, celui de la subordination des caractères, résument parfaitement la méthode naturelle d'investigation et de classification, qui seule pouvait conduire ces sciences au degré où elles sont parvenues. Au contraire, pour déterminer dans les sciences naturelles, on ne peut se fonder que sur les analogies : l'analogie de fonction, celle de forme et de situation, celle de rapport ou de connexion des organismes, celle de leur formation et de leur développement, celle des règles qui président à leur association et à leur harmonisation, sont donc la base principale des recherches de l'anatomie transcendante. Réunir est son but, comme diviser est celui de la zoologie et de l'anatomie comparée différentielles.

Mais les différences et les analogies des organismes n'existent pas simultanément chez les animaux. Il y a un temps pour les analogies comme il en est un pour les différences ; plus même les premières s'effacent, plus deviennent saillantes les secondes. Or les différences n'étant bien caractérisées que chez les animaux parfaits et à l'époque où sont terminées toutes les évolutions de leurs organismes, c'est à cette époque principalement, et presque exclusivement, qu'ont dû s'attacher la zoologie et l'organographie des animaux. Les organismes imparfaits n'étaient pour elles que des hors-d'œuvre. De là vient que ces sciences n'éprouvèrent aucun empêchement de la théorie de la préexistence et de la préformation des organismes. Opérant sans cesse sur des formes fixes et permanentes, que leur importaient les variations que ces formes avaient subies dans le cours de leurs développemens? que leur importait par conséquent l'épigénèse?

Les analogies, au contraire, se manifestant principalement dans le cours de ces métamorphoses, c'est à l'étude des formes fugitives et transitoires que présentent les organismes pendant leurs transformations que l'anatomie transcendante devait s'attacher principalement. Opérant sans cesse sur des organismes imparfaits ou en voie de développement, elle fut conduite naturellement à la considération des organismes semblables qui se trouvent chez les animaux inférieurs ; et rencontrant chez eux des formes fixes qui reproduisaient les formes transitoires des animaux supérieurs, elle a déduit de leur comparaison des déterminations nouvelles et des rapports qui les lient les uns aux autres. Les préformations n'étant qu'une chimère, elle a dû remplacer cette théorie par celle de l'épigénèse, qui formule exactement l'organogénie et la successibilité des organismes.

On voit donc comment et pourquoi l'anatomie transcendante pose ses bases dans l'embryogénie générale, dans l'étude des organismes en voie de développement, tandis que la zoologie et l'organographie des animaux placent les leurs dans les organismes parfaits. Cette différence dans le point de départ est nécessitée par la différence des résultats que ces sciences se proposent d'atteindre. L'une a pour but de faire connaître les animaux, l'autre a de plus pour mission de les expliquer. L'anatomie transcendante finit là où commencent l'organographie et la zoologie.

Mais en se plaçant sur la base délicate des métamorphoses organiques, en se tenant à la considération des formes fugitives et transitoires de l'embryogénie générale, l'erreur menacerait de toutes parts si l'on n'adoptait en anatomie transcendante la méthode la plus sévère d'investigation, en procédant du simple au composé pour s'élever des faits particuliers aux faits généraux. En effet, dans les sciences d'observation et d'expérience, une théorie ne doit être que l'expression libre des faits ; elle doit former dans son ensemble un syllogisme parfait dont les faits constituent les prémisses, et les rapports mutuels des faits les conséquences. Toute théorie qui s'écarte de cette logique n'en est pas une. Or, en logique, un syllogisme puise sa valeur et sa force dans la détermination exacte et rigoureuse de ses prémisses ; le moindre vague, la moindre erreur dans ces dernières entache les conséquences et vicie les conclusions. Aucun artifice du raisonnement, nulle supposition ne peut corriger les défectuosités des prémisses. Tous les efforts de l'imagination, toutes les ressources de l'art n'aboutissent, même le plus souvent, qu'à faire ressortir davantage les vices de la base du raisonnement. De même donc dans les sciences, une théorie expérimentale ne tire sa force et sa valeur que des faits : ce sont là ses seules racines. Toute supposition, toute création de l'esprit prises hors d'eux, ou au-delà de leur portée, l'affaiblit, la dénature et l'abaisse au rang d'un système. Cette vérité est un axiome.

Notre siècle est trop porté à l'étude des faits pour qu'il soit nécessaire d'insister sur cette vérité de tous les temps. Il semble même que les hommes, avertis par les écarts des philosophes rationnels et intimidés dans les sciences par la chute précipitée des systèmes, ont pris une trop forte prévention contre les méthodes théoriques. Peu s'en faut aujourd'hui que la philosophie, réduite à la seule inspection des phénomènes, au seul instinct de l'observation, ne rejette comme suspecte toute vérité générale ; et de là, pour nous renfermer dans notre sujet, cette anatomie morte qui rebute les sens et dégoûte l'esprit par l'aridité de ses considérations.

Mais serait-il vrai que toute abstraction fût une erreur ? que tout rapport général fût un abus ? Ce préjugé est d'autant plus spécieux qu'il semble donner plus de solidité aux connaissances matérielles en écartant tout ce que la pensée humaine ajoute aux vérités dont les sciences se composent. On oublie, en soutenant ce système, que la connaissance du fait est elle-même une abstraction ; car un objet quelconque, ne pouvant être connu que par l'énumération de ses propriétés, et ses propriétés ne pouvant être appréciées que par la comparaison, l'individualité d'un fait se compose évidemment d'une somme d'abstractions, si tout rapport est en effet une abstraction.

Aussi n'est-ce pas l'abstraction, mais ses abus qui ont entravé la marche de l'organogénie comparée, et ces abus ont tous puisé leur source, d'une part dans l'ignorance où l'on était des états divers que traversent les organismes en se développant, et de l'autre dans l'appréciation inexacte des rapports de ces organismes dans la série des animaux.

Pour procéder, sans nous exposer à aucune aberration, nous devrons donc étudier les organes dans leur condition primitive, afin de pouvoir ensuite déterminer sûrement les conditions diverses qu'ils affectent dans leurs combinaisons.

CHAPITRE II.

Du fractionnement primitif des organismes, et de leur mode d'accroissement.

Les idées se suivent dans les sciences, et s'enchaînent les unes aux autres ; quand un système prédomine dans l'une d'elles, ses racines envahissent tout son domaine, et souvent les opinions qu'elles ont fait naître survivent aux hypothèses qui les ont produites. La préexistence des germes eut pour résultat une scission définitive entre les corps organisés et les corps inorganiques : ces derniers, en effet, n'ayant point de germe, on ne put les impliquer dans l'édifice de cette théorie ; on les sépara des corps organisés, on ferma les yeux sur les analogies qu'ils pouvaient offrir, on exagéra leurs différences. Les sciences furent divisées en deux classes, sciences organiques, sciences inorganiques, et on prononça entre elles un divorce qui devait être éternel. De là cette physiologie métaphysique dans laquelle, pour être bien, tout devait être opposé aux sciences inorganiques. De là les idées sur l'accroissement des corps organisés et les formes élémentaires des organes, qu'on déclarait être en opposition directe avec les formes primitives et l'accroissement des corps inorganiques.

L'accroissement des corps inorganiques a lieu par juxtaposition, les molécules d'augmentation se plaçant, d'après certaines lois, autour de l'individu primitif. Celui des corps organisés devait se faire par intussusception, le tissu primitif augmentant lui-même et se dilatant. Telle fut l'hypothèse fondamentale à laquelle sembla consentir tout le monde.

M. Chevreul a déjà fait observer avec raison que cette expression d'accroissement par intussusception n'était juste qu'autant qu'elle s'appliquait à l'ensemble du développement d'un corps vivant, et qu'elle cessait de l'être si on considérait les principes immédiats qui constituent les tissus, leur accroissement ne pouvant être conçu que par juxtaposition, comme celui des corps inorganiques. D'après ce célèbre chimiste, les phénomènes de nutrition aboutissent donc à la juxtaposition de nouvelles molécules organiques sur les anciennes.

La loi qui préside à la nutrition moléculaire se répète pour la formation primitive des tissus et l'accroissement en masse des organes. Ainsi la membrane blastodermique qui ouvre le champ des formations de l'embryon est composée d'abord de deux lames juxtaposées, l'une muqueuse interne, l'autre externe et séreuse. Un peu plus tard, la

lame vasculaire vient s'interposer entre elles, et le blastoderme est constitué définitivement par la juxtaposition de
trois couches. Or c'est de ces trois lames que naissent tous
les systèmes organiques, et, quelles que soient leurs variétés de formes et de fonctions, le mécanisme de leur construction répète celui de la membrane blastodermique.

Ainsi le système osseux se produira d'abord par une couche de fibres, sur laquelle viendront se placer successivement de nouvelles couches, qui, selon la remarque de Malpighi, peuvent être comparées aux feuillets d'un livre.
Pareillement, le tissu osseux de la dent sera constitué par
une succession de lamelles fibreuses peu dissemblables des
lames osseuses; et sur la première couche osseuse se dé-
posera, encore par juxtaposition, la couche vitrée. De plus
les fibres osseuses ne s'étendront pas d'une manière continue dans toute la longueur de l'os, ou pour la dent, de la
racine à la couronne. Examinée au microscope, chacune
d'elles en effet paraîtra formée par une série de fibrilles sur-
ajoutées les unes au bout des autres. L'accroissement en
longueur des os et des dents se fait donc par superposition,
et leur accroissement en épaisseur par juxtaposition.

Quoique différant beaucoup du système osseux, la formation du système nerveux s'opère de la même manière.
Si on examine au microscope les deux lames nerveuses qui
constituent primitivement *la moelle épinière*, on observe
que les fibres qui les composent paraissent brisées d'espace
en espace, au lieu de former une fibre continue d'un bout
de la moelle épinière à l'autre. L'accroissement en longueur
de la moelle épinière est donc analogue à l'accroissement
en longueur des os. Il en est de même de son accroissement
en épaisseur. C'est par une juxtaposition successive de
lames nerveuses qu'elle acquiert le volume qu'elle doit conserver.

Au premier aperçu, le système vasculaire devant former
un tout continu et clos de toutes parts, ce mode de forma-

tion paraît répugner à sa nature. Néanmoins, pendant que s'élabore dans la membrane omphalo-mésentérique la circulation primitive de l'embryon, on voit les vaisseaux capillaires, disséminés par petits plexus isolés, se joindre les uns aux autres, donner naissance d'abord aux rameaux, puis aux branches, puis aux troncs ; c'est comme une succession de fibres creuses qui se joindraient bout à bout. Et pendant que s'opère cet accroissement en longueur, l'accroissement en épaisseur s'effectue par une juxtaposition de couches dont le nombre n'est pas encore bien fixé par les anatomistes.

Plus que tous les autres, le système musculaire et le système nerveux qui est une de ses dépendances sont assujettis à ce mode général de formation. Qui ne sait que la force d'un muscle est proportionnelle au nombre des fibres qui le constituent ? Qui ne sait que ces fibres forment des couches superposées les unes sur les autres ? Qui ne sait enfin que dans sa longueur la fibre musculaire est brisée, de distance en distance, par des intersections fibreuses dont les muscles droits de l'abdomen peuvent nous donner le type ? Ce fait, mis aujourd'hui hors de doute par les anatomistes, qui cherchèrent si long-temps la fibre élémentaire, se voit distinctement au microscope chez les infusoires, à la loupe dans les muscles des larves des insectes, et dans les rubans fibreux qui constituent les muscles des annélides, du lombric terrestre et des sangsues plus spécialement ; enfin cette disposition s'observe à l'œil nu dans les plans musculeux qui entrent dans la structure du canal intestinal. Qui a jamais prétendu avoir observé une fibre musculaire s'étendant sans interruption d'un bout à l'autre de ce conduit ? Ce qu'il y a même de remarquable dans cette agrégation des parties, c'est que les homogènes seules se réunissent : ainsi les nerfs se joignent aux nerfs, les artères et les veines aux veines et aux artères, les fibres musculaires et osseuses aux fibres de même nature ; jamais on ne voit les artères et les veines s'unir aux nerfs, jamais les élémens de la fibre osseuse ne s'agrège à ceux de la fibre musculaire. On croirait, en suivant ces premières formations, assister à la cristallisation de plusieurs sels différens dans les mêmes eaux, tant est régulière et constante l'association des tissus des organismes. Mais quelle est la cause de cette tendance des molécules similaires les unes pour les autres? C'est ce que nous ignorons absolument, la disposition primitive des tissus étant insuffisante pour rendre raison de ce phénomène (1).

CHAPITRE III.

De la morphologie des organes.

La théorie des préexistences supposant immuable la forme des organes à toutes les époques de leur développement, l'organogénie en ce qui concerne la forme fut mise aussi en opposition avec les corps inorganiques. Ainsi, de ce que chez ces derniers la ligne droite est l'élément fondamental de la forme, la ligne courbe devait être celui de la forme des corps organisés ; la surface des corps inorganiques étant anguleuse, celle des corps organiques devait être arrondie ; en un mot, les formes des premiers dérivaient toutes des combinaisons de la ligne droite, et celles des seconds des combinaisons de la ligne courbe.

Hâtons-nous de le dire : ces antithèses, que l'on trouve

(1) Le mot d'*homœozygie*, que nous devons à notre illustre chimiste M. Chevreul, exprime si nettement le caractère et la généralité de ce phénomène, que nous nous sommes empressé de l'adopter dans nos leçons aussitôt que nous l'avons lu dans l'analyse si savante et si philosophique que notre collègue a faite du Mémoire d'anatomie transcendante inséré dans le douzième volume des Mémoires de l'Académie des sciences.

en tête de la plupart des physiologies modernes, sont parfaitement justes si l'on considère les organes et les êtres organisés au dernier terme de leur développement. Alors en
effet les formes arrondies et circulaires prédominent de
toutes parts dans l'ensemble de l'organisation des animaux.
Ainsi les os ont des formes arrondies; leurs têtes sont le
plus souvent globuleuses; leurs canaux, de même que ceux
des autres organismes, paraissent formés par des lignes
circulaires. Les muscles sont pour la plupart elliptiques;
quelquefois même ils sont orbiculaires, ou tout-à-fait en
forme de cercle. Tous les viscères, indépendamment des
canaux qui les sillonnent, se rapprochent plus ou moins de
la forme semi-elliptique. Les membranes sont des cercles
parfaits, dont l'iris et la membrane omphalo-mésentérique
donnent le type. Partout enfin, des animaux adultes, se
trouvent la forme circulaire et ses combinaisons dans les
organismes.

Mais quand on remonte dans l'histoire des formations, les
lignes circulaires se décomposent. Ces canaux, ces formes
semi-sphériques, sphériques, circulaires ou globuleuses
n'existent à l'origine nulle part; elles sont toujours le résultat du concours de deux ou plusieurs lignes dont la juxtaposition forme la courbe, la cavité, le canal, les sinus, les trous,
en un mot toutes les parties dont la disposition plus ou
moins circulaire constitue l'état normal chez l'animal parfait. On arrive donc de cette manière à cette conclusion
tout-à-fait opposée à la précédente, qu'il n'y a pas, dans
l'organisation des animaux et de l'homme, une seule ligne
primitivement circulaire.

Ainsi la forme du plus grand nombre des muscles résulte
de la succession d'un nombre immense de fibres presque
droites, lesquelles, pour me servir d'une comparaison qui
nous est si familière en anatomie descriptive, s'insèrent sur
une tige médiane comme les barbes d'une plume s'implantent sur leur tige commune.

Ainsi, dans les muscles orbiculaires des paupières, dans ceux de la bouche, dans les sphincters de l'anus et du vagin, il n'y a pas une seule fibre circulaire qui fasse le tour du muscle. La courbe est produite par une succession de fibres presque rectilignes qui forment un demi-anneau polygonal; car, disons-le par anticipation, les muscles circulaires sont toujours le résultat de la réunion de deux demi-muscles. Il en est de même de la composition de la membrane omphalo-mésentérique. Il en est de même du cercle si régulier que nous présente l'iris: sa formation répète si exactement celle de l'orbiculaire des paupières, que si jamais sa nature musculeuse est démontrée, ce sera un véritable muscle orbiculaire interne.

L'iris nous amène sur le globe de l'œil, dont la forme sphéroïdale chez l'adulte protesterait contre ce mode de développement, si telle était sa disposition primitive chez les jeunes embryons. Mais si, au contraire, cet organe bifidé dans son diamètre antéro-postérieur, se trouvait fendu sur toute cette ligne, qui ne voit qu'il y aurait là une des plus curieuses confirmations du principe que nous exposons? Or, c'est exactement ce qui a lieu, d'après les belles recherches de M. Husché sur l'ophthalmogénie: l'œil, comme le vitellus, a son équateur.

Dirons-nous, après ces exemples, que, même chez l'adulte, la cavité orbitaire, moulée sur le globe de l'œil qu'elle doit protéger, résulte de la jonction de cinq surfaces osseuses? Quel est l'anatomiste qui l'ignore? Mais ce qui est moins connu, c'est que la cavité cotyloïde si exactement circulaire; c'est que la cavité glénoïde du scapulum, celle du temporal, celle de l'atlas, celle de l'enclume, etc., sont toutes, et toutes sans exception, formées d'après un mécanisme analogue. Ce qui est moins connu encore, c'est que l'anneau vertébral qui forme ceinture autour de la moelle épinière est un composé des quatre ou des six lignes primitives, représentant chacune des noyaux osseux, et qui le constituent chez le jeune embryon. Il en est de même de l'anneau cricoïdien, de même du cercle du tympan, de même des arceaux de la trachée-artère, dont les anneaux sont plus ou moins complets, selon la classe où on les considère.

Quel que soit l'organe dont on suive le développement, on le trouve fractionné primitivement ; et l'on voit sa forme permanente résulter de l'association de ces matériaux primitifs.

Ainsi la forme du foie de l'homme et des mammifères résulte de la fusion en un seul organe des trois ou quatre lobes qui le représentent à son origine. La prostate qui entoure la racine du canal de l'urètre est primitivement bilobée, trilobée ou quadrilobée. Le rein chez l'homme adulte est un organe simple, si lisse à sa surface extérieure que la dissection la plus soignée n'y fait découvrir ni sutures, ni dépressions qui puissent faire soupçonner qu'il y a là plusieurs fractions de reins réunies et confondues. Rien n'est plus exact cependant. Constamment chez l'embryon humain cet organe est représenté par huit ou dix petits reins séparés, tellement distincts qu'il n'est besoin d'aucune préparation pour les mettre en évidence ; et la succession des développemens confond et réunit en un seul organe les huit ou dix parties dont il était primitivement composé. Il en est de même du plateau des dents composées. Qui se douterait, à la vue de ce plateau si solide, si dur, si compacte, qu'il n'est composé chez l'embryon du troisième au cinquième mois que de petits fragmens épars et isolés ? Qui se douterait que les éminences qui le surmontent sont primitivement disjointes, et composées chacune de deux petits noyaux dentaires ? Et comme sur les molaires ces éminences sont au nombre de deux, de quatre, ou même de cinq, il faut dans ce dernier cas dix noyaux détachés pour sa composition du plateau.

Or, reportons-nous maintenant sur les travaux nombreux

dont la structure des organismes a été l'objet dans le dix-neuvième siècle. Qu'y avait-il derrière cette hypothèse fameuse d'une fibre élémentaire, génératrice de toutes les parties du corps des animaux ? Evidemment elle renfermait l'inauguration d'un fait général de la composition fibreuse et fractionnée des systèmes osseux, fibreux, musculaire et nerveux, dont sont en grande partie tissus la plupart de nos organismes. Pour les anatomistes de cette époque, les muscles, tous les muscles, n'étaient que la fibre musculaire, identique quant à sa composition, mais diversifiée de mille manières dans ses associations, de façon à produire, ici les muscles longs, là les muscles larges ou rayonnés, ailleurs les muscles carrés ou ronds, triangulaires ou trapézoïdes. Il en était de même des os, des ligamens et des aponévroses. La *forme*, disposition secondaire de cette association, leur importait peu ; et trop peu, car c'est cette négligence qui a appelé l'oubli de leurs travaux, lorsque la *forme* unique est venue à tout assujettir à ses conditions.

CHAPITRE IV.

De la loi d'homœozygie, ou d'association des organismes.

Les organismes, à leur début, chez le très jeune embryon, sont donc fractionnés, divisés et subdivisés à l'infini quand on pénètre dans leur nature intime. C'est la condition première de leur existence.

Le but final des développemens est de réunir, d'agréger et d'associer ces parties séparées et disjointes.

Or, cette réunion des élémens des organismes s'opère de deux manières en organogénie. Elle a lieu par association ou par pénétration.

Dans l'association, les élémens des organismes s'accolent

les uns aux autres; dans la pénétration, ils font plus que de s'accoler, ils se réunissent et se confondent.

Quoique analogues dans leur but, ces deux conditions de la transformation organique sont néanmoins différentes dans leur essence; car dans l'association, les élémens similaires réunis sont séparés par un tissu dissimilaire, tandis que dans la pénétration, les élémens similaires sont en contact immédiat.

Il arrive cependant que, par la série des développemens, des organismes, associés d'abord, se pénètrent par la suite; mais ce changement de réunion est toujours précédé par la transformation du tissu dissimilaire qui devient homogène, et qui dès lors favorise et commande la pénétration.

C'est ce que je rendrai sensible par un exemple.

La colonne vertébrale est formée par l'association de vingt-quatre vertèbres, séparées l'une de l'autre par l'interposition d'un fibro-cartilage dissimilaire qui persiste jusqu'à l'extrême vieillesse. Dans tout le cours de la vie normale, ces vertèbres restent associées et ne se pénètrent pas. L'os sacrum, qui termine la colonne inférieurement, est formé lui aussi par cinq vertèbres, associées d'abord par l'interposition d'un semblable fibro-cartilage. Mais, long-temps avant l'époque de la puberté, le fibro-cartilage s'ossifie, les cinq vertèbres se pénètrent et ne forment plus qu'un seul os, qui conserve cependant les caractères génériques des élémens confondus. Ainsi la colonne vertébrale est un organisme associé. Ainsi le sacrum est un organisme réuni par pénétration.

Si ces conditions de réunion des organismes n'avaient d'autre objet que celui de les faire cohérer d'une manière plus ou moins intime, elles mériteraient l'oubli dans lequel les ont laissées les anatomistes; mais leur présence ou leur absence exerçant une influence active sur leur mode d'existence et de développement, il s'ensuit que leur étude tire de ces circonstances un intérêt dont on ne s'était pas douté.

CHAPITRE V.

Du fractionnement primitif des organismes et de leur mode d'accroissement, dans leur rapport avec la morphogénie des organes

Ainsi, dans la réunion par association, les organismes conservent une indépendance qui altère peu leur composition. La fibre musculaire, dont les associations multipliées constituent des muscles si divers de forme et de grandeur, n'éprouve de ces associations aucune altération dans ses caractères. Il en est de même du système nerveux. Il en est de même aussi, en grande partie, pour la composition intime du système osseux.

Dans la pénétration, au contraire, les élémens qui s'associent perdent par ce fait même une partie des caractères qui leur sont propres; ils se fondent en quelque sorte les uns dans les autres. Ainsi, en se pénétrant, les vertèbres sacrées de l'homme perdent quelques uns des caractères des vertèbres lombaires qui les avoisinent. Les vertèbres cervicales des cétacés sont dans le même cas. C'est en quelque sorte le sacrum des autres mammifères qui se transporte à la région du cou.

Il suit de là, premièrement, que moins les élémens des organismes sont associés entre eux, plus ils restent semblables à eux-mêmes.

Il en résulte, en second lieu, que plus est intime la réunion dans les organismes, plus s'accroît leur dissemblance.

Mais au fond cette dissemblance est plus apparente que réelle; de sorte qu'en désassociant les élémens des organismes, c'est-à-dire en leur rendant l'indépendance que leur a fait perdre la réunion, on leur rend aussi leurs caractères masqués par la pénétration.

Or l'association et la pénétration étant les deux procédés générateurs de la forme des organes, il suit encore que les variations de cette dernière, quelque nombreuses, quelque diversifiées qu'elles soient, ne porteront qu'une atteinte légère à la nature ou à l'essence de l'organisme ainsi combiné. L'analogie restera au fond, quoique la superficie ou la forme puisse se diversifier de mille manières.

Telle est la conséquence définitive à laquelle conduisent directement les faits.

D'où l'on voit que, en organogénie, l'élément constitutif des organismes est l'essentiel; tandis que la forme n'est que l'accessoire.

La science ayant marché dans ces derniers temps dans une direction contraire, tout y ayant été sacrifié à la forme des organismes, il est indispensable, pour justifier les propositions qui précèdent, d'entrer à leur égard dans quelques développemens.

Et d'abord, quant à ce qui concerne l'identité d'un organisme par son isolement, nous choisirons pour exemple les membranes séreuses, qui sont si diverses de forme et de grandeur, mais aussi si complétement indépendantes les unes des autres. Toutes représentent primitivement une vésicule fermée de toutes parts, un sac sans ouverture; toutes sont destinées à protéger certains organes, à les envelopper dans leurs replis comme le ferait un manteau. L'essence, le radical de toute membrane séreuse est donc le même, une vésicule; l'accessoire est la forme qu'elle affecte çà et là en s'accommodant aux inégalités des organes sur lesquels elle se déploie. On conçoit en effet que la vésicule qui embrasse le cœur et les gros vaisseaux qui s'élèvent de sa base, doit avoir une forme bien plus compliquée que celle qui embrasse le poumon; on conçoit également que le péritoine destiné à envelopper des organes si divers de configuration, d'étendue et de grandeur, doit être bien différent quant à sa forme, et de la tunique vaginale qui n'a que le testicule à coiffer, ou de la synoviale d'un tendon qui n'a qu'à le préserver des effets du frottement.

Ces notions sont connues. Depuis Bordeu et Bichat, personne ne met en doute les analogies que nous venons de signaler ; mais ce que l'on ne sait pas, c'est la manière dont s'engendrent les formes si variées et quelquefois si bizarres des membranes séreuses. Bordeu avait bien supposé que le frottement pouvait les développer, mais Bichat, qui réfuta complétement cette hypothèse, la remplaça par une autre. Il supposa à son tour que les membranes préexistaient aussi bien que leurs organes. Au lieu d'une inconnue, le problème en eut donc deux, et la morphogénie des membranes séreuses resta dans les ténèbres. Pour l'en retirer, nous avons suivi le détail de leur formation conjointement avec celle des organes qu'elles embrassent, et si d'après les principes d'organogénie que nous exposons, ce mécanisme paraît très simple, on remarquera que cette simplicité même le rendait introuvable dans le système de développement qu'admettent et suivent encore la plupart des embryogénistes.

La transformation des vésicules séreuses n'est en effet qu'une application du principe de la formation isolée des organismes. Chaque vésicule est d'abord séparée de l'organe qui lui correspond : par la marche des développemens, l'organe s'en rapproche ; il se met en contact avec elle, puis il s'y enfonce graduellement jusqu'à ce que toutes ses parties en soient revêtues ou tapissées.

Il suit de là que la vésicule en adhérant à l'organe prend la forme de celui-ci, dont elle répète toutes les saillies, quand il y a des saillies ; tous les enfoncemens, quand il y a des enfoncemens ; toutes les inégalités, en un mot, qui peuvent se rencontrer à la surface extérieure. En s'enfonçant dans le péricarde, le cœur enveloppe les gros vaisseaux dans cette membrane ; les poumons s'enfoncent dans la plèvre ; le foie, l'estomac, la rate, les intestins, la vessie, s'enfoncent de la même manière dans la vésicule péritonéale, qui répète ainsi nécessairement les formes si variées de ces diverses parties. Ce phénomène général de l'enveloppement des parties par les membranes séreuses est surtout remarquable lorsque l'organe à envelopper et la vésicule enveloppante sont d'abord à distance l'une de l'autre, comme le sont, d'une part, l'ovule cheminant dans l'oviducte, et de l'autre, la membrane caduque formée d'avance par l'utérus pour recevoir et protéger le produit de la conception. Toutes les membranes séreuses empruntent ainsi aux organes qu'elles tapissent les formes variées qu'elles affectent, et cette diversité de formes ne change ni leur structure ni leur fonction ; elle déguise leur similitude, mais elle ne l'altère pas.

Au fond, c'est partout la répétition de la même loi ; un élément organique étant donné, la nature en varie et en modifie de mille manières les combinaisons en diversifiant son mode d'association ; l'association est donc le principe, le procédé général de la diversité des organismes, et un des attributs de leur perfectionnement. Mais avant de s'associer, les élémens des organismes sont isolés, fractionnés, séparés les uns des autres, et ce n'est même que dans cet état d'isolement et d'indépendance qu'ils conservent la plénitude de leur existence propre et de leurs caractères distinctifs. Aux exemples que nous avons cités et que nous pourrions multiplier encore, nous ajouterons seulement la composition du système glandulaire.

L'adénogénie nous montre ce système fractionné d'abord dans toutes ses parties ; elle nous le montre chez le jeune embryon de l'homme, divisé et subdivisé à l'infini par la séparation des élémens qui le constituent : mais par la marche des développemens, ces élémens se réunissent, se combinent de diverses manières, et produisent ces corps si différens par leur forme, et si peu analogues entre eux lorsqu'on les considère d'après les vues que Ruysch avait fait prévaloir jusqu'à ces derniers temps. Mais en s'élevant jusqu'à leur première formation, on voit toutes les glandes se réduire à un élément simple, primitif, générateur en quelque sorte de tout le système glandulaire. Cet élément est une utricule douée d'un petit conduit représentant une amphore dans son isolement, et dont la vésicule du fiel peut donner le type par son excès de développement. Cette utricule se retrouve partout dans la composition des glandes; tantôt, comme dans les glandes solitaires de l'intestin et de la peau, le conduit avorte, et le fond de l'utricule reste seul ; tantôt, au contraire, c'est le fond de l'utricule qui se réduit, de sorte que l'utricule prend la forme d'un petit intestin aveugle dont l'appendice vermiculaire du cœcum peut donner une idée; car ce petit intestinule n'est lui-même qu'une glande. Réunissez maintenant ces élémens isolés, et à la place des glandules solitaires vous aurez les agminées, conglobulées, conglomérées, pénétrées, etc. ; car il est à remarquer que l'adénographie a été obligée de multiplier les mots et de faire des genres, afin d'exprimer les divers modes d'association des élémens glanduleux.

Une remarque qui sans doute frappera les anatomistes, si déjà ils ne l'ont faite, c'est que les procédés divers que l'on met en usage en anatomie pour dévoiler la structure des organismes n'ont d'autre résultat que celui de faire reparaître les organes dans la simplicité primitive qu'ils avaient au moment de leur première formation. L'association a réuni, confondu en quelque sorte les élémens qui entrent dans leur composition ; la désassociation les isole, les sépare de nouveau; elle défait, désunit et désagrège ce que la nature avait si bien tissu et coordonné. L'art agit en sens inverse de la nature; car nos méthodes d'investigation ne sont au fond que des procédés de désassociation. Soit que nous agissions par l'eau, par l'air, par la macération, par l'action seule des acides ou des alcalis, qui nous viennent en aide dans les dissections fines, nous ne faisons toujours que détruire le ciment qui agrégeait les élémens constitutifs des organismes, et nous forçons la nature à redevenir elle-même.

Ainsi les procédés par lesquels nous mettons à nu sur le rein de l'adulte les conduits urinifères aboutissent à ramener cet organe à la structure qu'il avait chez l'embryon à son point de départ ; ainsi les myriades de petites utricules granulées, appendues à de petits intestinules, que les préparations les plus longues et les plus délicates nous dévoilent sur le foie, ne nous ont paru que la reproduction hépatique du très jeune embryon ; ainsi les procédés par lesquels nous ramenons les os de l'adulte, soit à la disposition fibreuse, soit à la disposition canaliculée de leurs élémens constitutifs, nous reproduisent la texture que la nature nous offre pour ainsi dire à nu dans la formation primitive du tissu osseux. Nous retrouvons ce qui a déjà existé, et nous le retrouvons en désassociant ce que les développemens avaient réuni. Cette conformité de résultats auxquels nous arrivons par l'organogénie d'une part, et par les procédés anatomiques de l'autre, a pour l'avenir de la science une portée que dès à présent nous pouvons faire ressortir. Tout le monde sait que la partie la moins avancée de l'anatomie est celle qui a rapport à la structure des organismes ; et cependant, depuis Malpighi et Ruysch, c'est celle qui a le plus occupé les anatomistes. D'où vient ce désaccord entre les efforts et les résultats ? Il tient évidemment au défaut d'un criterium pour ce point si élevé de la science : nous ignorons ce que nous cherchons, quand nous soumettons les organes à des conditions diverses pour dévoiler leur composition intime ; et nous prenons pour arrêté et définitif le résultat auquel nous a conduits le procédé qui nous est le plus familier. Mais un procédé différent conduit à son tour un autre anatomiste à une vue tout opposée. De là la discussion interminable qui se prolonge dans la science ; de là le vague, le doute philosophique dans lequel se renferment les plus sages d'entre les physiologistes. Mais l'organogénie nous paraît appelée à faire cesser cette incertitude. Tel est un organisme à son point de départ, tels doivent nous le reproduire nos procédés, si rien, dans les préparations auxquelles nous soumettons les parties, n'altère la texture des tissus qui entrent dans leur composition. Tout procédé qui n'atteint pas ce but est par cela même défectueux. Nous reprendrons ailleurs cette question. Pour le moment, qu'il nous suffise de bien constater que pour s'élever à la connaissance de la composition intime des organes, l'art est obligé de les ramener au fractionnement et aux divisions multiples qu'ils présentent constamment au début de leur formation.

L'association a donc pour résultat de grouper les élémens constitutifs des organismes, et pour effet de les réunir d'abord en petits faisceaux distincts concourant à remplir une action commune et indépendante; c'est un diminutif d'organe qui se suffit à lui-même lorsqu'il est isolé, et qui participe solidairement à la fonction quand il est réuni à d'autres congénères. Nous désignerons sous le nom d'*organite* cette agrégation des élémens des organismes. Quelques exemples feront apprécier cette distinction devenue indispensable dans l'état présent de l'organogénie comparée. La vertèbre est composée primitivement de quatre noyaux osseux, deux pour les masses latérales, deux pour le corps; l'occiput en a huit, le sphénoïde douze : chacun de ces noyaux, considéré à part, est un organite. Le rein du fœtus a souvent six petits reins dont les conduits associés aboutissent, chacun en particulier, à un mamelon distinct; ce petit mamelon, les conduits qui s'y concentrent et le corps qui résulte de cette association, constituent un organite pour le rein. Il en est de même du testicule, du foie, de la prostate, etc.

La pénétration, que l'on peut considérer comme une association d'un degré plus avancé, réunit et groupe les organites, de même que l'association a groupé et réuni les

élémens constitutifs des parties ; elle ramène à l'unité les organites multiples qui concourent à former un organe. Ainsi
c'est par pénétration que tous les noyaux osseux se résol-
vent en un seul os ; c'est par pénétration que tous les petits
reins, ou encore tous les organites de la prostate, forment
un corps unique qui paraît indivisé chez l'adulte ; c'est par
pénétration que tous les noyaux primitifs des dents se fondent en un seul et constituent des corps variables dans leur
forme, selon le nombre des composans qui servent à leur
formation. Et il faut remarquer à ce sujet que les variations
des formes nouvelles qu'engendre la pénétration des organites sont soumises aux mêmes conditions que celles qui
résultent de l'association des élémens des organismes. Ainsi
les variétés si nombreuses de dents que l'on remarque dans
l'embranchement des vertébrés se réduisent à deux organites dentaires, l'incisive et la canine. Les molaires, si différentes en apparence de ces dernières dents, résultent toutes sans exception de la combinaison de ces deux radicaux
dentaires. Les mâchelières des ruminans sont une agrégation d'incisives qui se regardent par leur face concave,
et leur volume, qui offre chez ces animaux de si grandes
disproportions, dépend uniquement du nombre de composans qui se sont réunis. Pareillement, les molaires des
carnassiers et de l'homme ne sont que des canines groupées
et réunies entre elles par pénétration, et leurs variétés de
forme résultent toutes du nombre plus ou moins grand de
canines que la nature a associées par ce procédé. Le mécanisme de cette composition se décèle constamment chez l'a-
dulte, d'une part, par le nombre de tubercules qui hérissent
le plateau de la dent, de l'autre, par celui des racines qui
l'implantent dans les mâchoires ; mais, outre cela, l'odonto-
génie suit pas à pas chez l'embryon l'isolement d'abord, puis
la réunion successive de chacun des composans. Rien ne
manque ici à la morphogénie de ces parties. Quoique plus
compliquée que celle des membranes séreuses, que celle

même des diverses glandes, la démonstration est tout aussi rigoureuse, tout aussi évidente. On voit donc, et c'est là la conclusion à laquelle nous voulions être conduit par les faits, que ni la forme ni le nombre des organes ne sont des attributs absolus de l'organisation ; il n'y a que les élémens constitutifs des organismes qui soient invariablement donnés, et de la diversité de leurs combinaisons résultent les aspects divers sous lesquels ils s'offrent aux yeux de l'observateur.

On a vu précédemment que la possibilité de ramener les organes à la simplicité primitive de leur composition portait jusqu'à l'évidence le fait fondamental de l'association. En sera-t-il de même de la pénétration ? Pourrons-nous retrouver chez l'adulte les traces des organites qui se sont pénétrés pour composer un organe ? L'examen de leur solidescence nous mettra sur la voie de ce nouvel ordre de preuves. On remarque en effet, quand on considère la structure des parties, que leur consistance varie d'un point à un autre ; plus consistantes en certains endroits, elles le sont moins en certains autres ; et cette propriété, négligée dans l'ordre actuel des recherches, rappelle jusqu'à un certain degré la nature même de leur composition ; car en rapprochant l'anatomie de l'embryon de celle de l'adulte, on observe que les parties les plus consistantes correspondent justement aux organites qui se sont pénétrés ; de sorte qu'il existe sur les organes autant de zones solidescentes qu'il y a eu primitivement d'organites séparés.

Ces traces, ces témoins, en quelque sorte, de l'anatomie de l'embryon chez l'adulte, dirigeront les anatomistes quand l'embryogénie des animaux dont ils étudient le développement leur sera interdite, comme nous l'est en particulier celle des animaux perdus composant la paléontologie. Que nous reste-t-il de ces animaux ? Des os ou les parties solides, et nous n'aurions aucun moyen de rapprocher leur formation de celle des animaux actuellement présens sur le globe, si la solidescence ne venait nous servir de guide. Remarquons, en effet, que cette question intéressante de paléontogénie peut être ramenée à celle-ci : les os d'un animal adulte étant donnés, déterminer, d'après leur structure, les noyaux osseux qui ont concouru à leur formation. La question ainsi posée, la solution est possible ; car, en soumettant ces os aux préparations ordinaires en ostéologie, on observe que leurs points les plus durs, les plus solides, correspondent exactement aux noyaux qui étaient séparés chez l'embryon ; de sorte que les divers degrés de solidescence d'un os nous représentent d'une part le nombre des noyaux osseux qui se sont réunis pour le former, et de l'autre, l'ordre même de la formation de ces noyaux ; car plus ces derniers sont précoces chez l'embryon, plus est dur et solide chez l'adulte la zone osseuse qui lui correspond. Ainsi les masses latérales des vertèbres sont plus dures que leurs corps. De même sur l'occipital, les six points par lesquels débute l'ossification du corps sont plus durs et plus compactes que la portion basilaire qui le termine. Pareillement pour le temporal : qui n'a remarqué la dureté de la portion écailleuse de cet os ? qui n'a remarqué la solidescence éburnée du pourtour des canaux demi-circulaires ? Or cette partie écailleuse et ces canaux sont précisément, après l'apophyse zygomatique, les points de départ de la formation de l'os. Tout le monde sait également que les os composant les membres sont plus compactes et plus durs au milieu de leur corps qu'ils ne le sont à leurs extrémités. Or, personne n'ignore d'une part que leur ossification commence par le milieu même de ce corps, et on sait de l'autre que leurs extrémités sont formées par des noyaux distincts qui apparaissent beaucoup plus tard que le corps, et qui ne se confondent avec lui que plusieurs années après la naissance. La solidescence est donc un guide assuré pour retrouver sur les os des animaux adultes les traces de leur ostéogénie. Cela étant, on voit de suite l'application qui peut en être faite à la paléontogénie, non seulement en ce qui concerne les os des vertébrés, mais même les parties solides des invertébrés auxquelles la même règle est applicable ; car dans la formation des coquilles, dans celle de la portion scléreuse des crustacés et des insectes, on observe, comme sur les os, que le développement commence par les points les plus compactes et les plurs durs. Cette règle d'organogénie est générale.

Les parties qui composent les animaux ne sont donc pas fractionnées seulement dans le premier temps de leur existence, leurs élémens ne sont pas divisés et multiples seulement au début, ils le restent encore lorsque l'association a commencé leur réunion, et ils ne perdent tout-à-fait leur fractionnement que lorsque la pénétration les a fondus et réunis en un seul corps. Ces élémens ont chacun une forme déterminée ; ici elle est fibreuse, là c'est une vésicule fermée de toutes parts ; ailleurs cette vésicule débouche à l'extérieur par un canal ; ailleurs encore ce canal se transforme en un petit intestin aveugle. Ces formes spéciales à chaque élément organique changent et se modifient par leur association, qui leur fait prendre, tantôt la forme allongée, tantôt la forme radiée, ou même la forme elliptique, dans les composés ou les organites qu'elle détermine. Enfin la pénétration combine à son tour ces organites, et produit par leur coalescence les formes normales que nous offrent les parties quand les développemens sont terminés. Le point fixe, c'est l'élément organique, tandis que les formes de ses combinaisons peuvent offrir et offrent en effet des variations infinies. C'est donc l'association, dont la pénétration n'est qu'un degré plus avancé, qui est ainsi le principe de la morphogénie des organismes ; elle a réuni ce qui était divisé, et en réunissant elle a engendré la forme. Il est évident que rien ne manquerait à la démoustratiou de ce fait fondamental si nous pouvions décomposer la forme , et si , par cette décomposition, nous pouvions rètrouver l'élément constitutif, empêtré pour ainsi dire dans ces combinaisons qu'il a subies. Or, tel est précisément le résultat des procédés anatomiques; nos méthodes ne sont que des procédes de décomposition; nous divisons et nous subdivisons; nous déformons les organismes, jusqu'à ce que nous arrivions à isoler cet élément constitutif que l'organogénie nous présentait à son début. Par ce moyen nous arrivons donc à ajouter à la preuve la contre-preuve du fait, ce qui forme l'évidence dans les sciences expérimentales.

Il faudrait mettre, pour achever de les juger, ces résultats positifs d'organogénie en regard des hypothèses à l'aide desquelles on les remplaçait. A quoi, en effet, se réduisait la morphogénie dans la théorie de la préexistence? Elle se réduisait à un simple developpement. La forme des organes étant supposée invariable, un organe était de prime abord ce que toujours il devait rester; il ne différait que du petit au grand chez l'embryon et chez l'adulte. Le crâne n'était qu'une vertèbre renflée et dilatée par les développemens, comme grandit par l'insufflation une vésicule de savon. L'encéphale était produit par une efflorescence , par un épanouissement des pyramides et des olives dont les faisceaux radiés, traversant des amas de matière grise, allaient former les hémisphères et les commissures. Rien de plus simple, à la vérité, que cette manière de considérer l'organogénie; mais elle la réduisait à rien , et, de plus, elle se trouvait en contradiction manifeste avec les faits.

Je me bornerai à citer un seul exemple; je laisse les anencéphalies : on m'opposerait peut-être qu'une maladie a absorbé l'encéphale, et l'a fait disparaître. Soit un encéphale à double cervelet, avec des hémisphères cérébraux simples; si on en considére la base, on y trouve quatre pyramides et quatre olives, dont les radiations traversent une double protubérance annulaire. Soit, au contraire, un encéphale à quatre hémisphères cérébraux et à cervelet simple, comme dans le genre polyops (E. Geoffr. S.-Hil.); la base ne présente, comme dans l'état normal, que deux olives, deux pyramides et une protubérance annulaire. Or, si, comme on l'a dit dernièrement encore, les lobes cérébraux ne sont que l'efflorescence des pyramides et des olives; si ces corps sont réellement leurs racines, qui ne voit que lorsqu'il existe, comme dans le prémier cas, quatre olives et quatre pyramides, traversant deux mésocéphales, il devrait nécessairement se développer quatre lobes cérébraux? Cependant il n'en existe que deux.

Qui ne voit encore que, dans le second cas, l'existence de quatre hémisphères cérébraux exigerait nécessairement aussi la présence de quatre pyramides, de quatre olives et d'une double protubérance? Or la protubérance est simple, et de chaque côté il n'existe qu'une olive et qu'une pyramide. Peut-on trouver une contradiction plus décisive entre ce qui existe réellement et ce que suppose l'hypothèse? Que cet exemple nous suffise pour juger provisoirement la théorie des préformations organiques et de leur ampliation par efflorescence: nous la verrons bientôt s'écrouler de fond en comble devant la masse des faits qui vont suivre.

CHAPITRE VI.

Concordance de l'organogénie et de l'anatomie comparée.

Du fractionnement des organismes se déduit en premier lieu la concordance de l'organogénie et de l'anatomie comparée. Les organismes des animaux nous reproduisent sur une grande échelle, et d'une manière permanente, les états divers que traversent souvent d'une manière si rapide les organismes de l'embryon de l'homme. Cette rencontre est inévitable dans l'ordre même des développemens; car si, par l'effet de l'association, nous avons trouvé que les organismes de l'homme se compliquent de plus en plus à mesure qu'ils avancent vers leur terme, on observe directement l'inverse en anatomie comparée, en prenant l'homme pour point de départ pour descendre ensuite jusqu'aux derniers degrés de l'animalité. Ce qui frappe le plus, en effet, dans ce vaste tableau de l'organogénie comparée, c'est la désassociation des organismes, et par cette désassociation la décomposition de la forme organique, et par cette décomposition de la forme organique la ressemblance des animaux avec l'organogénie temporaire de l'homme. De sorte que quand on a suivi pas à pas la composition de l'homme d'une part, et de l'autre la décomposition en série des animaux, on est conduit à conclure, par l'évidence des faits, que *l'organogénie humaine est une anatomie comparée transitoire, comme à son tour l'anatomie comparée est l'état fixe et permanent de l'organogénie de l'homme;* et par contre, si l'on retourne la proposition ou la méthode d'investigation, si l'on observe l'animalité de bas en haut au lieu de s'assujettir à la considérer de haut en bas, on voit les organismes de la série reproduire sans cesse ceux de l'embryon, et se fixer à cet état qui devient pour les animaux le terme de leur développement. La longue série des changemens de forme qu'offre le même organisme en anatomie comparée n'est que la reproduction de la série nombreuse des transformations que cet organisme subit chez l'embryon dans le cours de ses développemens. Chez l'embryon, le passage est rapide, à cause de la puissance de la vie qui l'anime; chez l'animal, la vie de l'organisme est épuisée, et il s'arrête là parce qu'il ne lui est pas donné de parcourir la course tracée à l'embryon de l'homme. Arrêt d'une part, marche progressive de l'autre, voilà tout le secret des développemens, voilà la différence fondamentale que l'esprit humain peut saisir entre l'anatomie comparée et l'organogénie. La série animale, considérée ainsi dans ses organismes, n'est qu'une longue chaîne d'embryons, jalonnés d'espace en espace, et arrivant enfin à l'homme, qui trouve ainsi son explication physique dans l'organogénie comparée. Les variations de la forme organique, si mobiles dans l'organogénie humaine, sont plus mobiles encore dans l'organogénie comparée, à cause, d'une part, de la désassociation plus complète des élémens organiques, et de l'autre, à cause aussi des combinaisons plus nombreuses de l'association de ces élémens. Mais au fond, dans l'organogénie comparée de même que dans l'organogénie de l'homme, il n'y a d'absolu et d'invariable que le radical de l'organisme, et la forme qu'il affecte est une condition secondaire. Cela posé, montrons brièvement la concordance de l'embryogénie ou de l'organogénie humaine avec l'anatomie comparée.

On a nommé période embryonnaire, chez l'homme, le premier temps que le produit de la conception passe dans l'utérus. Cette période est consacrée à la formation et au développement des organismes qui doivent permettre, sans danger de mort, le passage de la vie utérine à la vie extérieure. Ces organismes formés, le produit prend alors le nom de fœtus, ce qui arrive ordinairement passé le septième mois et se prolonge jusqu'à la naissance.

Sans égard à cette distinction, qui à la vérité n'est importante que chez l'homme, on a donné le nom d'embryon à tout corps vivant développé par génération sur un corps plus grand et de même espèce que lui, auquel il est d'abord appliqué, et duquel il se détache pour passer d'une existence communiquée à une vie propre et isolée. Le mot de fœtus n'a pas été généralisé dans le règne animal.

Ainsi, dans son acception rigoureuse, l'embryogénie n'embrasse que la durée de la vie parasite d'un corps vivant, pendant laquelle se développent les organismes propres à lui assurer une existence libre et indépendante. L'étude de la formation de ces organismes, celle des liens qui l'attachent au corps dont il provient, les enveloppes particulières qui l'entourent, et les organes temporaires qu'exige cette vie d'emprunt, constituent donc le champ de l'embryogénie dans chaque classe et même dans chaque espèce.

Mais on sait que la vie indépendante des êtres n'est pas uniforme dans le règne animal. Très limitée chez certains d'entre eux dont le parasitisme ne cesse jamais entièrement, elle devient au contraire très compliquée chez les autres, et particulièrement chez l'homme, où elle est portée au plus haut degré de développement. La vie parasitique des embryons est soumise aux mêmes variations : les uns se détachent plus tôt de leur mère, les autres s'en détachent plus tard, d'où il suit que dans leur vie indépendante ils retiennent la somme des organismes qu'ils avaient acquis au moment de leur détachement. De l'absence d'une vie parasitique uniforme pour tous les animaux résulte donc l'absence d'une embryogénie qui leur soit commune à tous.

Il n'en est pas de même de l'organogénie. Les organismes, tout en étant les instrumens de la vie parasitique et indépendante, peuvent être considérés d'une manière abstraite et générale. Leur formation, leur développement, éprouvant des transformations nombreuses depuis l'instant de leur apparition jusqu'au terme le plus élevé qu'ils puissent atteindre, on conçoit, et c'est ce qui est, que chacun de leurs temps et chacune de leurs métamorphoses peuvent s'accommoder à la somme de vie qui est dévolue à chaque être, soit pendant qu'il est attaché à sa mère, soit après ce détachement. Chaque temps de formation d'un organisme étant apte à la vie, peu importe, en effet, que cette vie s'exerce d'une manière dépendante ou indépendante ; peu importe que l'être qui en est doué soit assujetti ou libre : et en effet cette subordination, de même que cette indépendance, ne change rien à la nature et à l'essence des organismes.

La vie parasitique étant donc consacrée à la formation et au perfectionnement des organismes, il s'ensuit, comme règle générale :

D'abord que dans chaque classe d'animaux, plus la vie parasite ou embryonnaire sera courte, moins seront nombreux les organismes qui les composeront ;

Secondement, que ces organismes seront d'autant moins parfaits que le temps employé à leur formation aura été plus court ; ou, en d'autres termes, que le nombre et la perfection des organismes des animaux seront en raison directe du temps employé à leur formation, et par conséquent en raison directe de la durée de leur vie embryonnaire ;

Et encore, que plus les organismes seront limités et imparfaits, plus sera courte la vie libre et indépendante qui succède à la vie parasitique ou embryonnaire ;

En troisième lieu, que plus sera courte la vie indépendante, plus sera rapide et nombreuse la reproduction des animaux.

En quatrième lieu, qu'un tableau parfait de la vie parasitique ou embryonnaire du règne animal nous donnerait 1° le tableau du nombre et du degré de perfection ou d'imperfection de leurs organismes, 2° celui de la durée de leur vie indépendante, 3° celui de la rapidité et de la fécondité de leur reproduction ;

Enfin que dans certaines espèces, même dans des classes entières d'animaux, la vie indépendante pourra s'exercer comme elle s'exerce en effet avec des organismes arrêtés à une période de développement, qui ailleurs ne seront propres qu'à la vie embryonnaire. Et encore que plus la vie sera descendue dans une classe d'êtres, plus seront descendus les organismes ; que plus elle sera limitée, plus seront limités les instrumens qui doivent l'accomplir. C'est le tableau que nous présente le règne animal, considéré des infusoires à l'homme. Tout le règne animal est donc appelé à concourir à l'étude et aux perfectionnemens de l'organogénie ; en séparer une espèce, une famille, une classe, c'est arbitrairement disjoindre ce qu'a réuni la nature.

Si au premier aperçu ces vues semblent étendre d'une manière indéfinie le champ de l'organogénie, elles en facilitent beaucoup l'étude et les recherches, en nous montrant d'une manière fixe et arrêtée, sur des animaux inférieurs, des états organiques qui, fugitifs et passagers chez les embryons des animaux supérieurs, sont par cela même très difficiles à saisir et à suivre. Elles nous permettent d'ailleurs de déterminer avec quelque certitude ce que sont, l'un à l'égard de l'autre, les deux grands embranchemens dont se compose le règne animal, les *vertébrés* et les *invertébrés*. Elles réunissent enfin ce que dans nos sciences naturelles nous avons si arbitrairement séparé.

Une loi générale de la nature, c'est que les organismes vont en se décomposant et se fractionnant de plus en plus à mesure que l'on descend de l'homme dans les vertébrés et les invertébrés. Par ce fractionnement, la complication des organismes, souvent si inextricable chez l'homme et les vertébrés qui l'avoisinent, se simplifie de plus en plus, de sorte qu'arrivés au bas de l'échelle animale, nous les trouvons réduits à leur plus simple ébauche ou à leur forme la plus élémentaire.

Une autre loi non moins générale est la suivante : c'est que si nous suivons le développement d'un organisme compliqué des animaux supérieurs ou de l'homme même, nous trouvons qu'il débute par un état de simplicité remarquable ; nous observons ensuite que chacune des transformations qu'il subit le complique de plus en plus, jusqu'à ce qu'il arrive à l'état normal qui le caractérise.

Ce n'est pas tout, car si nous comparons l'organologie des animaux inférieurs aux temps premiers de l'organogénie des vertébrés supérieurs, nous trouvons que l'ébauche des organismes se correspond de part et d'autre. L'organisme commence chez le jeune embryon par où il finit dans la série animale. Un état répète l'autre.

Ce n'est pas tout encore. Après être arrivés par l'analyse à la démonstration du rapport précédent, si nous prenons ce rapport pour point de départ, nous remarquons que le perfectionnement des organismes s'opère de la même manière dans l'organologie de la série des animaux et dans l'organogénie d'un vertébré supérieur ou de l'homme.

De sorte que, dans le cours de l'organogénie de l'homme, les organismes de l'embryon en voie de développement traversent successivement les états que présentent les mêmes organismes dans les familles, les genres et les classes dont se compose l'échelonnement du règne animal. L'organogénie reproduit l'organologie de la série des animaux.

L'histoire de l'organogénie de l'homme est ainsi en petit la répétition de toute l'organologie des animaux. La constitution de l'homme est en réalité un petit monde, comme l'avaient si philosophiquement définie Hippocrate, Platon, Aristote et Galien.

Il y a surtout deux faits généraux qui conduisent à montrer la concordance de l'organogénie et de l'anatomie comparée ; car l'on voit, d'une part, que plus on s'élève dans la vie embryonnaire, plus on observe que les organismes se divisent, se fractionnent et se simplifient ; et d'autre part, à mesure que l'on descend l'échelle animale en anatomie comparée, à mesure aussi l'on trouve que les organismes se fractionnent, se simplifient et se divisent ; de telle sorte qu'il arrive un moment où le même organisme se répète, et chez l'embryon, et sur certains animaux. Or, chez l'embryon, les organismes se perfectionnent par une série de transformations qu'ils éprouvent, transformations qui, de l'état de simplicité qu'ils offrent à leur début, les conduisent au degré de composition qu'ils possèdent dans leur état parfait; et de même aussi chez les animaux, c'est par une série analogue de métamorphoses que les organismes arrivent par degrés, et d'espèce en espèce, de famille en famille, et de classe en classe, au type élevé où nous les observons dans le haut de l'échelle animale. Considérée sous le rapport de l'organogénie, la série animale répète donc la série embryonnaire; l'une est la reproduction de l'autre; de telle sorte encore que les organismes de l'embryon revêtent transitoirement des caractères que ceux des animaux nous offrent en permanence, tandis que la série animale à son tour nous présente une succession d'organismes fixes dont nous retrouvons passagèrement le type dans le cours de la vie embryonnaire. De ces faits généraux, il reste à descendre aux faits particuliers dont ils ne sont que l'expression ou la formule.

Prenons pour premier exemple le cœur. Très compliqué chez l'homme, les mammifères et les oiseaux, cet organe se décompose graduellement chez les reptiles, les poissons, les crustacés, les mollusques, les annélides et les insectes. Chacune de ces dégradations lui fait perdre, ou une partie de ses élémens, ou une partie de sa structure musculeuse. De proche en proche, il finit par ne plus être, chez les annélides, les insectes, et quelques crustacés, qu'un canal droit ou courbe, et sa structure musculeuse est même alors souvent fort douteuse.

Cette décomposition du cœur dans la série des animaux était déjà, dès le temps de Haller, un des résultats de l'anatomie comparée. Mais dans ces derniers temps, par une observation inverse, l'anatomie transcendante a suivi la recomposition de l'organe; elle a rigoureusement déterminé que chez le jeune embryon le cœur débutait sous la forme d'un canal d'abord presque droit, puis courbe, et que, par sa forme et même sa structure, il correspondait exactement à la structure et à la forme du cœur chez les insectes, chez les annélides, et chez quelques crustacés branchiopodes.

Au second temps de la formation, les oreillettes se dessinent sur le canal cardiaque, qui se perfectionne. Il y a trois cavités distinctes : un ventricule au milieu, deux oreillettes placées sur les côtés et à distance, absolument de la même manière que dans le cœur des mollusques acéphales; puis les deux oreillettes sont amenées au point de contact chez l'embryon de l'oiseau; ces deux poches n'en font plus qu'une : il y a alors un ventricule plus développé, et une oreillette unique plus ample; c'est la même chose, absolument la même chose qui se rencontre chez les mollusques céphalés.

Ces deux temps de la formation du cœur chez les vertébrés représentent donc passagèrement la disposition permanente du cœur chez les invertébrés. Mais, comme on le sait, cet organe ne s'arrête pas à cet état chez les animaux supérieurs; en continuant ses développemens, la poche unique des oreillettes se partage en deux cavités par l'interposition d'une cloison médiane; et cette cloison, selon qu'elle est plus ou moins complète, représente celle de certains poissons, et parmi les reptiles, celle de la tortue scorpione, et du *lacerta apoda* (Meckel). Enfin, le ventricule lui-même se dualise à son tour par le même mécanisme que les oreillettes; et à l'époque où la cloison ventriculaire n'est pas encore complétement fermée chez les oiseaux ou les mammifères, cette dernière évolution du cœur répète exactement la disposition permanente des ventricules chez les reptiles ophidiens, et particulièrement chez les couleuvres à collier (M. Martin Saint-Ange). Il est à remarquer, en effet, que dans l'embryogénie des vertébrés supérieurs, de même que dans la série anatomique des poissons, des reptiles et des invertébrés, le perfectionnement des oreillettes précède généralement celui des ventricules.

Or, la circulation n'étant que la conséquence de la disposition et de la structure de l'appareil qui la régit, la modification que subit en grand cette importante fonction dans l'ensemble des animaux est représentée en petit d'une manière très exacte par les modifications transitoires qu'elle éprouve durant la vie embryonnaire des vertébrés supérieurs.

De la comparaison de l'embryogénie et de l'anatomie comparée, il suit donc que chaque temps de formation du cœur des vertébrés supérieurs ajoute à cet organe ce que lui fait perdre chaque dégradation, en descendant des reptiles aux poissons, et des poissons aux crustacés, aux mollusques céphalés, aux mollusques acéphales, aux annélides et aux insectes. Les faits dont se composent ces deux branches de l'anatomie transcendante se placent ainsi sur deux lignes parallèles, dont l'une ascendante correspond à l'embryogénie de l'homme, des mammifères et des oiseaux, et l'autre descendante correspond à l'anatomie comparative des vertébrés inférieurs et des invertébrés. La première répète la seconde, ou, en d'autres termes, l'embryogénie du cœur reproduit exactement son anatomie comparée permanente. La même chose a lieu pour l'angéiogénie. Et en effet, à l'époque où le cœur est canaliculé, tous les vaisseaux sanguins de l'embryon sont veineux, de même qu'ils le sont chez les annélides et la plupart des mollusques acéphales. Les artères n'acquièrent la structure qui les distingue des veines que lorsque, chez l'embryon des vertébrés, le ventricule gauche se dessine nettement, ce qui dépend de l'apparition de sa couche musculeuse; et c'est absolument ce qui s'observe aussi chez les mollusques céphalés et les crustacés décapodes. Forme, structure, usage, l'analogie se reproduit donc partout, et partout la science n'aura plus bientôt qu'à enregistrer cette grande vérité.

Ainsi l'on voit, et c'est un point digne de toute l'attention des zootomistes, que lorsqu'un organisme se montre fractionné chez l'embryon de l'homme, on peut être assuré de le rencontrer multiple ou même désassemblé chez certains animaux arrivés au terme de leur développement. La multitude des pièces osseuses du crâne chez les poissons, comparée à la multitude des noyaux osseux du crâne dans le fœtus, est un des exemples les plus frappans de cette règle générale de l'organogénie. On en trouve également la confirmation dans les pièces séparées dont se compose le sternum de certains mammifères (ornithorhynques), dans celles plus nombreuses dont sont formés le sternum des reptiles et celui des poissons. Ces pièces isolées, permanentes, individualisées en quelque sorte dans les trois classes inférieures des vertébrés, ont leurs représentans dans les noyaux primitifs, si parfaitement distincts, dont se compose le sternum de l'homme du deuxième au cinquième mois de la vie utérine. Il en est de même de l'hyoïde : que de variété nous présente cet appareil osseux chez les mammifères d'abord, puis chez les oiseaux, puis chez les reptiles et les poissons! Or cette variété a sa source dans le désassemblement et l'arrangement divers des pièces distinctes qui le forment ; et de même que pour le sternum, ces pièces ont toutes leurs analogues dans les élémens primitifs de l'hyoïde humain. Tel est l'ordre de rapports sur lequel s'établit la correspondance de l'embryogénie et de l'anatomie comparée.

Ainsi, chez l'homme adulte, le maxillaire supérieur est un os unique formant, comme chacun le sait, la plus grande partie de la face, et encaissant le sens de l'odorat et une partie de celui du goût. Ces sens étant restreints dans l'espèce humaine, l'os qui les protège, restreint à son tour, se trouve concentré sur lui-même; il est simple, sans division. Mais à mesure que l'on s'éloigne de l'homme, ces sens augmentant de capacité et d'étendue, l'os protecteur est obligé de s'étendre avec eux : en s'étendant, il se fractionne ; ses matériaux constitutifs s'isolent, et alors on voit se reproduire en grand, par l'anatomie comparée, ce que présente en petit l'ostéogénie de l'homme.

Le premier fractionnement qui ait bien été constaté chez l'embryon de l'homme est celui de l'os incisif des pachydermes et des ruminans. Cet élément osseux est si distinct chez les animaux, il se détache si bien du reste de l'os, que ne pouvant se refuser à le considérer comme une pièce à part, d'après les considérations de Camper, qui faisait de son absence le caractère distinctif de l'homme, les anatomistes voulurent le retrouver chez son embryon, et ils le retrouvèrent aussitôt, car les traces de sa division persistent quelquefois au-delà même de la naissance.

Ce fait, mis hors de doute par Gœthe et Vicq-d'Azyr, me servit, dans les lois de l'ostéogénie, à expliquer la formation d'une partie des alvéoles. Mais, indépendamment des autres cavités qui se creusent dans sa profondeur, cet os présente un trou pour le passage du nerf et de l'artère sous-orbitaires. Ce trou et ces cavités exigeant pour leur formation un plus grand nombre de pièces, je dus les rechercher sur de jeunes embryons ; or, du troisième au quatrième mois de la conception, je trouvai constamment chez l'homme cinq pièces distinctes, concourant plus tard par leur réunion à la composition du maxillaire supérieur, et y concourant nécessairement. Je n'appliquai point alors cette vérité d'ostéogénie à l'anatomie comparative ; je me bornai à faire remarquer que, sans l'existence isolée de ces cinq pièces, la formation de cet os chez l'homme ne pouvait être ni conçue ni expliquée. M. Geoffroy Saint-Hilaire, rapporteur du Mémoire que j'avais lu sur ce sujet à l'Académie des sciences, n'y vit d'abord qu'une heureuse application de mes principes anatomiques ; mais quelques années plus tard, cet illustre anatomiste, reprenant ses travaux sur le crâne des crocodiles, constata chez ces reptiles la division et la disposition permanente de ces cinq pièces que m'avait offertes l'embryon humain. Le crocodile est donc pour cet os la reproduction permanente de l'embryon du troisième mois; et l'on pourrait dire par conséquent que cet embryon est, par rapport à cette partie, un crocodile transitoire, comme il devient plus tard un pachyderme ou un ruminant, lorsque, du septième au huitième mois, il n'y a plus que l'incisif qui soit distinct du reste de l'os.

J'aurai si fréquemment occasion de montrer des exemples de ce genre de répétition dans l'ostéogénie, que je me borne maintenant à celui-ci pour en produire de nouveaux choisis sur d'autres systèmes organiques, et d'abord dans le système génito-urinaire.

Nous avons dit plus haut que chez l'embryon humain, le rein, organe unique chez l'adulte, était primitivement multiple ou multilobé; je l'ai vu quelquefois formé de huit, plus souvent de six ou de quatre petits reins de chaque côté. Il n'est pas d'anatomiste qui n'ait vu cette disposition, qui est l'état primitif ou normal de cet organe. Au premier aperçu, on ne voit guère le motif de ce fractionnement organique; aucune des raisons finales appliquées au fractionnement de la colonne vertébrale et des os de la voûte du crâne ne peuvent en effet lui être assignée; toutefois les faits suivans, empruntés à l'anatomie comparative, nous décéleront peut-être le but de la nature dans ce mode de formation.

Supposons, en effet, qu'en nous éloignant de l'homme nous rencontrions des reins multilobés chez les mammifères adultes; que chez les uns il y ait deux lobes, chez les autres quatre, six, huit ou même douze; lobes qui, à la lettre, comme le dit M. Cuvier, soient des agglomérations de reins plus petits et parfaitement semblables aux plus grands par leur structure, ne pourrions-nous pas regarder ces cas normaux et permanens chez ces espèces, comme analogues au cas fugitif et transitoire de l'embryon? La constante division des uns ne serait-elle pas la reproduction visible de la division passagère des autres? ou, en d'autres termes, ces animaux ne nous offriraient-ils pas l'organo-génie permanente de cet organe?

Or, nous venons justement de supposer ce qui est : le rein de l'éléphant a quatre lobes, celui du bœuf douze et quatorze ; il y en a deux chez la loutre, et deux assez généralement dans le genre félis, ainsi que dans la plupart des oiseaux, où leur forme est très allongée et leur position descendue dans le bassin. A cet égard l'embryon nous reproduit donc successivement l'état fixe du bœuf, de la loutre, de l'éléphant, et enfin du genre félis et des oiseaux. L'organogénie est donc souvent une anatomie comparative fugitive, et l'anatomie comparative une organogénie permanente.

Cela étant, on sent toute l'importance du parallèle entre ces deux branches de l'anatomie générale, et tout l'intérêt qui peut en résulter pour la connaissance de l'organisation de l'homme.

On a discuté pendant quelque temps pour savoir si ce que l'on nomme la *glande thyroïde* est un corps simple ou double. Sylvius, Haller, Bordeu, ont pris part à cette dispute, qu'on aurait pu regarder comme interminable sans l'intervention de l'organogénie. En effet, simple chez l'adulte, cette glande, comme Haller l'a observé le premier, est constamment double chez les jeunes embryons, la droite étant parfaitement séparée de la gauche, et leur réunion s'effectue plus tard, d'une manière constante, comme cela arrive quelquefois aux deux glandes sublinguales, aux deux amygdales sur la base de la langue, aux deux reins au-devant de l'aorte. Or, cette réunion accidentelle a-t-elle jamais fait croire qu'il n'y avait qu'un seul rein, qu'une seule amygdale, qu'une seule glande sublinguale ? L'isthme qui les réunit alors fait évidemment reconnaître que ces organes avaient été primitivement isolés et distincts ; de même l'isthme qui réunit inférieurement les deux thyroïdes prouve également leur séparation primitive.

Quoi qu'il en soit, il est manifeste dans ce cas-ci que les deux thyroïdes permanentes des mammifères sont la répétition des deux thyroïdes de l'embryon. Ainsi l'organogénie reproduit encore fugitivement pour cette glande son anatomie comparative.

Si les anatomistes ont été partagés de sentiment sur la division ou non-division du corps thyroïde, leur commun accord sur la non-division de la prostate est bien autrement remarquable. Ce corps glanduleux, entourant en arrière et sur les côtés le commencement de l'urètre, est si manifestement lobulé, que cette structure chez l'homme adulte a été promptement reconnue ; mais, soit qu'on ait admis deux ou trois lobes pour sa composition, leur connexion est si intime que personne, à ma connaissance, n'a encore eu l'idée qu'il y eût primitivement deux glandes prostates, une pour chaque moitié du canal de l'urètre. Si les deux thyroïdes réunies par un isthme très étroit ont été considérées comme un corps unique, à plus forte raison cette unité a-t-elle dû être admise pour la prostate dont la masse presque entière chez l'adulte se groupe pour faire un seul corps. Mais il n'en est pas ainsi chez l'embryon, car les lobes prostatiques, au nombre de quatre, y sont disjoints et isolés.

Primitivement, chez l'embryon humain, on ne rencontre pas la prostate ; on ne l'aperçoit que vers la fin du deuxième mois, formée à cette époque de quatre lobes ; division multilobaire qui correspond d'une manière frappante à la division multilobaire du rein. Plus tard, chez l'embryon, vers le quatrième et le cinquième mois, les deux lobes internes se réunissent en un seul, et la prostate ne paraît alors composée que de trois lobes. Plus tard encore, c'est-à-dire du sixième au huitième mois, tous ces lobes s'unissent entre eux, et forment, comme le rein, un organe unique à l'origine de l'urètre, mais dans lequel on peut, par une dissection attentive, reconnaître, comme dans le rein, les traces de l'organisation primitive.

Cet isolement des lobes prostatiques chez l'embryon est la répétition de ce que nous offre l'organisation normale de l'éléphant, du bœuf et du bélier, chez lesquels cet organe est bilobé ; et l'état primitif reproduit spécialement l'organisation des solipèdes adultes, chez lesquels ce même organe se trouve quadrilobé.

L'unité prostatique de l'homme rappelle l'unité utérine de la femme adulte. Cet organe, qui se conserve plus ou moins parfaitement dans son unité chez les singes, montre des traces de division manifeste chez les carnassiers, les herbivores et les rongeurs. Enfin, chez certaines espèces, comme les *cavia* de Gmelin, et surtout chez les lièvres, les deux matrices, tout-à-fait disjointes, débouchent isolément dans le vagin. Pour que la formation de la matrice chez la femme reproduisît ces divers états, il faudrait donc que son corps fût primitivement double. Or, non seulement il l'est, du deuxième au troisième mois de l'embryon humain, mais il forme même alors deux intestins tout-à-fait isolés. Il est bicorne, ainsi que l'ont dit Harvey, MM. Home et Meckel. L'utérus reproduit donc alors l'organe des lièvres ; puis, dans les métamorphoses qui convertissent le double organe en un seul, on voit se répéter plus ou moins rapidement l'organisation qu'il conserve constamment chez les rongeurs, les ruminans et les carnassiers. Ainsi la formation de l'utérus reproduit celle de la prostate et de la thyroïde ; nouvel argument en faveur de l'analogie de ces trois parties.

On sait que l'homogénéité primitive des deux sexes est une des découvertes les plus curieuses de l'embriogénie. Il n'y a primitivement ni mâle ni femelle ; à un second temps, en apparence il n'y a que des femelles (je dis en apparence, on en verra plus tard la raison) ; puis les organes d'apparence femelle se transforment en organes mâles. Toutes les femelles, à une certaine époque de leur formation, ont donc l'air d'être hermaphrodites, et à une certaine époque aussi on prendrait tous les mâles pour des femelles sans un examen attentif. Ces dernières apparences se manifestent chez l'embryon humain sur la fin du deuxième, au commencement du troisième mois, et chez le bœuf, le mouton, le chien et le chat, vers le premier tiers de leur formation. Or, cette circonstance du déguisement des sexes provient de la constance du mécanisme de leur formation.

D'abord projetés en avant, les organes génitaux ne sont point enveloppés dans le bassin. Le clitoris et la verge font une saillie très prononcée au bas de ce qui doit constituer l'abdomen. Le clitoris et le vagin, d'abord divisés dans toute leur longueur, se réunissent en avant, et offrent à leur sommet un renflement, divisé aussi sur la face intérieure. Au-dessous de ce corps, on trouve la peau bifide et offrant deux petits replis : l'interne, qui s'avance vers la racine du renflement que termine le corps d'où doivent provenir le clitoris ou la verge ; l'externe, qui enveloppe ce dernier. Le premier de ces replis doit constituer les nymphes chez la femelle, et le prépuce chez le mâle ; l'externe donne naissance aux grandes lèvres et aux bourses. Dans l'écartement du premier repli, se voit une petite ouverture qui est l'orifice externe de l'urètre, également écarté à cette époque de l'extrémité du clitoris et du gland. Je n'ai pas trouvé sur un embryon femelle de quatre semaines l'ouverture du vagin. Quand le bassin est réuni en avant, il forme un angle très saillant. C'est sur les côtés de ces branches que naissent les racines qui, par leur jonction, ont constitué le clitoris et la verge. Plus l'angle est saillant, plus les parties génitales font saillie en dehors, et c'est à cette époque surtout, c'est-à-dire du quarantième au cinquantième jour de l'embryon, que tous les embryons seraient pris pour des mâles si on ne considérait que l'aspect extérieur des organes génitaux ; comme au commencement du deuxième mois on les prendrait tous pour des femelles, quand les replis cutanés d'où doivent provenir les bourses et les grandes lèvres ne sont pas tout-à-fait réunis chez les mâles.

Or, cette similitude embryonnaire se trouve justement répétée chez plusieurs animaux adultes. Le volume du clitoris, dit M. Isidore Geoffroy Saint-Hilaire, égale celui du pénis dans plusieurs espèces, même parmi les singes, et la ressemblance est telle, que les femelles sont prises la plupart du temps pour les mâles. Quelques espèces ont le gland du pénis bifurqué, celui du clitoris l'est également. Le lapin est particulièrement remarquable sous ce rapport ; sa verge reproduit celle de l'embryon de la quatrième et cinquième semaine, de même que ses cornes utérines reproduisent celles du quarantième au cinquantième jour. L'anatomie comparative nous présente ainsi, d'une manière permanente, un ordre de faits que l'organogénie ne nous dessine que passagèrement, et que l'anatomiste a beaucoup de peine à constater, à cause du peu de consistance et de l'exiguïté des parties.

En traçant d'une main hardie le programme de la chaire d'anatomie humaine au Muséum, Vicq-d'Azyr a dit qu'il fallait l'éclairer par l'anatomie comparée. Aujourd'hui les progrès de l'anthropogénie nous permettent de retourner cette proposition, et de dire à notre tour que l'organogénie humaine doit éclairer l'étude de l'anatomie comparée, en rendant compte des variations organiques qui se manifestent chez les animaux. En rapprochant ainsi l'organogénie humaine de l'organogénie comparée, nos explications acquerront un degré de certitude qu'elles ne sauraient avoir dans chacune de ces sciences considérées isolément. La formation de l'utérus humain, rapprochée des formes permanentes de l'utérus dans la classe des mammifères, offre un nouvel exemple du concours que doivent se prêter ces deux sciences.

Dans le début, l'utérus du jeune embryon représente

deux petits intestins, rapprochés, mais non réunis l'un à l'autre. Dans le second temps ; les deux extrémités vaginales de ces intestins sont accolées sans se confondre. Dans le troisième, elles sont pénétrées et réunies. Le col utérin, qui était double dans le temps précédent, est maintenant unique; mais avec la réunion du col en avant, coïncide en arrière l'isolement du reste de chaque intestin, que nous pourrions nommer cornes utérines si nous avions égard à l'ondulation qu'ils présentent quelquefois. Au quatrième temps, la pénétration qui a réuni les deux cols se prolonge en arrière et commence la formation du corps de l'organe. Ce corps unique en avant est encore double en arrière par la persistance d'un reste des deux intestins qui concourent à la formation de l'utérus. Enfin, au cinquième temps, ces vestiges intestinaires, réunis comme le reste du corps, donnent naissance par leur association à l'unité utérine. Appliquons maintenant ces notions d'organogénie humaine à l'anatomie comparée de cet organe. (1).

L'utérus proprement dit n'existe que chez les mammi-

(1) La formation binaire des organes génito-urinaires de l'homme et des animaux vertébrés étant un fait définitivement acquis à la science, je crois devoir rappeler, par la citation d'un ouvrage publié en 1824, l'époque à laquelle j'étais arrivé à ce résultat, dont j'ai donné les développemens dans l'anatomie de *Ritta Christina*, publiée en 1833.

« Vidi cum professore Serres, sub fine tertiæ, vel ad summam
» initio quartæ hebdomadæ gestationis, fœtus humani urethram,
» vesicam, uracum, parvumque bulbum in quem desinit, quique
» potest haberi tanquam rudimentum vesicæ allantoidis in mam-
» malibus, et vesicæ umbilicalis in avibus, constituentia canalem
» diametri singulis in partibus æqualis. Canalis iste, qui in em-
» bryone humano speciem intestini æmulatur, clausus est in binis
» extremitatibus, non secus ac clausæ sunt duæ extremitates cana-
» lis cibarii, os scilicet et anus. In viro parvam liquidi copiam
» continet; quod expelli nequit nec per superiorem, nec per infe-
» riorem partem; idemque in canali cibario contingit. Hæc dispo-

fères, et ses espèces sont très nombreuses, parce que sa forme est on ne peut plus variable dans les diverses familles. Or, ces espèces d'utérus sont encore inexpliquées, parce qu'on n'avait jusqu'à ce jour aucune donnée pour rattacher à une règle toutes ces variétés de forme. Nous venons de montrer que les variétés de la forme utérine de l'homme sont dépendantes de la dualité primitive de cet organe et

» sitio evidens in homine, est magis adhuc conspicua in mammali-
» bus quorum vesica allantois amplior est ; cujusmodi sunt rumi-
» nantia, rodentia, ovis, bos, equus, lepus, cuniculus, etc.

» Versus medietatem secundi mensis gestationis, interdum citius,
» raro serius, disrumpitur membrana quæ orificium urethræ oc-
» cludebat ; tuncque canalis per hoc ostium cum externis commu-
» nicat. Eodem modo fit hæc apertura ac illa oris et ani.

» Si membrana quæ superiorem partem canalis cibarii claudit
» integra perstat, tunc adest oris imperforatio, quod vitium præ-
» sertim in anencephalis observatum est. Idem dicendum de altera
» ejusdem canalis extremitate.

» Pariter, si membrana quæ claudit ostium urethræ perstat,
» adest obliteratio meatus urinarii ; glans remanet imperforatus,
» sicut os et anus. Hoc contingit in quibusdam hypospadiasis spe-
» ciebus ; tunc enim, quum hæc membrana validior sit quam aliæ
» canalis partes, istæ faciliorem aditum urinæ præbent. Hoc idem
» evenit in quibusdam hominibus supra jam memoratis, qui per
» umbilicum urinam emittunt.

» Si membrana quæ in ostio urethræ occurrit, non est omnino
» destructa, angustior remanet diameter meatus urinarii, quem-
» admodum recti intestini et oris ostium in similibus adjunctis.

» Hæc omnia rationem servant cum formatione vesicæ, cum
» formatione et obliteratione uraci in humano fœtu ; verum, nimis
» procul a questione proposita distraheremur, si diutius in his
» persequendis immoraremur. Dicam tantummodo me cum cele-
» berrimo Serres semper observasse urethræ latitudinem in homine
» adulto sanoque in ratione directa esse cum vesicæ volumine, et
» in embryone humano in ratione directa cum vesica et uraco.

» Sed iterum in formatione fœtus humani aliam hypospadiasis
» explicationem inveniemus. Re quidem vera, si observetur fœtus

des temps divers que parcourt cette dualité pour ramener l'organe à l'unité. Examinons maintenant si les variations de forme de l'utérus des mammifères ne seraient pas une utérogénie permanente ; si par conséquent ses diverses espèces ne reproduiraient pas en grand ce que nous montre en petit l'utérogénie humaine ; en un mot, si nous ne retrouverions pas dans les formes utérines des mammifères

» versus medium aut sub fine secundæ hebdomadæ, jam magna ex
» parte vesicula umbilicalis formata conspicitur, dum uracus,
» vesica et urethra adhuc desiderantur. In utroque latere conspi-
» ciuntur binæ lamellæ membranacæ quæ ab inferiori parte cor-
» poris pubis usque ad ingressum umbilicalis funiculi in abdomen
» producuntur. Si microscopio vel lente perfectissima inspiciatur
» harum lamellarum successiva formatio, observatur, sub initio
» vel medio tertiæ hebdomadæ easdem lamellas sese invicem eo
» modo recipere, ut binas quodammodo suturas exhibeant, ante-
» riorem unam, posteriorem alteram. Hæ lamellæ sic inter se con-
» junctæ intersticium relinquunt : hicque est primarius status ure-
» thræ, vesicæ et uraci in homine, et vesicæ allantoidis in mam-
» malibus.

» Hujus canalis formatio ad posteriores locum habet a partibus
» anteribus ad posteriores scilicet, portio quæ vesicam allantoidem
» constituit primum formatur, deinde uracus, vesica et urethra.
» Quum, in fœtu humano mare, urethra sese applicat corporibus
» cavernosis, lamellæ ipsam componentes a se mutuo diducuntur :
» interdum contingit ut sutura posterior disrumpatur, cujus for-
» matio hac diductione alias impeditur. Hinc præternaturalis aper-
» tura quæ quandoque secundum urethræ directionem conspicitur.
» Hæc apertura sita est in parte anteriori, media vel posteriori
» membranaceæ portionis.

» Posita hac tractione corporum cavernosorum in lamellas quæ
» primitus urethram constituunt facile intelligitur cur hypospadia-
» sis sedes semper observetur in parte canalis quæ extra pelvim
» incedit. Intelligitur quoque cur frequens in viro, rarum in mu-
» liere hoc vitium occurrat. » (*Competitio ad aggregationem* die
xxiv mensis februarii anno m dccc xxiv, J. Lisfranc. Pag. 12, 13
et 14.)

les temps divers de formation que parcourt la dualité symétrique de l'utérus, pour être ramenée à l'unité chez l'embryon humain.

Le premier temps de l'utérogénie est représenté par l'utérus des monotrèmes, qui sont privés d'utérus proprement dit. Leurs oviductes se terminent en deux dilatations complétement séparées l'une de l'autre, et débouchant dans une espèce de cloaque. L'échidné et l'ornithorhynque sont intermédiaires par cette disposition entre les oiseaux et les mammifères ; ils finissent les premiers et commencent les seconds.

Le deuxième temps a sa reproduction permanente chez les marsupiaux. Les dilatations de l'extrémité inférieure des trompes des monotrèmes, au lieu de rester isolées comme chez ces derniers, se trouvent amenées au point de contact, comme les dilatations que l'on observe chez les grenouilles ; mais elles ne sont point réunies en un seul organe. La dualité utérine, quoique les élémens soient rapprochés, est encore complète ; le corps utérin médian qui en résulte est divisé par une cloison qui le sépare en deux loges plus ou moins complètes. Les conduits de Gartner et de Malpighi sont ici permanens, ce qui atteste l'état embryonnaire de ces animaux, pourvus en quelque sorte de deux ordres d'appareils génitaux : de l'appareil génital temporaire des mammifères (Gartner) (1) ; de l'appareil embryonnaire génital permanent, propre à ces mêmes animaux. Observons encore que la dualité utérine du kanguroo se pro-

---

(1) Si chez les marsupiaux l'orifice utéro-vaginal est fermé, et ne s'ouvre qu'à l'époque de la parturition, ces conduits ne seraient-ils pas la route que parcourt le sperme pour arriver à l'ovaire ? Si cela était, quelle nouveauté, quelle spécialité dans l'appareil génital ! Ou bien ne serait-ce pas ici le véritable oviducte ? L'autre appareil ne serait-il pas au repos ? Cela se rattacherait-il à la sortie si précoce du petit embryon ? Que de questions encore indécises sur la génération des monotrèmes et des marsupiaux !

l onge le long du vagin, de même qu'on l'a rencontré quelquefois dans les monstruosités humaines (Tiedemann).

Le troisième temps de l'utérogénie est caractérisé par l'unité du vagin et la dualité de l'utérus débouchant par une propre ouverture. C'est le cas de la plupart des rongeurs, du lièvre, du lapin, du castor, du rat, de la souris, du cochon d'Inde. Et cette disposition a été rencontrée en permanence chez l'homme par Morand, Dupuytren, Tiedemann.

Ainsi, en rapprochant les formes utérines de ces divers animaux, on voit la dilatation inférieure des cornes utérines converger vers l'unité. Mais l'utérus est encore double ; les deux cornes dilatées sont placées côte à côte l'une de l'autre, et accolées en quelque sorte dans cette position : ce sont les deux élémens primitifs de l'organe non encore réunis. Jusque là, tout se passe comme chez l'embryon humain. Suivons maintenant la conversion de ces deux utérus en un organe unique, en rappelant que chez l'homme elle s'opère d'avant en arrière, ou du col vers le fond de l'organe.

Si la conversion s'opère de la même manière chez les mammifères, on voit que d'abord la réunion devra s'effectuer par l'extrémité antérieure du col, dont la partie postérieure, encore double, servira de terminaison aux cornes : l'utérus sera encore bicol. Or, telle est la disposition qui appartient aux carnassiers, à quelques rongeurs, aux cétacés et aux phoques. On voit bien chez ces animaux que l'unité utérine est déjà commencée ; mais le col proprement dit n'est pas encore développé ; les parties paires que l'on nomme cornes sont encore immédiatement en arrière, et tantôt elles sont droites comme chez le chien et le chat, tantôt elles sont flexueuses et recourbées, comme chez la taupe et le hérisson.

Chez les ruminans, la réunion portée plus en arrière a bien développé le col ; on voit bien chez eux une petite cavité unique débouchant dans ces deux anses que forment en arrière les cornes fortement recourbées. Ces deux cavités distinctes offrent en quelque sorte leur tendance à l'unité dans certains cas de gestation ; car lorsqu'il y a deux œufs, un dans chaque cavité, une partie de leurs enveloppes se porte, en traversant le col, d'une corne dans l'autre. Jusque là le corps propre de l'utérus est donc encore double dans l'acception rigoureuse du mot. Mais la coalescence utérine qui s'avance d'avant en arrière, après avoir constitué le col, va commencer à constituer l'unité du corps chez les solipèdes. Ici, en effet, il y a une cavité utérine unique constituant les deux tiers environ de l'utérus ; mais le tiers postérieur est encore double ; c'est une matrice à deux fonds. Ces restes des cornes utérines ont perdu cependant le rôle actif qu'elles ont précédemment dans l'acte de la gestation. Elles ne reçoivent plus l'œuf ; celui-ci se loge dans la cavité utérine où s'opère son incubation. A la vérité, une partie des prolongemens des enveloppes s'étend encore dans les cornes, mais l'embryon reste fixé dans l'utérus unique, et ne l'abandonne jamais.

Les cornes utérines sont déjà atrophiées, et elles sont ainsi réduites, parce qu'elles sont employées à constituer l'utérus à mesure que la coalescence gagne le fond de cet organe.

Prolongez en effet cette coalescence en arrière, le corps utérin s'accroîtra dans cette direction ; le fond de l'organe paraîtra excavé à sa surface périphérique ; il ne sera plus double comme précédemment ; mais l'insertion des cornes produisant des angles saillans en arrière, l'utérus unique sera biangulaire. C'est le cas des édentés, des makis et du gibbon parmi les singes. Les cornes utérines sont devenues rudimentaires ; elles sont passives dans l'acte de la gestation et dans l'incubation de l'embryon, qui s'effectue en totalité dans la cavité utérine.

Enfin, que l'on efface complétement ces derniers vestiges des cornes par la coalescence postérieure de l'utérus, et l'on aura un organe unique et simple dans toute son étendue; les traces de sa dualité auront disparu complétement; et cependant, il faut le remarquer, le fond de l'utérus en conservera encore l'empreinte. En effet, si chez quelques édentés et les singes l'utérus est unique, son axe longitudinal se prolonge, et son fond n'est pas arrondi et concentré comme chez la femme : aussi n'est-ce que chez la femme que cet organe acquiert son plus haut développement; mais il ne l'acquiert toutefois qu'en traversant successivement, durant la vie embryonnaire, les degrés inférieurs que nous venons de signaler chez les divers animaux.

S'il est curieux de voir, comme nous venons de l'indiquer, l'anatomie comparée reproduire l'embryogénie humaine, combien n'est-il pas plus important de voir celle-ci répéter à son tour, sur d'autres points, l'organisation des animaux! Quoi de plus remarquable et de moins remarqué avant nos travaux que ce singulier prolongement caudal que présente l'embryon de l'homme de la cinquième à la sixième et septième semaine? Si un caractère saillant distingue l'homme des mammifères et des quadrumanes, c'est assurément l'absence du prolongement caudal. Or voici que l'embryon nous reproduit ce prolongement, nous décelant pour ainsi dire, par un signe tout extérieur, les ressemblances qui le lient plus profondément à la chaîne des êtres dont il constitue le dernier anneau. Ce caractère présente même cette particularité véritablement saisissante, que c'est lors de sa manifestation et pendant sa durée que se reproduisent les répétitions organiques de l'anatomie comparée. Ainsi, c'est à cette époque que la verge, le clitoris, les prostates, la matrice de l'embryon, reproduisent la verge, le clitoris, les prostates et la matrice de certains animaux adultes; c'est à cette époque que tous les fractionnemens organiques du crâne et de la face de l'embryon reprodui-

sent les fractionnemens permanens qui constituent l'état
normal des mammifères, des reptiles et des poissons ; c'est
alors que le foie, les reins, les intestins et le cœur lui-même
revêtent fugitivement les formes du cœur, des intestins, des
reins et du foie des animaux ; c'est alors enfin que l'encéphale humain se déguise sous les formes dévolues aux poissons, aux reptiles et aux oiseaux. Et ce qui complète la
chose, c'est que ce prolongement caudal n'a qu'une existence éphémère, comme toutes les ressemblances organiques de l'embryon : il disparaît dans le cours du troisième
mois ; et c'est aussi à partir de cet instant que l'homme,
laissant derrière lui tous les êtres organisés, s'avance à
grands pas vers le type d'organisation qui le constitue dans
sa vie extérieure.

Ce double mouvement offre surtout un grand intérêt
dans la série des métamorphoses qu'éprouve l'encéphale
chez l'embryon des mammifères supérieurs. Après avoir
constaté l'analogie primitive de ses élémens dans toutes les
classes, il devenait nécessaire, indispensable, d'expliquer
ses dissemblances chez les animaux adultes ; car ces élémens
changeant de forme et de position, et chacun subissant dans
chaque classe des transformations nouvelles, l'ensemble de
l'encéphale se trouve modifié au point de ne plus être reconnaissable d'une classe à l'autre ; ce qui a empêché jusqu'à ce jour de le reconnaître clairement, et l'on voit qu'en
effet il ne pouvait guère l'être tant qu'on le considérait dans
son état permanent, et lorsque ses métamorphoses sont
terminées.

On prévoit aisément ce que nous avons dû faire pour ne
pas nous en laisser imposer par ces mutations continuelles.
Il fallait, en effet, suivre pas à pas chacune de ces métamorphoses dans toutes les classes, apprécier l'influence que
les évolutions d'un élément exercent sur toutes les autres,
traverser ainsi toutes les formes fugitives de l'encéphale
pour arriver à l'explication de ses formes permanentes. Tel

est aussi le but que je me suis proposé dans l'encéphalogé-
nie des embryons, comparée à l'encéphalotomie des animaux vertébrés. Un court aperçu en fera connaître les résultats les plus saillans.

Soient les tubercules quadrijumeaux et leurs analogues,
les lobes optiques des trois classes inférieures : chez tous les
embryons, ces organes sont lobulaires, doubles et creux ; ils
occupent dans toutes les classes la face supérieure de l'encéphale, ayant en arrière le cervelet et en avant les hémisphères cérébraux. Dans leurs diverses évolutions, ces
rapports primitifs s'altèrent considérablement. Chez les
reptiles et les poissons ces organes conservent la même
forme, la même position et les mêmes rapports. Il n'en est
pas de même chez les oiseaux et chez les mammifères.
Chez les oiseaux, ils restent, ainsi que chez les reptiles,
sur la face supérieure de l'encéphale, jusqu'au milieu de
l'incubation. A cette époque, vous les voyez abandonner
cette position, se déjeter peu à peu sur le flanc des pédoncules, et occuper enfin la base et les côtés de l'encéphale,
où on les rencontre chez tous les oiseaux parfaits. Ils ont
néanmoins conservé, comme chez les reptiles et les poissons, leur cavité intérieure. Chez les mammifères seuls,
cette cavité s'oblitère : ces organes deviennent solides
comme la moelle épinière. Cette solidification s'opère,
comme dans cette dernière partie, par la déposition de
couches concentriques. Primitivement ces corps sont lobulaires, doubles et creux comme dans les trois classes inférieures ; et ils conservent cette forme jusqu'aux deux tiers
environ de la gestation des animaux qui composent cette
classe. A cette époque, qui correspond au moment où leur
cavité va s'oblitérer, on voit apparaître sur leur superficie
un sillon transversal qui divise en deux chaque tubercule.
Les deux lobes jumeaux sont convertis par ce sillon en
quatre tubercules distincts ; et c'est pour cela qu'on les dé-
signe sous le nom de quadrijumeaux dans toute cette classe.

Si chez les oiseaux les lobes optiques s'arrêtent dans leur marche, ils conservent la même place que nous leur observons chez les reptiles et chez les poissons. Si chez les mammifères le sillon transversal ne se manifeste pas, ces tubercules restent ovalaires, jumeaux et creux comme dans les trois classes inférieures.

Des dissemblances secondaires naissent chez les oiseaux de ce déplacement de leurs lobes optiques. Chez les poissons, les reptiles et les mammifères, ces corps restent à leur place primitive ; la lame transversale qui les réunit par en haut n'éprouve aucune modification. Il n'en est pas de même chez les oiseaux : à mesure que les lobes s'écartent l'un de l'autre, leur superficie se déplisse, la lame médiane qui les réunit s'étend ; de telle sorte que chez les oiseaux adultes, on trouve à la place qu'ils occupaient d'abord, et qu'ils conservent dans les autres classes, une large commissure rayonnée, composée de séries alternatives de matière blanche et de matière grise.

Voilà les modifications extérieures qu'éprouvent ces corps dans les quatre classes. Mais quelque grandes qu'elles soient, quelques différences que présentent les quatre tubercules solides des mammifères comparés aux deux lobes creux des reptiles et des poissons, quelque transposition qu'aient éprouvée ces parties chez les oiseaux, on voit que c'est toujours le même organe, déguisé seulement par ces diverses métamorphoses.

Considérons maintenant le cervelet. Aussitôt que les deux lames transversales qui le forment se sont engrenées et se sont réunies avec les lames qui constituent la valvule de Vieussens, cet organe est formé dans toutes les classes par une petite languette mince formant une petite voûte au-dessus du quatrième ventricule. Si le cervelet s'arrête à cette époque de son développement, il conserve chez les animaux sa forme simple et élémentaire. C'est le cas de tous les reptiles et du plus grand nombre des poissons

osseux. Mais supposez qu'avant la réunion des lames transversales, la moelle allongée s'élargisse outre mesure, et que
ces lames ne s'accroissent pas dans la même proportion ,
qu'arrivera-t-il ? On voit de suite que l'engrenure de ces
lames n'aura point lieu sur la ligne médiane ; elles se rou-
leront sur elles-mêmes sans se réunir ; la lame médullaire
de Vieussens restera flottante sur le quatrième ventricule,
qu'elle couvrira en partie. C'est le cas de certains poissons
cartilagineux. Les poissons et les reptiles conservent donc
les formes embryonnaires du cervelet, et sont par conséquent, sous ce rapport, des embryons permanens des classes
supérieures.

Chez ces dernières, le cervelet acquiert des dimensions
considérables ; sa superficie se sillonne de rainures transversales plus ou moins nombreuses, plus ou moins profondes ; en même temps, il fait sur les côtés et sur le haut de
l'encéphale une saillie plus ou moins marquée. Mais ces
dissemblances classiques ne changent en rien sa détermination ; c'est toujours le même organe réduit dans les deux
classes inférieures au minimum de son développement,
porté à son maximum dans les deux classes supérieures.

Il faut faire aussi aux hémisphères cérébraux l'application de cette méthode. Certainement si l'on voulait de prime
abord ramener les hémisphères cérébraux des poissons à
ceux des mammifères, on échouerait dans cette entreprise :
on verrait, d'une part des organes très simples, et de l'autre
des organes très compliqués n'ayant aucun rapport manifeste avec les premiers, ni dans leur forme, ni dans leur
configuration, ni dans leur structure ; tous ces caractères
qui servent aux anatomistes pour reconnaître l'homogénéité des organes manquant, on serait tenté de croire que
ces parties sont tout-à-fait dissemblables et n'ont entre elles
aucune analogie. Mais en remontant très haut dans la vie
utérine des mammifères, on aperçoit d'abord les hémi-

sphères cérébraux roulés, comme chez les poissons, en deux vésicules isolées l'une de l'autre ; plus tard , on leur voit affecter la configuration des hémisphères cérébraux des reptiles ; plus tard encore , ils présentent la forme de ceux des oiseaux ; enfin ils n'acquièrent qu'à l'époque de la naissance, et quelquefois plus tard , les formes permanentes que présente l'adulte chez les mammifères. Les hémisphères cérébraux ne parviennent donc à l'état où nous les observons chez les animaux supérieurs que par une série successive de métamorphoses qui les transforment. Si par la pensée l'on réduit à quatre périodes l'ensemble de toutes ces évolutions, on voit, de la première, naître les lobes cérébraux des poissons et leur homogénéité dans toutes les classes ; la deuxième donne les hémisphères des reptiles ; la troisième ceux des oiseaux , et la quatrième enfin les hémisphères si complexes des mammifères.

Si l'on pouvait développer les diverses parties de l'encéphale des classes inférieures, on ferait donc successivement d'un poisson un reptile , d'un reptile un oiseau , d'un oiseau un mammifère.

Si l'on atrophiait au contraire cet organe chez les mammifères, on le réduirait successivement aux conditions encéphaliques des oiseaux , des reptiles et des poissons.

La nature nous présente dans quelques cas de monstruosité cette anomalie ; mais jamais, circonstance intéressante pour la philosophie de la nature, les observateurs ne lui ont encore vu donner des exemples de la première. Dans les déformations variées que peuvent éprouver les êtres organisés, jamais ils ne dépassent les limites de leur classe pour revêtir les formes de la classe supérieure ; jamais un poisson ne s'élèvera aux formes encéphaliques d'un reptile ; celui ci n'atteindra jamais les oiseaux , un oiseau les mammifères. Un monstre pourra se répéter ; il pourra présenter deux têtes, deux queues, six ou huit extrémités, mais toujours il restera étroitement circonscrit dans les limites de sa classe. Cet étonnant phénomène est sans doute lié à l'harmonie générale de la création.

En résumé, toutes les différences classiques de l'encéphale sont donc produites par quelques métamorphoses de plus ou de moins ; toutes les dissemblances s'établissent sur une base commune : l'organe fondamental reste le même. En appliquant cette méthode à toutes les parties, on établirait de cette manière la chaîne des ressemblances des mammifères aux poissons, et, des poissons aux mammifères, la chaîne des dissemblances. On voit aussi ce qui surviendrait, si ces évolutions s'arrêtaient chez un animal pendant le cours de ses transformations : c'est que cet anima offrira nécessairement les formes organiques de la classe laquelle il se serait arrêté.

Mais l'essence de l'animalité ne réside ni dans les vaisseaux et le cœur, ni dans le cerveau et ses dépendances, ni dans l'appareil génito-urinaire ; un être peut exister et vivre sans la présence de ces organismes. Il n'en est pas de même de l'appareil nutritif : la vie n'est et ne peut être qu'au prix d'une absorption quelconque de molécules assimilatrices ; elle n'est et ne peut être qu'à condition d'un organisme doué de cette propriété.

D'où il suit qu'en descendant dans le règne animal, on verra les êtres du bas de l'échelle réduits à une vésicule absorbante, et qu'en s'élevant le plus haut possible dans l'embryogénie, on trouvera les rudimens de l'embryon constitués par une vésicule semblable. L'animalité et la vie débuteront dans les deux cas par un appareil organique similaire, réduit dans ses propriétés assimilatrices aux plus simples conditions possibles. Ainsi les monades, parmi les animaux infusoires, seront représentés en embryogénie par la vésicule prolifère découverte dans ces derniers temps par M. Purkinje. Les volvoces, les gones, trouveront leur représentation dans l'état embryonnaire primitif, désigné par le nom de cicatricule de l'œuf; car la cicatricule de l'œuf est déjà un être ayant ses conditions propres d'existence, analogues aux conditions de vitalité et d'existence des infusoires inférieurs, et le développement de la cicatricule, celui de l'embryon dont elle renferme les élémens, sont le résultat, le produit de sa vie (1).

Ainsi, en comparant le développement de la cicatricule du poulet aux animaux inférieurs et aux infusoires, nous verrons que les premiers rudimens de la lame muqueuse du blastoderme sont représentés par la membrane muqueuse des volvoces et des protées; nous verrons que les

(1) Il ne me paraît pas inutile de déclarer en bons termes, pour couper court aux fausses interprétations de ceux qui n'entendent pas comme de ceux qui ne veulent pas entendre, ce que nous entendons, nous, quand nous parlons de la répétition des organismes et que nous comparons les embryons avec les animaux inférieurs. Quand nous disons que les tubercules quadrijumeaux de l'embryon, des mammifères et de l'homme, représentent à un temps donné les lobes optiques des poissons, est-ce que nous disons pour cela que l'homme est un poisson? Quand plus tard nous disons que ces organes revêtent les caractères de ceux des oiseaux et des reptiles, est-ce conclure que nous disions que le petit embryon qui doit devenir homme, qui l'est déjà en essence, est un oiseau ou un reptile? Qui nous eût écouté si tels eussent été l'esprit et le terme de nos Mémoires? Qui ne sait comprendre la différence de l'analogie et de l'identité, de l'état permanent et de l'état transitoire? Rien n'est facile comme d'abuser des idées; mais ce n'est pas affaire aux hommes sérieux de se contenter ainsi. Lorsque nos maîtres en chirurgie désignèrent par le nom de bec-de-lièvre la fissure labiale que certains enfans apportent en venant au monde, prétendirent-ils que ces enfans étaient des lièvres courant les champs, et se nourrissant de serpolet et de choux, comme feignait de le croire Guy-Patin? Non sans doute. Les chirurgiens saisirent et exprimèrent un rapport d'organisme entre l'homme et les animaux. Ce sont des rapports de même nature qui nous occupent. Laissons donc aux Guy-Patin de nos jours le mérite des inductions ridicules qu'ils en tirent.

plis intestinaux de Wolf, qui figurent la dualité primitive de l'intestin du poulet, sont peut-être l'état de la dualité intestinale de plusieurs vorticelles, spécialement de la vorticelle variable, de la vorticelle tubicole, et de l'embryon des anodontes. (MM. Carus et Quatrefages.)

A ce premier état du canal digestif du poulet, en succède un second, qui n'est pas moins remarquable; c'est celui de son fractionnement en trois parties, une médiane plus imparfaite quoique centrale, et deux périphériques, développées au moment où s'infléchissent le capuchon céphalique et le capuchon caudal; mode de formation reproduit par l'embryogénie de l'écrevisse, sur laquelle M. Rathke a vu le développement isolé de la portion gastrique et de la portion intestinale (1).

Or, cet état d'imperfection du tube alimentaire ne représente-t-il pas l'état permanent du canal intestinal du cercaire vermiculaire? L'invagination du double canal digestif du lombric terrestre, des anatifes et des balanes, n'est-elle pas une persistance du mode de formation de l'embryon de l'écrevisse? Comment expliquer le double tube digestif de ces animaux si on n'a recours aux données de l'organogénie? Comment se rendre compte de leur usage avec nos idées restreintes sur la nutrition? Quel que soit le degré d'imperfection des premiers rudimens du canal intestinal de l'embryon des vertébrés, on voit donc qu'ils ne sont pas sans analogue dans l'organisation permanente des animaux inférieurs.

Les animaux inférieurs vont encore nous reproduire d'une manière plus évidente la métamorphose suivante de l'intestin embryonnaire des oiseaux. On sait que lorsque les trois parties du canal digestif se sont réunies, ce canal est droit et n'a que la longueur du jeune embryon; or, la plupart des zoophytes sont exactement dans ce cas. On sait encore qu'à

(1) *Annales des sciences naturelles,* août 1830, p. 460, 461.

l'instant de cette réunion, ses deux extrémités sont fermées, c'est un double cœcum ; or, ce double cœcum est exactement aussi la disposition du second tube alimentaire, emboîté dans l'intestin ordinaire du lombric terrestre ; disposition qui l'a fait nommer typhlosole par M. Charles Morren. C'est aussi le cas du plus grand nombre des vibrions, des cyclides, des paramecies, et de plusieurs tricodes parmi les infusoires.

On sait de plus que ce double cœcum de l'embryon s'ouvre d'abord par sa partie antérieure, de telle sorte que si, comme le pensent encore quelques physiologistes, sa nutrition s'opérait en partie par le canal intestinal, la même ouverture servirait à la fois de bouche et d'anus ; or, qui ne sait encore que cette disposition imparfaite du conduit alimentaire est précisément celle du plus grand nombre des zoophytes, celle particulièrement des pennatules, des veretilles, des alcyons, des gorgones ; celle du tricode luette, du tricode pirogue, et du tricode tricorne parmi les infusoires ?

On sait enfin qu'à une époque un peu plus avancée de l'embryon, l'intestin est ouvert à ses deux extrémités ; il existe alors un anus distinct de la bouche. Or, ce premier perfectionnement du tube alimentaire des vertébrés n'est-il pas représenté par la disposition permanente du tube alimentaire des escares ? (Milne Edwards.)

De même que pour le cœur, l'embryogénie présente donc pour le canal alimentaire des vertébrés, d'une manière passagère, la disposition permanente que cet organe affecte chez les animaux inférieurs. L'un de ces états est la reproduction ou la répétition de l'autre. D'où il suit (comme nous en verrons par la suite de nouveaux exemples) que l'organogénie est une anatomie comparée transitoire, et l'anatomie comparée une embryogénie permanente.

Telle est la concordance de l'organogénie humaine et de l'anatomie comparée dont nous trouverons tant d'exemples dans la suite de ce travail. On voit que le fractionnemén des organismes chez l'embryon de l'homme et chez les animaux considérés dans leur série en est le principe, et l'association de leurs élémens le procédé ou le moyen ; de sorte que les élémens organiques étant invariablement donnés, la nature les associe au plus haut degré dans le développement de l'homme, et les maintient désassociés à des degrés divers dans le développement des animaux. De cette association et de cette désassociation résulte la formé organique : la forme des organes n'est donc qu'une condition secondaire, et ses variations sont aussi nombreuses que peuvent l'être les combinaisons des élémens qui les produisent.

Les formes globuleuses, cylindriques, sphériques ou demi-sphériques, sont celles vers lesquelles tendent les organites dans leurs associations : d'où il suit réciproquement que de leur désassociation résulte la décomposition de la forme globuleuse, sphérique ou demi-sphérique des organes qu'ils constituent par leur réunion. Or l'organogénie a pour but dans l'embryogénie humaine d'élever les organes à ce haut point d'association ; il suit donc que plus on s'élèvera dans la vie embryonnaire et plus on se rapprochera du point de départ des organes, plus devront être désassociés leurs organismes, ou, en d'autres termes, plus on trouvera les organes fractionnés. Et d'autre part, l'organogénie comparée, ou la composition des organes considérée dans la série des animaux ayant le même but, tendant au même résultat, la nature y procède par le même moyen employé dans l'organogénie humaine. D'où il suit encore que plus on descendra dans la série animale et plus on se rapprochera du point de départ des organes, plus leurs organismes seront disjoints, désassemblés, plus, en un mot, les organes seront fractionnés.

Il y a donc répétition de composition organique dans l'organogénie humaine et dans l'anatomie comparée.

Voilà pour l'analogie ; voici pour les différences.

Les organismes en voie de développement chez l'embryon de l'homme ne font que traverser leurs formes primitives ; ils glissent rapidement sur elles pour arriver à celles qui leur sont propres, et que commande la nécessité de leur harmonisation.

Le résultat définitif des développemens est donc de défractionner les organes, d'en associer, d'en combiner les élémens de manière à former un groupe serré des parties diverses que présente à son début le jeune embryon.

Chez les animaux, la même tendance à l'unité des organismes se fait sentir dans toute la série animale et dans chacun des organes qui les constituent ; mais elle avorte en totalité ou en partie : en totalité sur des organismes entiers ; en partie sur quelques uns de leurs élémens. L'effet de cet avortement est donc la désassociation des matériaux qui les constituent.

D'où il suit que la désassociation des organismes, qui, chez l'homme, n'est que passagère et transitoire, est au contraire fixe et permanente chez les animaux.

D'où il suit encore que les formes organiques diverses résultant de cette désassociation, fugitives chez l'homme, sont constantes, arrêtées chez les animaux.

D'où il suit enfin que les animaux, considérés sous le point de vue génétique des organismes, sont des embryons permauens de l'homme.

CHAPITRE VII.

Concordance de l'organogénie et de la zoogénie.

La concordance de l'organogénie et de l'anatomie comparée conduit à celle de la zoog'nie. Un animal est un composé d'organes, comme un organe est un composé d'élémens organiques. L'association ou l'homœozygie réunit et harmonise les premiers, de même qu'elle le fait pour les matériaux des organes. Cela étant, la formation de l'animal pourra-t-elle donc être ramenée à celle de l'organe, ou, en d'autres termes, l'organogénie et la zoogénie auront-elles des rapports communs? L'examen de la question est d'un grand intérêt, car le système des préexistences s'était borné à supposer les animaux, comme les organes, formés de toute pièce. Tels ils nous apparaissent, tels ils avaient toujours été aux périodes diverses de leur existence; l'intérêt de la formation fractionnée des organismes se reporte donc tout entier sur la formation des animaux. Et d'abord il y a à se demander s'il existe véritablement des élémens d'animaux comme il existe des élémens d'organes; si ces élémens zoogéniques peuvent se combiner, s'associer entre eux pour varier l'animalité, comme s'associent et se combinent les élémens organiques pour varier les organes. Il semble que la solution de ces questions soit tracée d'une certaine manière par l'organogénie.

Je remarque en effet qu'il y a des animaux élémentaires qui sont le plus simples possible, comme nous avons reconnu des tissus primitifs et des organites formés par les premières combinaisons. Ces animaux simples ou primitifs ont été désignés sous le nom de *zoonites*, par MM. Dunal, Moquin-Tandon et Dugès. Les zoonites sont en quelque sorte des diminutifs d'animaux, comme les *organites* sont des diminutifs d'organes; et de même qu'un organite peut fonctionner à part et concourir par son association à une action commune, de même un zoonite peut vivre isolé, comme il peut s'associer pour apporter sa part de vie à une vie commune. Les monadaires, les volvoces, les acéphalocystes sont des zoonites libres. La différence qui existe entre un organite et un zoonite dépend donc moins de leur constitution que de leur dépendance ou de leur indépendance. C'est là un principe fondamental. Un organite est toujours dépendant, sa vie est toujours subordonnée à celle de l'individu dont il fait partie; un zoonite est toujours indépendant, sa vie lui appartient en propre. Il suit de là qu'en concevant un organite qui perdrait sa dépendance on concevrait par là même un zoonite, de même qu'un zoonite cessant d'être indépendant se convertirait en un organite. Ainsi les ovules qui composent l'ovaire des mammifères, des oiseaux et des reptiles, sont des organites ; ce sont des parties d'un tout commun. L'imprégnation a pour résultat immédiat de séparer l'ovule de ses congénères, de l'isoler, de le rendre indépendant. C'est donc alors un zoonite qui va librement parcourir ses évolutions. Il y a dans la nature un phénomène inverse; c'est qu'un zoonite, une monade, un volvox, une ascidie, un biphore même, qui a son existence à lui, qui en dipose comme il lui convient, peut se réunir à d'autres biphores, à d'autres ascidies, à d'autres volvox; d'indépendant il peut devenir dépendant, quitter son individualité pour entrer en communauté avec ses semblables, et passer ainsi de l'état de zoonite à celui d'organite. C'est ce qui arrive en effet dans les monades, dans les volvox, chez les ascidies et les biphores associés. On sent toute l'importance de ce fait, puisque l'esprit, au moins dans les limites de l'analogie, peut s'en éclairer pour l'étendre à l'organogénie. Ainsi, rien n'empêche, à ce point de vue, de considérer les vésicules séreuses, avant de s'associer aux organes, comme des espèces de zoonites qui deviennent organites par leur association. On pourrait montrer aussi que les vésicules séreuses qui se développent accidentellement sont et restent des zoonites (cysticoques); mais il nous sufit en ce moment d'avoir établi que, dans la zoogénie, les zoonites ou les animaux élémentaires peuvent exister dans deux états différens; qu'ils peuvent être ou libres ou associés, à peu près comme les organites ou les organes élémentaires sont ou associés ou désassociés dans les phénomènes d'organogénie.

Ce premier rapport établi, nous pouvons passer à un second. Si en effet les zoonites peuvent s'associer comme les organites, on conçoit que les animaux qui sortiront de cette association varieront ou pourront varier comme varient les organes par l'effet de la réunion de leurs élémens constitutifs. La forme des animaux ne serait alors qu'un point secondaire comme celle des organes, et c'est en effet ce qui est. Ainsi une chaîne de biphores sera bien différente d'un biphore isolé, quoiqu'elle représente un animal composé par leur réunion, et que cette réunion commence déjà dans l'œuf (Dugès), ainsi que cela existe chez le *distomum duplicatum*, pour la formation duquel deux ou six individus se réunissent (M. Siebold). Ainsi, quand vous voyez sous le microscope les pectoralins, la *lagenula euchlora*, vous croiriez avoir sous les yeux le rein multiple de l'embryon de l'homme, ou le rein permanent du bœuf, ou celui plus multiple encore des cétacés. Dans tous ces cas, c'est un tout composé de parties similaires qui s'associent comme le font les molécules du minéral pour former le cristal. Il suit de là qu'en zoogénie, de même qu'en organogénie, les formes diverses dérivent du mode d'association des élémens. Groupés autour d'un point central, on en voit sortir les animaux radiés, tels que les méduses, les astéries, les comatules, les euryales. Alignés bout à bout, les animaux à corps allongé, tels que les lombrics terrestres, les tænias, les annélides. De ces deux formes élémentaires combinées, naissent les formes diverses de ceux qui ne sont ni allongés ni radiés, tels que les oursins, les holothuries, les hippopodes, les physsophores, les rhizophyses, et même les vers intestinaux que les zoologistes rapportent tantôt à la disposition binaire, et tantôt à la disposition circulaire. On a en quelque sorte ainsi la répétition des os longs, des os courts et des os plats ; on a la reproduction des muscles allongés, des muscles radiés, et de ceux, plus nombreux encore, qui ne sont ni radiés ni allongés. La zoogénie reproduit la morphogénie organique.

L'analogie se poursuit plus loin encore. En organogénie, l'association est une sorte de combinaison dans laquelle chaque élément combiné se dépouille d'une partie de ses caractères. Il en est de même en zoogénie : l'association fait perdre aux animaux élémentaires quelques uns de leurs traits distinctifs, et cette perte, de même qu'en organogénie, est toujours proportionnelle, d'une part au degré de la pénétration, et de l'autre à celui de l'étendue de la surface par laquelle se touchent les zoonites associés. Il suit de là que les animaux élémentaires conserveront d'autant mieux leur individualité que leur association sera moins intime. Ainsi les zoonites des vorticelles associées changent peu, et d'autant moins que leur pédicule d'association les éloigne plus les uns des autres ; ainsi les zoonites des animaux rayonnés ne se combinant que par une petite surface conservent leurs caractères presque en entier : de là la similitude des rayons des astéries, la similitude des rayons des rotellines. Dans les zoonites associés bout à bout, la surface contiguë étant plus étendue le changement est plus notable, et d'autant plus encore que leur association est plus intime. C'est ce que l'on observe chez les annélides ; c'est surtout ce qui différencie le tænia du bothriocéphale et de la lingule. En suivant ainsi pas à pas les degrés de pénétration des zoonites, on arrive avec Dugès à la composition des crustacés, et, ce qui mérite particulièrement l'attention des zootomistes, on parvient à reconnaître que l'essence de la mé-

tamorphose des insectes réside dans la pénétration des segmens qui composaient la larve, et dans les modifications
que cette pénétration leur fait subir.

Il suit donc de ce qui précède que, parmi les animaux
inférieurs, il y en aura de solitaires, comme nous avons
trouvé en organogénie des glandes isolées; et de même
qu'avec cet organite considéré comme radical, la nature
forme par association des glandes accolées comme celles des
paupières; agminées ou contiguës comme celles des intestins, ou comme les reins des poissons et des cétacés; racé-
meuses comme les pancréas; conglobées ou conglomérées
comme le rein de l'homme adulte ou le foie; de même avec
un zoonite, combiné à des degrés divers, la nature produira des animaux accolés, des animaux agrégés, des ra-
cémeux, comme les polypes, les diphysaires, et enfin des
animaux conglomérés. Encore ici la zoogénie pourra être
considérée comme calquée en quelque sorte sur l'organogénie; d'un fonds commun sortiront des milliers de formes.

Si, de l'assentiment même des zootomistes, qui, en apparence ont été les plus opposés à ces vues (1), cette analogie est fondée, on voit donc qu'au travers de toutes les
dissemblances de forme il sera possible au physiologiste de
distinguer l'analogie du fond, et de combiner systémati-
quement cette analogie, de manière à établir d'après elle
une série continue des organismes et des animaux, depuis
les plus simples jusqu'aux mammifères et à l'homme.
C'est cette grande vue dont Aristote est le promoteur, qui

(1) « Une des plus brillantes entreprises de l'histoire naturelle
» philosophique a été celle de faire voir qu'un grand nombre d'or-
» ganisations en apparence très différentes se laissent ramener ce-
» pendant à un plan commun, et se composent de parties de même
» nature, variant seulement dans les proportions. » (Cuvier.) Notre
illustre ami Geoffroy Saint-Hilaire n'a pas dit autre chose; mais
pour lui faire dire autre chose, on a confondu ses vues avec celles
de l'école allemande dont elles diffèrent si essentiellement.

est exprimée en zoologie sous le nom de série animale.

L'idée de la série animale en zoologie est une abstraction dont l'organogénie forme la base; car, considéré dans son ensemble, le règne animal nous présente un nombre déterminé d'élémens organiques et d'organes répartis par la nature, d'après des lois constantes à tous les êtres qui le composent. Mais cette répartition n'est pas opérée de telle sorte que le nombre de ces organes et de ces élémens organiques soit égal pour tous. La loi la plus générale qui préside à cette distribution est celle de la graduation et de la succession, soit des élémens organiques, soit des organes eux-mêmes appelés à concourir à la formation des divers animaux. Le règne animal nous offre ainsi une évolution et une métamorphose continue et permanente des matériaux de l'animalité. C'est en grand la répétition de ce qui se passe dans les évolutions et les métamorphoses de l'organogénie de l'homme. La méthode de classification naturelle reproduit cette graduation et cette inégalité de répartition des matériaux de l'animalité; elle en signale, sous les noms de classes, de familles et de genres, les évolutions les plus saillantes, en choisissant pour chaque coupe un organisme dominateur dont elle suit rigoureusement la marche et le perfectionnement dans la série. Une classification naturelle n'est ainsi qu'une table d'organogénie indiquant pas à pas la marche du perfectionnement. Or, ce perfectionnement graduel de l'organogénie dans le règne animal n'est que la copie du perfectionnement successif de l'organogénie de l'homme : l'un répète l'autre. Ainsi dans la série animale comme dans l'embryogénie humaine, l'être commencera par un état vésiculaire le plus simple, puis il se perfectionnera par additions de tissus, par additions d'organes et d'organismes. Plus les animaux acquerront de tissus et d'organes, plus ils seront supérieurs; de même que, plus l'embryon humain acquiert d'élémens organiques et d'organes, plus il est supérieur à lui-même. L'animalité et l'homme se perfectionnent par les mêmes lois.

En considérant sous ce point de vue le perfectionnement en organogénie, on peut y distinguer deux périodes : l'une relative au perfectionnement des tissus élémentaires des organismes ; l'autre relative au perfectionnement des organes eux-mêmes. De la première période sont sortis les animaux invertébrés ; de la seconde les animaux vertébrés. Or, comme en organogénie humaine les élémens des organismes précèdent les organes, que la disposition première des tissus n'est en quelque sorte que leur état embryonnaire, il s'ensuit que dans le règne animal les invertébrés sont des embryons permanens, relativement aux vertébrés. Cela étant, on conçoit que le perfectionnement des invertébrés, de même, au reste, que celui des embryons des vertébrés, devra s'opérer d'abord par addition de tissus, et c'est en effet ce qui existe. Ainsi les plus simples des invertébrés, ceux par lesquels commence l'animalité, ne sont en quelque sorte que le plus simple de tous les tissus, le tissu cellulaire modifié de diverses manières. C'est le fond commun des monadaires, des gones, des volvox, des acéphalocystes, des protées, des biphores, des ascidies, et celui même d'une partie des échinocoques (Siebold) et des polypes. La vie de ces animaux, répartie également dans toutes leurs parties, est limitée aux propriétés de ce tissu, dont les caractères sont, d'une part, l'uniformité de fonction bornée à l'exhalation et à l'absorption, et d'autre part la constance de sa reproduction lorsqu'il est divisé. De cette composition élémentaire résultent les propriétés singulières dont ils sont doués, et que nous ont dévoilées les expériences si curieuses qui montrent notamment que si l'on retourne ceux de ces animaux qui ont une cavité intestinale, l'intestin mis à la place de la peau remplit les fonctions cutanées, et la peau mise à la place de l'intestin remplit les fonctions nutritives. Les fonctions d'exhalation et d'absorption se déplacent donc ainsi à volonté sous la main de l'expérimentateur, qui, à volonté aussi, peut reproduire et multiplier indéfiniment ces animaux en les divisant et sous-subdivisant. Les animaux du bas de l'échelle se jouent ainsi en quelque sorte de la vie et de la mort, et ils doivent cette faculté au tissu primitif qui les constitue.

Si à ce tissu primitif se joint le système sanguin périphérique, on avance d'un degré dans l'échelle animale, et l'on a une partie des échinodermes ; si c'est le système musculaire, les rotifères ; si ces trois systèmes se combinent ensemble, on en voit sortir les hélianthoïdes.

Enfin le système musculaire se dessinant nettement dans l'organisation, on voit paraître le système nerveux jusque là confondu dans les parcelles diverses de l'animal. De cette nouvelle combinaison sortiront les annélides, les mollusques, et peut-être même les crustacés. Ces tissus primitifs sont donc la base fondamentale des animaux invertébrés ; c'est une histogénie complète qui se présente dans l'anatomie comparée de leur structure.

Les classifications naturelles étant basées sur le perfectionnement de l'organisation animale, si un jour la zoologie a son Bichat, la classification des invertébrés pourra donc reproduire leur structure. Ainsi l'on aura les monohystes ou les invertébrés à un seul tissu, les deutohystes, à deux tissus, les tritohystes, les tétrahystes à trois et à quatre tissus. Alors aussi on verra la zoologie, sortant du cercle étroit où elle se renferme, exercer peut-être sur la physiologie comparée la même influence que l'hystologie de Bichat a exercée sur la physiologie de l'homme ; car, dans la composition ascendante et hystogénique des invertébrés, chaque tissu apportant avec lui les propriétés qui le caractérisent, les fonctions s'accroîtront dans la même proportion, de telle sorte que la somme de la vie ou des fonctions d'un invertébré sera exactement représentée, et par le nombre des tissus qui concourront à sa composition, et par *les* degrés d'évolution qu'auront parcourus ces tissus.

Et de même, que l'on considère à leur début les animaux vertébrés, on les verra revêtir passagèrement les modifications de structure que viennent d'offrir les animaux invertébrés; on verra leur perfectionnement s'opérer d'abord par addition de tissus et par leur évolution ensuite. Avant l'imprégnation, l'animal sera représenté par une vésicule et une membrane celluleuse entourant un fluide oléagineux : ce sera un véritable monohyste. Après l'imprégnation, le blastoderme, d'où vont sortir les parties constituantes de l'embryon, offrira deux membranes, l'une externe ou séreuse, l'autre interne, celluleuse ou muqueuse : ce sera un deutohyste. Un peu plus tard une membrane vasculeuse s'interposera entre les deux premières, et ce sera un tritohyste. Enfin il deviendra tétrahyste lorsque le tissu nerveux, qui ouvre le développement des vertébrés, se détachera nettement des formations premières de l'organogénie.

Si, de ce point de départ commun de l'organogénie et de la zoogénie, on suit comparativement le perfectionnement des embryons des vertébrés et celui des animaux invertébrés, on le verra s'opérer d'une manière peu différente. En effet, un animal, de même qu'un embryon, se perfectionnera toujours, ou par une évolution nouvelle dans l'un de ses organismes principaux, ou par l'apparition d'un nouvel organe.

Ainsi, dans l'état primitif d'un embryon comme dans celui d'un polype ou d'un entozoaire, le canal intestinal manquera de foie, de glandes salivaires. Les glandes salivaires, le foie et la bouche se développeront ensuite chez les embryons comme ils se manifestent chez les crustacés, les insectes, et surtout chez les mollusques, pour ce qui concerne l'organe hépatique.

Les embryons, de même que les zoophytes et les polypes,

seront d'abord sans nul vestige d'organes reproducteurs isolés ; puis on verra paraître les corps de Wolff et d'Oken, improprement nommés reins primitifs, lesquels sont les organes reproducteurs transitoires des vertébrés, rappelant assez exactement les organes reproducteurs des annélides, des mollusques et des crustacés. Les organes reproducteurs permanens des embryons des vertébrés, si différens de ces derniers, offriront néanmoins transitoirement l'homogénéité de sexe que l'on observe sur les mollusques bivalves et sur un grand nombre d'entozoaires.

Les organes respiratoires seront formés chez les invertébrés, comme chez les embryons des vertébrés, par la lame vasculaire du blastoderme, et leur différence résultera du rapport différent de cette lame avec les deux autres. Ainsi chez les invertébrés, la lame vasculaire étant intimement liée avec la membrane externe blastodermique (Ratké), ses évolutions resteront unies à celles de cette dernière. D'où il suit que les organes respiratoires feront toujours partie constituante de la peau, et pourront se convertir en nageoires, en pieds, en antennes, en vésicules, en poils. Tels ils sont particulièrement chez les annélides, les crustacés et les insectes. Et, au contraire, chez les embryons des vertébrés, la lame vasculaire du blastoderme ayant des rapports plus immédiats avec sa lame interne qu'avec sa lame externe (Ratké), les organes respiratoires temporaires auront plus de rapports avec l'intestin qu'avec la peau. Tels sont particulièrement les vaisseaux omphalo-mésentériques des mammifères et de l'homme, la membrane ombilicale ou omphalo-mésentérique des oiseaux, et dans un âge plus avancé de l'embryon, l'allantoïde, ou la vessie ovo-urinaire des mammifères, des oiseaux et des reptiles.

Les mollusques, si remarquables parmi les invertébrés par le développement de leur appareil intestinal, serviront de passage d'un embranchement à l'autre ; car les houppes respiratoires disséminées sur l'enveloppe externe des scyllées, des tritonies, des glaucus et des éolis ; les houppes branchiales des doris, concentrées au pourtour de l'anus ; les villosités respiratoires et circulaires des patelles et des oscabrions ; et enfin, la cavité branchiale creusée dans l'épaisseur du manteau de la plupart des gastéropodes ne sont que les degrés variés des vaisseaux omphalo-mésentériques, des villosités branchiales du chorion des mammifères, et de l'allantoïde, ou vessie ovo-urinaire. En effet ce n'est que chez les céphalopodes qu'apparaissent pour la première fois de véritables branchies chez les mollusques, comparables soit aux branchies temporaires de certains reptiles, soit aux branchies permanentes des poissons.

Nous avons déjà vu que l'embryogénie du cœur des vertébrés reproduisait assez exactement l'état permanent de cet organe chez les invertébrés, sans qu'il fût nécessaire d'admettre pour ces derniers une déviation au type commun de développement, ou un plan neuf, pour prendre l'expression de M. Cuvier à l'occasion des deux cœurs de la lingule que M. Charles Owen a retrouvés dans la plupart des térébratules. C'est donc par une succession d'évolutions que les organismes de nutrition se compliquent et se perfectionnent chez les embryons des vertébrés et dans l'embranchement des invertébrés. C'est donc aussi dans ces deux états correspondans de l'animalité que devront être pris les termes de comparaison, ainsi que les rapports qui pourront lier les uns aux autres les invertébrés aux vertébrés, et même ces derniers entre eux. Sans ce rapprochement, la série animale est inévitablement interrompue, et de là vient la supériorité apparente des zoologistes qui la nient sur les zoologistes qui, étant convaincus de sa réalité, ne peuvent cependant en convaincre leurs adversaires. C'est qu'en effet, dans l'état présent de la zoologie, cette conviction est impossible à établir en ne faisant entrer en ligne de compte que les animaux parvenus au terme de leur développement.

Il suffit d'observer que la liaison et la ressemblance des formes qui servent de base à la nomenclature moderne ne sont applicables qu'à des groupes et non à l'ensemble du règne animal. Les divisions secondaires, les genres, les familles, les ordres même sont très naturellement enchaînés les unes aux autres; mais il n'en est plus ainsi ni des classes, ni des divisions principales ou sous-règnes. C'est surtout des vertébrés aux invertébrés que la ressemblance a paru d'une démonstration plus difficile, et c'est là aussi qu'ont échoué tous les efforts des classificateurs. La nature est restée inflexible, par la raison que dans toutes les sciences l'art de saisir les rapports consiste d'abord à s'appuyer sur des objets qui soient comparables. Mais au lieu de scinder d'une manière arbitraire le champ de la nature, embrassez-le au contraire dans son entier; faites entrer dans vos recherches l'immensité des faits que fournit l'organogénie; rapprochez tous ceux que possède déjà l'embryogénie comparée, et vous verrez les distances se rapprocher, et vous verrez les lacunes des coupes se combler insensiblement. Vous reconnaîtrez, grâce à cette méthode, que les organismes inférieurs des invertébrés ont leurs représentans dans les organismes des embryons des vertébrés et de l'homme. Vous retrouverez dans les formes fugitives et passagères de l'embryogénie de l'homme et des vertébrés les formes arrêtées et permanentes des organismes des invertébrés. A la vérité, de ces deux ordres d'organismes, l'un ne sera que transitoire, et ses formes, dans leur abaissement, n'auront qu'une existence passagère; l'autre sera permanent au contraire, et sa durée sera subordonnée à celle de l'animal lui-même. Les analogies seront donc dans la structure des organismes, et la différence seulement dans la durée. Mais que fait à la nature et à la science une question de temps ?

Ainsi il faut reconnaître : premièrement, que la grande question zoologique de la série des êtres se réduit à celle de la série continue des développemens des organismes considérés dans l'ensemble des animaux.

Secondement, que la méthode différentielle exclusivement employée en zoologie jusqu'à MM. Geoffroy père et fils, était, de sa nature même, incomplète, puisqu'elle n'embrassait que la moitié de la question.

Troisièmement enfin, que l'explication des animaux ne saurait être donnée sans l'union de la méthode des analogies avec celle des différences.

Quand cette vérité, qui commence à se faire jour, sera reconnue; quand il sera généralement reçu que les invertébrés ne sont que des embryons permanents des vertébrés, on ne verra pas les plus belles recherches sur les infusoires et sur d'autres invertébrés appliquées à élever ces animaux à un rang que leur a refusé la nature (1); on ne verra pas les zootomistes les plus célèbres affirmer que les invertébrés sont construits sur un plan différent des vertébrés, et que par conséquent leurs règles de formation et leur mode de développement ne sauraient être les mêmes (2). On ne verra pas les hommes les plus habiles s'épuiser en efforts superflus pour donner une moelle épinière et un cerveau aux infusoires, aux annélides, aux mollusques, aux insectes et aux crustacés, qui n'ont et ne peuvent avoir dans l'ordre des développemens ni cerveau ni moelle épinière. On ne verra pas, en un mot, dans les principes de la science cette désunion qui contraste avec l'identité des faits que l'organogénie dévoile dans le développement des êtres de toutes les classes.

On trouverait au contraire, dans l'application de ce rapport nouveau, la raison de plusieurs particularités caractéristiques des invertébrés, et qui les rapprochent des ver-

(1) Voy. les beaux travaux de M. Ehrenberg sur les animaux infusoires.

(2) M. Baer.

tébrés. On y verrait d'abord que la variabilité de forme des invertébrés, et par suite de leur classification, variabilité qui contraste en quelque sorte avec la fixité des formes et la fixité de la classification des vertébrés adultes, est reproduite et répétée par la variabilité des formes des embryons; de telle sorte que si l'embryologie des vertébrés était aussi avancée que celle de l'homme, et si, d'après les procédés de la zoologie différentielle, on divisait leurs embryons des diverses espèces et des divers âges en classes, genres et espèces, on verrait cette classification des embryons reproduire les principales coupes et les divisions principales de celle des animaux invertébrés. Plus on remonterait vers l'âge primitif des embryons, plus on multiplierait les genres et les espèces, comme cela existe, en remontant la série zoologique, pour les polypes, les infusoires, et même pour les annélides.

On y verrait en second lieu que, comme chez les jeunes embryons, la structure du plus grand nombre des invertébrés est constituée principalement par des tissus primitifs et élémentaires, dont les transformations les font varier et les diversifient, comme elles diversifient et font varier entre eux les embryons des vertébrés.

On y verrait encore que, dans un âge plus avancé, les caractères différentiels des embryons seraient fournis par le balancement alternatif de leurs organismes, notamment celui des sytèmes sanguin et nerveux, et des appareils nutritif et respiratoire; et c'est aussi sur le balancement de ces systèmes et de ces appareils que reposent les caractères distinctifs des coupes les plus élevées des animaux invertébrés.

Enfin, tout ce qui nous étonne et nous choque en quelque sorte dans la vie des animaux invertébrés, trouverait des traits frappans d'analogie dans la vie embryonnaire des animaux vertébrés et de l'homme lui-même.

Ramenée ainsi à sa véritable expression, l'organisation

des invertébrés reproduirait donc sur un plán fixe les données organogéniques que nous avons tant de peine à saisir
dans le plan si mobile de l'embryogénie des vértébrés.
Comme chez ces derniers, en effet, les organismes suivent
une marche ascendante, et sont assujettis dans cette marche aux mêmes règles de développement. De même que les
vertébrés, les invertébrés supérieurs traversent dans leurs
périodes de formation les organisations permanentes des
invertébrés inférieurs; en sorte que ces derniers ne sont
aussi que des embryons permanens des premiers. Et les
expériences seront plus décisives encore chez les invertébrés que chez les vertébrés; car ce qui chez ces derniers
s'opère à l'intérieur et avec une rapidité qui en rend l'observation très difficile, s'exécute à l'extérieur chez les premiers, et le plus souvent avec une lenteur qui permet à
l'observateur d'en calculer tous les temps et d'en mesurer
toutes les variations.

De la marche parallèle des organismes chez les vertébrés
et chez les invertébrés ressort un résultat des plus sin-
guliers et des moins attendus. Tandis, en effet, que chez
les vertébrés les métamorphoses organiques n'influent que
sur les organismes qui en sont le siége, sans changer ni
altérer l'espèce ou la famille, chez les invertébrés, au contraire, mais surtout chez les inférieurs, chaque métamorphose, chaque transformation donne naissance à une espèce,
à une famille, à un genre nouveau. Les genres, les familles,
les espèces, limités chez les vertébrés, semblent devoir être,
pour cette raison, illimités chez les invertébrés; de sorte
encore que si jamais on recherche la cause d'un effet si
opposé dans les deux embranchemens, on la trouvera peut-
être dans la vie parasite des embryons des vertébrés, opposée à la vie libre et indépendante du plus grand nombre
des invertébrés. Le parallèle de ces deux vies nous mettra
en outre sur la voie des conditions de la vie utérine pour
l'homme et les mammifères; d'où pourra même jaillir quel-

que lumière sur la cause des avortemens si fréquens dans l'espèce humaine.

Remarquons, en effet, que chez les invertébrés la vie s'exécute librement dans des conditions organiques que nous qualifions de monstrueuses chez les vertébrés, parce qu'en effet les invertébrés ne sont souvent que des monstruosités vivantes, si on les compare aux vertébrés parfaits. Ainsi une partie des polypes, une partie des animaux infusoires, sont *anentériques* ou sans canal intestinal, de même que les môles rejetées de l'utérus de la femme. Une autre partie ne présente que la partie antérieure du canal alimentaire : tels sont les alcyons, les gorgones, les vérétilles, les cornullaires, les pennatules, les kolpodes, et quelques vorticelles parmi les infusoires. Les monstres acéphales sont privés de ce que l'on nomme tête chez les invertébrés. De même un grand nombre, même dans les classes élevées, manque de cœur. Ces mutilations, ces privations d'organes sont incompatibles avec la vie extérieure des vertébrés. Un acéphale privé de cœur, ou même d'une partie du canal intestinal, meurt en venant au monde; mais avant d'y entrer, il a eu sa vie propre dans l'utérus; il a parcouru une vie particulière; en un mot, il a déjà consommé une vie d'animal invertébré. Tout le monde sait, en effet, qu'avant de venir à la lumière, toutes les monstruosités des mammifères sont vivantes dans l'utérus; mais ce que l'on sait moins, parce que jusqu'à ce jour les observations n'ont pas été dirigées vers cet objet, c'est qu'il y a pour ces monstruosités une échelle de viabilité utérine; condition d'une haute importance philosophique, puisqu'elle prouve une sorte d'indépendance de l'être dans la vie embryonnaire. Ainsi un fœtus privé d'un membre vit plus long-temps dans l'utérus qu'un autre privé de cœur et de tête, comme ce dernier à son tour périt plus promptement qu'un troisième auquel il ne manque que la tête. Ces faits, dont la science est déjà si riche, sont de nature à éclairer, par la physiologie, la question si controversée en anatomie sur la communication vasculaire de la mère à l'enfant. Supposez que cette communication existe, qui ne voit que sa cessation ou le détachement naturel du fœtus devrait se faire à la même époque, qu'il soit monstrueux ou qu'il ne le soit pas? Que ferait à cette communication la déformation du fœtus, si la vie embryonnaire n'était qu'une sorte de greffe de l'enfant sur la mère? Si au contraire, dans sa vie embryonnaire, l'enfant jouit d'une sorte d'indépendance, on conçoit que les déformations ou les maladies dont il peut être atteint abrégeant sa vie, devront nécessairement influer sur son avortement, puisqu'un cadavre ne peut rester long-temps dans le sein de la mère.

On peut juger par cela seul de l'influence que devra exercer sur les progrès de l'organogénie le parallèle suivi de l'organisation permanente des invertébrés avec l'organisation transitoire des embryons des vertébrés ; mais j'en donnerai cependant encore quelques autres exemples.

La gradation successive des organismes de l'embryon de l'homme et des vertébrés est un des faits d'organogénie qui a le plus été contesté. On veut toujours qu'un embryon soit la miniature exacte de l'animal parfait. Or, cette expérience, si difficile à suivre chez les jeunes embryons, se répète chez les invertébrés avec des conditions on ne peut pas plus favorables à sa vérification.

Ainsi le lombric terrestre, parvenu au terme de son développement, diffère beaucoup du polype, du tænia, de l'hélianthoïde et de l'arénicole ; mais quand on suit ses métamorphoses diverses, on le voit dans sa première période répéter le polype, dans sa seconde le tænia, dans sa troisième l'hélianthoïde, et dans sa dernière l'arénicole. Ce qu'il y a même de remarquable, c'est que par les expériences de régénération on trouve la contre-preuve de cette élévation successive des organismes du lombric terrestre ; car on les fait descendre par ces expériences de la même manière qu'ils sont montés par le développement naturel. Ainsi les premières régénérations reproduisent sur les nouveaux segmens la structure des arénicoles ; les secondes, pratiquées sur les nouveaux anneaux, reproduisent l'hélianthoïde ; les troisièmes et dernières ramènent les zoonites produites à la structure du polype ; car la force de reproduction s'affaiblit et s'épuise par son action, de la même manière que s'affaiblit et s'épuise la reproduction des tissus organiques de l'homme, par une régénération trop souvent répétée (1).

En répétant ces expériences sur le lombric terrestre, j'ai pu vérifier l'exactitude des zoologistes qui en distinguent plusieurs espèces, et par un examen comparatif j'ai pu me convaincre que ces diverses espèces ne sont que des temps d'arrêt de développement de l'espèce la plus élevée qui peut servir de type. Les espèces chez les invertébrés pourraient donc n'être que le résultat de modifications produites par une métamorphose de plus ou de moins. La métamorphose la plus élevée serait le type idéal du genre ; la plus abaissée constituerait la dernière espèce. D'où il suivrait que les évolutions, considérées dans les organes, donnant naissance aux espèces organiques diverses que l'anatomie comparée décrit, les mêmes évolutions considérées dans les organismes produiraient en zoologie les espèces animales.

Il est clair qu'il faut ici marcher avec le même esprit dans la zoologie que dans l'anatomie comparée. Or qu'arriverait-il si, considérant chaque organe, on s'arrêtait d'une

(1) C'est en particulier le cas des ulcères : une première, une seconde ou troisième cicatrisation donne naissance à un tissu résistant et qui se rapproche de l'état normal ; mais au-delà, les tissus reproduits sont descendus, ils restent dans l'état embryonnaire par où ils commencent chez le jeune embryon ; l'ulcère est dit alors atonique, le plus souvent même il reste incurable. C'est aussi le cas des masses tuberculeuses développées, soit dans le poumon, soit dans les autres organes.

manière absolue à toutes les différences que chaque évolution y engendre? On serait évidemment porté à considérer ces divers états comme des espèces organiques diverses. Ainsi, en supposant à un organe quatre évolutions principales, comme nous les offre la prostate de l'homme, ou huit et dix, comme nous en présente son rein, on aurait dans l'espèce humaine huit espèces de reins et quatre espèces de prostates (1). Ce que l'on n'a pas fait en anatomie comparée, parce que les progrès de l'anatomie de l'homme s'y opposaient, est précisément ce qu'on a fait en zoologie pour les animaux inférieurs. On a pris et décrit comme espèces différentes les métamorphoses diverses qu'une même espèce subit pour arriver dans l'ordre général de la nature de son point de départ au terme de son développement. De là, leur multiplication exagérée. Il me paraît essentiel d'insister sur ce point fondamental en le précisant par des exemples.

Quand on suit au microscope le développement des animaux infusoires, on voit ces petits êtres revêtir successivement des formes bien différentes les unes des autres : tandis que les uns s'arrêtent au début de leur développement, les autres se transforment en avançant. A chaque pas que font ces derniers, ils laissent leurs congénères en arrière; ils ne font, pour ainsi dire, que traverser leur organisation. Les kolpodes sont, des genres un peu élevés, celui sur lequel nous avons le mieux suivi cette transformation des formes. Au moment de la ponte, les œufs sont des monades ternes, plongées dans un mucilage incolore qui rappelle l'albumen de l'œuf; dans un instant presque indivisible, cet albumen se sillonne de petites nervures auxquelles les œufs sont appendus par des hiles si ténus qu'il faut, pour les distinguer, un très fort grossissement. Le

(1) M. Chevreul. Voyez ses remarques sur l'espèce en général. L. C.)

hile est une sorte de cordon ombilical par où l'embryon du kolpode reçoit la nourriture. Aiusi fixé, il se développe en revêtant les formes des diverses espèces de monades, puis des volvoces et des gones. Au moment où il se détache, c'est le kolpode cucullus; un peu plus tard, c'est le kolpode rein, lequel a revêtu successivement les formes des genres qui lui sont inférieurs.

Mais tous les embryons de kolpode n'ont pas la patience d'attendre la série de métamorphoses qui doit les amener à ce point; plusieurs se détachent en route. Or, selon la période où ils acquièrent leur liberté, ce sont des monades, des volvoces ou des gones, ayant leur individualité propre et leur vie indépendante du groupe d'embryons associés dont ils faisaient partie. Les embryons détachés deviennent alors des espèces, des genres toujours inférieurs au kolpode rein, qui est le dernier terme de leur transformation (1). La vorticelle variable, verte ou blanche, m'a présenté dans ses développemens des transformations analogues.

L'évolution des espèces inférieures par les métamorphoses d'une espèce plus élevée a déjà été entrevue chez les vorticelles par M. Ehrenberg. Les transformations nombreuses que traverse dans ses développemens la vorticelle muguet (*convallaria*) ont été ramenées, par ses belles recherches, à leur véritable expression. Observé à ses différens âges, l'embryon de cette vorticelle diffère tellement de lui-même, que c'est avec raison, d'après les principes de la zoologie différentielle, que chacune de ses évolutions a été considérée, d'abord comme une espèce distincte par Muller, puis comme un type de genre par Lamarck et

(1) Les vésicules des kolpodes ont été prises par M. Bory de Saint-Vincent pour des monades intérieures qui deviennent libres par la mort de l'individu. Cette observation a été réfutée, mais à tort, par M. Ehrenberg.

d'autres zootomistes. Mais c'est avec plus de raison encore que M. Ehrenberg a réduit ces espèces et ces genres, en montrant que les caractères qui leur servent de base ne sont que les formes transitoires de la vorticelle muguet. « Je me suis convaincu, dit M. Ehrenberg, que douze es-
» pèces de Muller, du genre vorticelle, ne sont que les
» états divers d'une seule et même treizième espèce, et
» qu'avec ces douze espèces supposées, Lamarck, Schrank
» et Bory Saint-Vincent, ont formé six genres nouveaux,
» c'est-à-dire les *ecclissa, ridella, kerobalana, urceolaria,*
» *craterina* et *ophrydia,* qui ne sont tous que des âges
» différens de la vorticelle convallaria. » Voilà donc douze espèces et six genres retranchés de la science par une observation d'organogénie ! Qui portera enfin ce flambeau dans la zoologie, la débarrassera de cette multitude d'espèces et de genres qui l'encombrent, et qui, selon l'expression de Cuvier lui-même, *ne servent qu'à augmenter le désordre et qu'à le rendre plus difficile à débrouiller* (1)?

Dans le genre nouveau que j'ai décrit sous le nom de *rotelline*, je me suis attaché à montrer que les nombreuses espèces que présente ce singulier infusoire ne sont toutes que de simples modifications de l'espèce à huit rayons, qui doit servir de type.

Parmi les mollusques, c'est dans le genre *acères,* ou gastéropodes sans tentacules apparens, que l'on s'aperçoit le mieux des liens étroits qui unissent les mollusques à coquille et les mollusques nus. C'est dans ce genre que l'on peut suivre avec évidence la formation de la coquille ou la testogénie, car on y trouve tous les degrés de déve-

---

(1) Cuvier, *Mém. sur les mollusques*, genre THÉTYS. Consultez sur ce sujet les travaux zoologiques si remarquables de MM. Geoffroy Saint-Hilaire père et fils.

loppement de cette sorte d'armure protectrice, depuis sa simple figure tracée dans la forme d'un manteau tout-à-fait charnu, jusqu'à une coquille épaisse, solide, spirale, et donnant un asile suffisant pour le corps entier de l'animal.

Sous le rapport de la formation de la coquille, les espèces composant ce genre sont des embryons permanens les uns des autres, sur lesquels on peut suivre son développement bien mieux qu'on ne saurait le faire sur les jeunes embryons de quelque mollusque que ce soit.

Néanmoins M. Dumortier a fait, pour la formation de la coquille, des observations analogues et non moins remarquables. En suivant le développement des mollusques gastéropodes, il a constaté que la coquille du *limneus ovalis* revêt successivement, dans le cours de sa formation, les caractères propres à des espèces qui lui sont inférieures. « Dans le même moment, dit cet ingénieux observateur, » le test commence à se former à l'extrémité de l'embryon. » D'abord il présente la forme du test d'une *patelle;* mais, » en s'accroissant chaque soir, il passe tour à tour par les » formes de la *testacelle,* de la *crépidule,* de l'*ancyle,* du » *cabochon;* et, lorsque l'animal éclôt, il présente celle de » la *succinée.* » Voilà donc encore cinq espèces de coquilles qui ne sont qu'un point d'arrêt permanent des cinq formes transitoires que traverse en se développant la coquille du limné ovale.

M. Joly a répété l'observation de M. Dumortier à l'occasion du développement du test bivalve d'un genre nouveau qu'il vient d'établir parmi les crustacés, sous le nom d'*isaura cycladoïdes.* Voici la manière dont il expose ce développement : « L'*isaura cycladoïdes* n'acquiert son » test bivalve et sa forme définitive qu'après une série de » métamorphoses pendant lesquelles il rappelle successi- » vement la forme des *artemia,* des *branchipes* et des » *apus* encore très jeunes; puis celle des *daphnies,* des

» *lyncées*, des *cypris*, des *limnadies* et des *cyziques* par-
» venus à l'état adulte (1). »

Plus on avancera dans cette direction et plus l'organogénie fera de progrès, plus on acquerra la conviction que
les caractères différentiels des êtres organisés sont dus à ce
que les mêmes organismes sont tantôt plus et tantôt moins
développés. Les insectes à demi métamorphose ne sont-
ils pas un temps d'arrêt permanent des insectes à métamorphose complète? Les premiers ne sont-ils pas des embryons déjà avancés des seconds? En suivant, par exemple,
l'embryogénie de l'abeille, ne voit-on pas la division de ses
anneaux, d'abord dans l'état où les présentent les hémiptères, puis dans celui que nous offrent les orthoptères,
puis enfin les coléoptères? Les hémiptères, les orthoptères
et les coléoptères ne seraient donc, sous ce rapport, que
des embryons permanens de l'abeille.

En faisant aux crustacés l'application de ce principe de
zoogénie, choisissons un exemple qui nous place sur un
des points inextricables de la classification des invertébrés.
Prenons pour terme l'organisation si bizarre des cirripèdes.

Quel tourment ces petits êtres ont donné et donnent encore aux classificateurs! On composerait un volume de
tout ce qui a été écrit pour les comprendre, tantôt parmi
les échinodermes, tantôt parmi les mollusques, tantôt
parmi les annélides, tantôt enfin parmi les crustacés. Or,
ce qu'il y a de remarquable, c'est que l'imperfection de
leurs organismes justifie toutes ces déterminations; ce qu'il
y a de plus remarquable encore, c'est que, malgré les beaux
travaux dont ils ont été l'objet depuis Poli jusqu'à MM. Cuvier, Thomson, Burmeister et Martin Saint-Ange, les anatifes et les balanes errent encore de classe en classe; de

(1) Voy. *Comptes-rendus de l'Académie des sciences*, 6 dé-
cembre 1841, p. 1068.

sorte que ces animaux attendent toujours que les classificateurs veuillent bien leur assigner la place qu'ils doivent
définitivement occuper.

D'où provient leur indétermination? Comment la disposition de leurs organismes permet-elle qu'on les range,
tantôt si bas et tantôt si haut? Comment l'organogénie
pourra-t-elle expliquer une contradiction si patente? Elle
l'expliquera par ses procédés ordinaires, si les cirripèdes
sont des embryons arrêtés dans leur développement. Supposez, en effet, que les anatifes et les balanes soient des
crustacés en marche de formation; supposez encore que
cette formation s'arrête à une période déterminée, n'est-il
pas évident que leurs organismes devront porter le cachet
de cet arrêtement? N'est-il pas évident aussi que vous les
classerez plus ou moins bas, selon que vous prendrez pour
base de votre détermination un organisme plus ou moins
descendu? Or, ce c'est qui est arrivé.

Sans nous arrêter à justifier ces divers classemens, montrons que les cirripèdes ne sont que des embryons permanens de crustacés, en mettant leurs organismes en parallèle avec l'embryogénie de l'écrevisse. Le beau travail de
M. Ratkhé va nous fournir les termes de cette comparaison.

Les cinq pièces dont est formée la coquille des anatifes,
les trois paires de mâchoires, le fractionnement de leur tube
alimentaire, la position dorsale de l'anus, le vaisseau élargi
qui représente le cœur, le recourbement du corps non encore articulé et portant des pattes, enfin le système nerveux
représenté par une double chaîne de ganglions, sont les
caractères saillans des cirripèdes, et de là provient la dés-
harmonie de leur structure. Si la disposition de la coquille
a permis à M. Cuvier de les rapprocher des moules, celle
du système nerveux justifie encore mieux l'analogie que
M. Martin Saint-Ange leur a trouvée avec les annélides.
Or, les unes et les autres réunies nous montrent en perma-

nence chez les cirripèdes des états organiques qui ne sont que fugitifs et passagers dans l'embryon de l'écrevisse.

Ainsi, à la deuxième et troisième période de son développement, la carapace de l'écrevisse rappelle la coquille de l'anatife; l'embryon y est recourbé et enfermé comme dans un thorax très développé, de même que les cirripèdes. En même temps son corps inarticulé soutient des pattes, le cœur est représenté par un vaisseau dorsal, les branchies sont dans une position semblable, le canal alimentaire est fractionné, l'anus est situé à la région dorsale, la bouche est composée seulement de trois paires de pattes, enfin, de même que chez les anatifes et les balanes, le système nerveux représente une double chaîne de ganglions, située sur la pièce sternale de MM. Audouin et Milne-Edwards.

Supposez que l'écrevisse s'arrête à cette période, ne serait-ce pas alors une véritable anatife? Les organismes ne seraient-ils pas alors d'une analogie presque complète? Mais tandis que les cirripèdes se fixent à cette période de formation embryonnaire de crustacé, l'écrevisse parcourt ses développemens en laissant en arrière les animaux dont elle a passagèrement revêtu les caractères. Les cirripèdes sont donc des écrevisses ou des crustacés embryonnaires (1).

Cette conclusion en renferme une autre; car si à une époque donnée l'embryon de l'écrevisse reproduit l'état des organismes des anatifes et des balanes, on voit que les

(1) Le tableau qui suit montre l'exactitude de cette proposition si capitale de la zoologie.

Embryogénie de l'écrevisse. — Deuxième et troisième période.	Organologie permanente des cirripèdes.
1° Carapace divisée en cinq parties.	1° Cinq pièces formant la coquille des anatifes et des balanes.
2° Division en deux parties du tube alimentaire.	2° Deux tubes alimentaires enchâssés l'un dans l'autre.

vues zoologiques émises sur les cirripèdes sont également applicables à cet embryon. Or, comme on a cherché à les ranger parmi les échinodermes, les annélides et les mollusques, l'embryogénie de l'écrevisse reproduit donc au même degré que les anatifes et les balanes l'échinoderme, le mollusque et l'annélide. Si l'on admet les faits, comment repousser les conséquences ?

Quoi qu'il en soit, remarquons que, de même que l'embryon de l'écrevisse traverse dans ses développemens les états organiques des cirripèdes, qui leur sont inférieurs, de même les anatifes et les balanes, répètent, passagèrement aussi, dans leur formation, les oscabrions et les patelles, qui, dans l'échelle zoologique, sont placés beaucoup plus bas. C'est, comme on le voit, et comme on le verra par la suite encore, une chaîne continue de ressemblances et de répétitions des organismes, qui, selon la judicieuse remarque de M. Isidore Geoffroy Saint-Hilaire, rend presque indéterminable *l'espèce zoologique.*

Des rapports analogues se déduisent des observations si remarquables de MM. Carus, Armand de Quatrefages, Dumortier et Dugès, sur le développement des anodontes, des gastéropodes et des céphalopodes. En comparant les états passagers des organismes de ces embryons des mollusques aux organismes permanens des mollusques qui leur sont inférieurs, on retrouve dans cette classe la reproduction des faits que vient de nous montrer la comparaison des

3º Corps inarticulé.	3º Inarticulation du corps.
4º Cœur à l'état de canal.	4º Canal dorsal représentant le cœur.
5º Trois paires de pattes à la bouche.	5º Bouche composée de trois paires de pattes.
6º Anus situé passagèrement à la région dorsale.	6º Position permanente de l'anus à la région dorsale.
7º Axe nerveux formé par deux séries de ganglions.	7º Deux séries de ganglions formant l'axe nerveux.

anatifes et des balanes avec les diverses périodes de l'embryogénie de l'écrevisse.

Notre conclusion peut être regardée comme suffisamment justifiée dès à présent : la zoogénie n'est ainsi qu'une organogénie fixe et permanente.

CHAPITRE VIII.

Du principe des déterminations en organogénie. — Caractères des sciences descriptives et générales.

Dès à présent, il est donc établi en organogénie et en embryogénie générale :

Que les organes sont des corps composés ;

Que primitivement les matériaux ou les élémens qui les composent sont multiples et désassociés ;

Que c'est du mode de leur réunion que résultent les principales variations organiques, et peut-être aussi la disposition fondamentale des animaux les plus inférieurs.

Il est établi encore :

Que plus on descend dans l'échelle animale, ou que plus on s'élève dans la vie embryonnaire, plus on voit se multiplier le fractionnement des organismes ;

Que par conséquent ces deux états de l'animalité se correspondent chez les animaux inférieurs, et dans le cours de l'embryogénie des animaux supérieurs ;

Que ce fait général se reproduisant dans tout le règne animal, il en résulte que l'organogénie est une anatomie comparée transitoire, comme à son tour l'anatomie comparée est en quelque sorte une embryogénie générale permanente.

Il est établi enfin :

Que de la complication des organismes chez les embryons

et les animaux, et des évolutions qu'ils subissent dans ces deux états, résultent les espèces organiques, et peut-être aussi les espèces animales, principalement dans l'embranchement des invertébrés.

D'où il suit qu'en supposant aux organismes un point de départ commun, leurs différences s'établissent par le plus ou moins grand nombre d'évolutions qu'ils éprouvent dans le cours de leurs développemens.

D'où il suit encore que pour fonder sur des résultats positifs, soit l'échelle des êtres, ou, ce qui revient au même, l'échelle de leurs organismes, il faut comparer les deux états de l'animalité à l'époque où ils se correspondent, c'est-à-dire l'embryogénie des animaux supérieurs avec l'organisation fixe et arrêtée des animaux inférieurs.

Ces premiers principes posés, des difficultés nouvelles se présentent dans la théorie de l'épigénèse des formations. On conçoit en effet, d'après ce qui précède, combien il devient difficile de conserver un fil conducteur au milieu de ces variations continuelles, de ces combinaisons si diversifiées des matériaux constitutifs des organes, soit dans le règne animal, soit dans le cours de l'embryogénie générale. Les métamorphoses changent en effet si complétement les organes et les organismes, que, sans une méthode sévère de détermination, on serait exposé à combiner des organismes très abaissés avec des organismes très élevés; à rapprocher des élémens organiques qui se repoussent, et à tenir à distance d'autres élémens qui se commandent réciproquement; à composer, en un mot, de vrais monstres scientifiques.

Afin d'éviter cette confusion qui a déjà produit de si fâcheux résultats dans la détermination des organismes chez les invertébrés, il est plus que jamais nécessaire de poser des règles qui puissent servir de guide et faire cesser l'arbitraire de cette partie de la science. C'est donc ce que nous avons à essayer présentement.

Déterminer, dans les sciences anatomiques, c'est fixer les

principes d'après lesquels on doit distinguer un organe, un système d'organes. La détermination est la base de la philosophie de ces sciences, comme les faits sont la base de leur partie matérielle. Ce sont là des vérités incontestées. Mais les naturalistes, jusqu'à ces derniers temps, se sont attachés à déterminer les parties, tantôt par la seule considération de la fonction, tantôt par la considération de la forme, d'autres fois par celle de la forme et de la fonction réunies : la position et les connexions étaient en général presque entièrement négligées. Cette variation dans les méthodes de détermination est si entièrement liée à la marche progressive de nos connaissances en anatomie, qu'il me paraît nécessaire de remonter ici brièvement à leur source.

La philosophie des anciens, le platonisme surtout, planait au-dessus de la nature. Aristote, le premier, la fit, si l'on peut ainsi dire, descendre des nues sur la terre, pour la rendre applicable aux besoins physiques et moraux de l'homme. Le spiritualisme de Platon prit en quelque sorte un corps dans la philosophie d'Aristote, et ce corps conduisit nécessairement à l'étude des formes organiques dont on trouve une heureuse application dans l'*Histoire des animaux*. Mais cet ouvrage ne renfermait encore que des vues d'ensemble sur le règne animal ; les descriptions n'y étaient ni minutieuses ni approfondies, parce que nul besoin n'en faisait sentir la nécessité. Mais des exigences de la médecine devait bientôt naître cette nécessité. Sortie des temples pour soulager l'homme souffrant, la médecine ne tarda pas à reconnaître dans les maladies une déviation de l'action normale des organes, et la raison ne tarda pas à dévoiler aux médecins que, pour apprécier le trouble des fonctions qui forme l'essence de toute maladie, il fallait d'abord connaître l'état régulier de ces mêmes fonctions. Or les fonctions n'étant que le résultat de l'action de leurs appareils, leur étude exigea naturellement celle des appareils ou des organes. Le but définitif étant la connaissance et l'appréciation des maladies, la physiologie fut donc par là même subordonnée à la médecine, comme à son tour l'anatomie fut nécessairement toute subordonnée à la physiologie. La forme organique fut ainsi ce que la fonction exigeait qu'elle fût.

Mais la fonction est un résultat absolu ; le moindre trouble, le moindre changement entraîne la maladie, celle-ci entraîne la mort ; donc l'organisme, subordonné à la fonction, doit être comme elle immuable et absolu. Telle fut la conclusion à laquelle Galien fut inévitablement et logiquement conduit dans son traité si remarquable *De l'usage des parties.* Ce fut aussi là l'origine de l'application des causes finales aux organismes de l'homme et des animaux. Ils étaient ce qu'ils devaient être pour atteindre le but pour lequel ils avaient été créés. Les supposer différens de ce qu'ils sont chez l'être parfait jouissant du plein exercice de ses fonctions aurait semblé comme un blasphème contre le Créateur, qui, selon Galien encore, avait instruit les animaux à se servir de leurs appareils (1). Quoique subordonnée, la forme fut donc supposée immuable, et l'anatomie fut entièrement dévolue au service de la physiologie, comme celle-ci l'était à celui de la médecine : aussi voit-on que, lorsque le système des préexistences a eu besoin de l'immutabilité des organismes et de leur action à toutes les périodes de l'existence des êtres organisés, il a trouvé cette doctrine tout établie dans les œuvres de Galien. On voit de même comment et pourquoi le créateur de la physiologie a pu dire : *La fonction seule détermine en anatomie.*

Galien avait dessiné les fonctions chez l'homme implicitement ; il avait donc défini, conformément à ses vues, la disposition des appareils. Toucher à ce système, c'était

(1) « Quod partes omnes ipsius animalis pulchre construxerit (creator), sed quod ipsum etiam eis uti docuerit. » (Galen., *de Usu part.*, lib. XVII.)

ébranler son édifice physiologique et atteindre son hypothèse des causes finales ; c'était s'exposer aux anathèmes
dont les galénistes accablaient leurs adversaires. Vésale y
toucha et paya de sa vie cette audacieuse témérité. Vésale
disséquait l'homme que n'avait pas disséqué Galien ; Galien
s'était trompé, et la chose était simple ; Vésale le dit ; mais
Sylvius lui répondit qu'il valait mieux croire que la nature
s'était déviée de ses lois ordinaires, que de mettre en doute
l'infaillibilité du médecin de Pergame. Cette décision tran-
cha les difficultés pour un moment. Mais croire n'est pas
démontrer en anatomie, répondirent à leur tour les Bé-
ranger, les Eustachi, les Fallope, et tous les successeurs
de Vésale. Quelque grand que fût le génie de Galien, comment eût-il pu déduire avec précision la forme et la disposition des organes de l'homme de la disposition et de la
forme des organes des animaux? On alla donc en avant ;
on décomposa l'homme, on sépara les unes des autres les
parties diverses qui entrent dans sa composition; cette séparation opérée, on les étudia isolément et collectivement,
en les considérant sous toutes leurs faces, et de ce labeur
immense sortit enfin l'anatomie descriptive de l'homme, ce
miracle que l'on enfouissait depuis des siècles dans les tom-
beaux, sans le voir (1).

L'homme une fois décomposé en ses divers élémens, il
a fallu distinguer ces élémens les uns des autres, leur attacher des noms particuliers, les diviser en groupes pour en
faciliter l'examen et retenir leurs attributs. Ce second temps
a donné naissance à la *distinction des organes* et des tissus,
par la comparaison de leurs caractères; à leur nomenclature, par l'attribution à chacun d'un nom qui rappelât son
individualité ; enfin à leur classification, en réunissant dans

(1) L'enthousiasme que fit naître la contemplation de l'homme
fut exprimé par ce peu de mots : *Constructio hominis enarrat
gloriam Dei.* (J. Ch., P. M.)

un même groupe tous les organes qui avaient des caractères généraux et communs. Jamais mouvement scientifique ne fut si rapide, ni marqué par des découvertes plus nombreuses, plus positives, et surtout d'une application plus immédiate aux besoins de l'homme : aussi les sciences naturelles, cultivées alors par des médecins, s'empressèrent-elles d'imiter les procédés de l'anatomie humaine dans la détermination des objets dont elles s'occupaient, dans leur nomenclature, dans leurs classifications. La *botanique*, la *zoologie*, l'*anatomie comparée*, la *minéralogie*, la *géologie*, la *chimie*, ne sont en effet, on peut le dire, sous ce triple rapport, que des calques de l'anatomie humaine, qui les a toutes devancées. Ainsi, déterminer un *organe*, un *corps*, un *animal*, lui donner un nom, le décrire dans tous ses détails et le ranger à sa place dans un cadre de classification, tels sont les caractères des sciences descriptives, et par conséquent la forme et ses variations en constituent la base et pour ainsi dire l'essence.

Ce rapide aperçu suffit donc pour montrer, d'une part, comment l'anatomie descriptive se détacha de la physiologie, et de l'autre comment, dans les déterminations organiques, la considération de la forme fut substituée à celle de la fonction. La méthode d'Aristote, essentiellement descriptive, négligeait la fonction pour la forme ; celle de Galien, essentiellement rationnelle, négligea la forme pour la fonction. La première de ces méthodes portait dans ses flancs les sciences descriptives ; la seconde y renfermait les sciences générales ; la vérité se trouvait dans leur combinaison, et ce fut Haller qui l'opéra. Il fonda la détermination sur la forme et la fonction réunies, en subordonnant toutefois l'usage à l'appareil. La méthode de Haller embrassait par là les sciences descriptives et générales. Sans revenir sur ce que nous avons déjà dit à ce sujet, nous ferons seulement remarquer que l'homme et la nature seraient mal connus dans leur ensemble, dans leur harmonie, dans leur but, si nos connaissances se bornaient à ce que renferment les sciences descriptives. Quelque indispensables que soient les vérités de détail dont se composent ces dernières sciences, on sent que ces vérités ne sont pas détachées les unes des autres; on sent qu'elles se touchent, qu'elles se lient entre elles par des rapports divers et nombreux, par quelque chose de commun qui leur sert en quelque sorte de principe ou de point de départ. L'étude de ces rapports, la recherche de ces principes, constitue donc une série nouvelle de faits généraux à découvrir pour avoir la clef de toutes ces vérités particulières, et en former un corps de doctrine. C'est le but des sciences générales.

Ici encore l'anatomie a ouvert la route aux autres sciences naturelles. Ainsi que nous l'avons déjà vu, on trouve les racines de cette méthode dans Aristote et dans Galien. Mais en anatomie générale, de même qu'en anatomie descriptive, ils ne purent en faire qu'une application imparfaite. La cause en est dans l'essence même des sciences générales. Si les sciences descriptives sont composées de faits de détail, les sciences générales ne le sont que de faits d'ensemble. Dans les sciences descriptives, on est toujours à la recherche des caractères différentiels des faits. Dans les sciences générales, on est à la recherche de leurs rapports. Dans les premières, on dissèque la nature, on isole les faits. Dans les secondes, on les lie, on les enchaîne par la force des analogies. L'étude de l'analogie des êtres organisés forme donc l'essence des sciences générales, comme celle de leurs caractères différentiels forme l'essence des sciences descriptives. Et de là dérivent leurs différences, leur subordination, la simplicité des sciences descriptives, la complication et l'étendue des sciences générales.

Remarquez, en effet, que pour saisir les caractères différentiels d'un corps, d'un organe, d'un animal, il faut l'étudier uniquement à l'époque de son complet développement.

Les sciences descriptives ne renferment ainsi que l'histoire d'un temps donné des êtres naturels. Pour l'anatomie humaine, c'est l'âge adulte ; pour l'anatomie comparée, pour la zoologie, c'est l'époque correspondante des animaux ; pour la botanique, ce sont les végétaux arrivés au terme de leur accroissement.

Et au contraire, pour saisir les analogies des corps, des organes, des animaux et des végétaux, il faut embrasser tous les temps de leur existence, en suivre les changemens, toutes les métamorphoses ; c'est l'histoire complète de la vie des êtres organisés dont il faut faire et comparer les tableaux : de là l'étendue des sciences générales.

Comme les sciences descriptives n'ont pour but que de faire connaître un objet donné, une série d'organes ou de corps, leur travail est en quelque sorte tout mécanique, tout matériel ; il est le même pour chacun d'eux et pour tous. De là, la simplicité des sciences descriptives : leur mécanisme est le même pour toutes.

Et, au contraire, les sciences générales se proposant d'établir les conditions d'existence des organes des êtres, se proposant de faire connaître comment ils deviennent ce qu'ils sont, soit en eux-mêmes, soit à l'égard les uns des autres, leur travail est nécessairement plus élevé, plus intellectuel ; il est tout de réflexion et de comparaison. Au génie de l'observation doit se joindre cette sagacité profonde qui, par la comparaison des corps naturels, remonte d'un rapport à un autre, et s'élève jusqu'à celui qui les renferme tous. Aristote, Galien, Harvey, Malpighi, Haller, Bichat, Meckel, Geoffroy Saint-Hilaire, Cuvier, Blainville, Is. Geoffroy Saint-Hilaire, etc., nous en ont offert des modèles dans diverses parties de l'anatomie générale.

Les sciences descriptives prennent les corps tels qu'ils sont, sans s'inquiéter de leur nature, de leur composition intime, microscopique, moléculaire, tandis, au contraire, que la mission des sciences générales est de dévoiler cette composition intime des corps organisés. D'où il suit, en définitive, que les sciences descriptives se suffisent à elles-mêmes, tandis que les sciences générales ont un besoin indispensable du concours de toutes les autres sciences. Enfin, les sciences descriptives sont, si l'on peut ainsi dire, le corps de la nature, tandis que les sciences générales en sont l'esprit.

Il n'y a donc pas de doute que les faits ne soient la base des sciences générales, comme ils le sont des sciences descriptives; mais ils diffèrent par leur qualité. Les faits dont se composent les sciences descriptives sont simples; ceux des sciences générales sont élevés à la deuxième, à la troisième, à la quatrième puissance. Voilà, quant aux faits, toute la différence; et, de part et d'autre, la certitude est égale.

Mais si la certitude est la même dans ces deux ordres de sciences, il faut avouer toutefois que les causes d'erreurs sont bien autrement nombreuses et puissantes dans les sciences générales que dans les descriptives. Ces dernières n'ont qu'un écueil à éviter, celui de trop dire. A force de vouloir descendre dans les détails, on devient prolixe; on étouffe les caractères saillans sous un amas de caractères insignifians; on décrit sans faire connaître. C'est un travers que l'anatomie descriptive de l'homme a souvent présenté. De là sa sécheresse; mais de là aussi son invariable certitude. C'est le contraire dans les sciences générales : aussitôt que l'esprit a saisi un rapport, un caractère commun à plusieurs faits, il vise à l'étendre à tous; il suppose au lieu de traduire; il s'égare au lieu de diriger. Pour que les généralités soient utiles aux sciences, il faut savoir les restreindre. Ainsi l'abus des détails et l'abus des généralités, voilà des écueils de deux ordres dans les sciences naturelles.

Or, il est aisé de concevoir que l'abus des détails n'a pas dû avoir pour les sciences descriptives des résultats aussi fâcheux que l'abus des généralités pour les sciences générales. La marche des premières a donc été uniforme, régulière, constante, tandis que celle des dernières a été irrégulière et saccadée : aussi la variabilité des sciences générales, comparée à cette fixité des sciences descriptives, offrirait-elle un contraste affligeant si elle n'était plus apparente que réelle. Mais quand on approfondit ses causes, on voit qu'au fond ces sciences tendent constamment au même but, et l'on trouve, en réfléchissant à leurs moyens, qu'elles s'y acheminent avec une logique inflexible et un principe qu'elles n'abandonnent jamais, celui des analogies ou des conformités organiques. Tel était ce principe dans Aristote et dans Galien ; tel on le retrouve dans Harvey, dans Malpighi, dans Haller, Bonn, Vicq-d'Azyr, Bichat, Cuvier, Blainville, Geoffroy Saint-Hilaire père et fils. C'est toujours la même règle, c'est toujours la même mesure appliquée aux faits généraux de la nature.

Invariables dans leur principe, comment et pourquoi les sciences générales ont-elles varié dans leurs applications ? La cause en est dans leur essence même. Si les sciences générales ne se composent que des rapports entre les faits particuliers, et par conséquent de faits généraux, il est évident qu'elles doivent suivre les sciences descriptives. Sans la juste connaissance des faits particuliers, l'établissement des vrais rapports est impossible. L'imperfection des sciences générales a donc formulé à toutes les époques l'imperfection des sciences descriptives : l'une n'a été que la suite de l'autre. Ainsi l'imperfection de l'anatomie générale de Platon, d'Hippocrate et d'Aristote, tenait évidemment au peu de notions positives acquises à cette époque sur l'anatomie descriptive ; et au contraire, le progrès que l'on remarque dans l'anatomie générale de Galien a évidemment sa source dans la forte impulsion qu'il donna à l'anatomie descriptive. Il faut remarquer aussi que les vues positives d'anatomie générale des anciens, portant plus sur l'aspect extérieur des animaux que' sur leur composition intérieure, sont nécessairement plus zoologiques qu'anatomiques. Ainsi ce sont les dents, les rapports des membres, de la tête, leurs analogies dans les divers animaux, qui font le sujet de leurs observations ; et ces observations sont encore vraies, parce qu'elles sont la traduction de ce qu'ils avaient sous les yeux. Mais, au contraire, quand de l'extérieur ils passent à l'intérieur, on sent à chaque pas qu'ils raisonnent sur ce qu'ils n'ont pas assez observé, et souvent même sur ce qu'ils n'ont pas observé du tout : aussi leurs rapports ne sont-ils plus que des aperçus vagues qui les égarent complétement dans l'application ; et l'on en trouve une bonne preuve dans ce qu'ils nous ont laissé sur le développement des animaux, ainsi que sur l'origine des parties.

CHAPITRE IX.

Des déterminations en anatomie comparée. — Principe des connexions.

Dans le cours de leur formation, les organes présentent deux états différens : celui qui correspond à leurs formes transitoires ; celui auquel ils s'arrêtent définitivement, et qui constitue leur état normal dans telle ou telle classe.

Les formes transitoires d'un organe sont d'autant plus nombreuses, et ses changemens de forme d'autant plus multipliés que sa composition est plus complexe, une forme plus compliquée étant toujours précédée d'une forme plus simple, où les parties diverses d'un même organe se balancent alternativement dans leurs dimensions, jusqu'à ce que sa composition définitive soit arrêtée. Dans le système des préexistences organiques, la forme primitive était présumée invariable : un organe devait être à son origine ce qu'il devait toujours rester ; le cœur, le cerveau, l'estomac d'un mammifère, d'un oiseau, d'un reptile, de l'homme même, n'étaient de prime abord ni plus ni moins compliqués qu'ils ne le sont chez l'être adulte. Il n'y avait dès lors aucun rapprochement à établir entre ces divers organes, aucune analogie autres que les analogies et les différences que pouvaient offrir les animaux adultes. Or, comme dans l'état adulte les analogies sont effacées et les différences plus saillantes qu'à aucune autre époque de l'existence, il s'ensuit que les différences organiques devinrent le but des recherches des anatomistes, et pour ainsi dire la principale règle de l'anatomie comparative.

Mais à mesure que la théorie de l'épigénèse multiplia ses recherches, on vit ces différences organiques diminuer ; on se rapprocha de plus en plus des analogies inaperçues que les organes offrent dans le cours de leurs métamorphoses d'une famille à une autre famille, d'une classe à une autre classe ; on vit enfin se produire une foule d'analogies organiques que l'anatomie des mêmes êtres adultes n'eût pas même permis de soupçonner. On reconnut que des organes très compliqués chez l'animal dont les formes étaient arrêtées offraient des formes de plus en plus simples, à mesure qu'on se rapprochait de leur première apparition chez le jeune fœtus. Cette première observation fut suivie d'une autre plus importante encore. L'anatomie comparative avait déjà signalé la décomposition graduelle des organes dans la série des êtres organisés ; le cœur, si compliqué chez l'homme, les mammifères et les oiseaux, se réduisait, chez les reptiles et les poissons, à une simple poche ou vessie contractile à laquelle aboutissaient les deux circulations veineuse et artérielle ; chez les mollusques, ce n'était plus qu'un simple renflement du canal qui renferme le sang, et, chez les insectes, un vaisseau unique (le vaisseau dorsal) était assimilé à cet organe. De ce vaisseau dorsal, de cette poche des mollusques, de cette cavité

unique des poissons et des reptiles au cœur compliqué des
mammifères, des oiseaux et de l'homme, la distance était
si grande, les différences si remarquables, qu'il n'y avait de
commun que la *fonction* ou l'*usage*, celui d'accélérer le
mouvement du liquide veineux et artériel : aussi la fonction était-elle le seul caractère qui pût alors conduire les
anatomistes à confondre sous la même dénomination des
organes si différens dans leur structure, dans leur forme,
et même quelquefois dans leur position, comme chez les
mollusques et chez les insectes. Au résumé, en considérant
cet organe d'une manière générale dans tous les êtres, l'a-
natomie le voyait donc se compliquer des inférieurs aux
supérieurs, et arriver ainsi au plus haut degré de sa composition. Or, en s'élevant vers les premières formations,
l'anatomie transcendante reconnut qu'un même organe, si
compliqué qu'il fût dans ses formes permanentes, répétait
dans ses formes transitoires les simplicités organiques des
classes inférieures. Ainsi le cœur primitif des oiseaux était
d'abord un canal, puis une poche ou cavité unique, puis
enfin l'organe complexe de cette classe. L'anatomie comparative se trouvait donc ainsi répétée et reproduite par
l'embryogénie; et l'embryogénie, négligée jusque là parce
qu'elle ne présentait à l'esprit que des résultats stériles,
offrit dès lors un degré d'intérêt qui promettait de dédom-
mager de leurs veilles et de leurs fatigues ceux qui auraient
le courage et la patience de se livrer aux recherches difficiles
et minutieuses qu'elle exige.

S'il est vrai que les organes des embryons des classes
supérieures répètent et reproduisent les états organiques
permanens des classes inférieures, il devient doublement
utile de rechercher pourquoi l'embryogénie a été négligée,
et comment cet oubli a éloigné l'anatomie comparative d'un
si important résultat.

C'est ici le lieu d'apprécier les principes d'après lesquels
l'anatomie comparative a dû d'abord procéder. D'une part,

l'anatomie de l'homme adulte étant la seule connue, la seule qui servît de rapport, et les dissemblances organiques des animaux se reproduisant de classe en classe, ce furent elles qui furent d'abord signalées et saisies ; elles formèrent pour ainsi dire les points saillans de l'anatomie comparative. En se plaçant, pour considérer l'organisation des êtres, à l'époque de leur existence où elle est le plus différente, on se trouvait dans la nécessité de faire de cette différence une espèce de but qui, une fois atteint, devait satisfaire l'esprit. Ainsi le rein de l'homme est unique de chaque côté ; celui de plusieurs mammifères, des oiseaux et des reptiles, est multiple ; l'anatomie comparative signalait cette unité d'une part, et cette multiplicité de l'autre, sans s'occuper s'il n'y avait pas une époque de la vie de l'homme où son organe sécréteur de l'urine se rapprochait de celui de ces animaux. Elle constatait des faits, mais ne les expliquait pas.

Mais les différences se multiplièrent à un tel point ; les formes, à force d'être variées, s'éloignèrent tellement de celles qui servaient de type, que, sans un autre chef de ralliement, l'anatomie eût infailliblement perdu le fil qui la dirigeait. Ce nouveau chef fut la *fonction*. La science poursuivit donc et compara dans tous les êtres les appareils à l'aide desquels une même fonction s'exécute, et put ainsi ramener à l'analogie organique les organes les plus hétérogènes en apparence. Ainsi le foie diffère tellement, chez les singes (quelques uns exceptés), les mammifères et l'homme, que pendant long-temps cette différence a servi de point d'accusation contre Galien et ses sectateurs ; chez les oiseaux, classe si remarquable par la fixité de son organisation, le foie, unique et impair chez les mammifères, est double, symétrique, logé sur les deux flancs du canal intestinal ; chez les reptiles et chez les poissons, il se rapproche davantage de celui des mammifères, malgré ses variations infinies dans cette dernière classe. Toutefois l'analogie organique ne put être méconnue, soit à cause de la connexion du foie avec le canal digestif, soit encore parce que les déterminations ne portaient que sur l'organe en masse; mais les véritables difficultés se présentèrent chez les invertébrés; et assurément si la forme seule, ou même la forme aidée des rapports de position, avait uniquement présidé aux déterminations, jamais on n'eût reconnu l'analogue de l'appareil sécréteur de la bile dans les cœcums hépatiques des crustacés, ou dans les vaisseaux minces et à parois spongieuses des insectes : la coloration jaune des premiers, et le plus souvent des seconds, et le goût constamment amer des liquides qu'ils renferment, ont seuls permis l'assimilation de ces parties aux organes biliaires des classes supérieures. La fonction, dans ce cas, remplaça donc la forme. Il en fut de même de la respiration, tantôt exécutée à l'aide de poumons, tantôt par des branchies, tantôt par des trachées. Que de raisons, cependant, pour séparer ces organes si heureusement groupés, si on s'était arrêté à leurs caractères anatomiques! Il en fut de même du cœur et des vaisseaux, que la présence du sang fait toujours reconnaître.

De si heureux résultats redonnèrent à la fonction toute son ancienne importance : unité de fonction, diversité d'appareil pour la produire, telle fut alors la base des déterminations anatomiques.

Si cette méthode fut suivie des plus grands succès dans la comparaison des appareils de la vie de nutrition, il n'en fut pas de même dans ceux de la vie de relation. Ici, en effet, vinrent se réunir toutes les causes d'incertitude et toutes les chances d'insuccès. Tantôt la fonction étant complétement ignorée, cette règle de détermination ne put plus être appliquée; tantôt la fonction était connue ou présumée, mais les appareils organiques changeaient si complétement, les pièces qui concouraient à son exécution se désassemblaient ou se métamorphosaient à un tel point,

que la forme égarait au lieu de diriger. Ainsi, tour à tour,
et souvent toutes deux réunies, la fonction et la forme,
dont les applications aux appareils de la vie organique
avaient été si heureuses, ne fournirent dans les appareils
de relation que des lueurs douteuses et des règles incer-
taines. C'est ce qu'il me paraît nécessaire de bien marquer
par des exemples.

Les préjugés du paganisme interdisant aux philosophes
la dissection du cadavre humain, l'anatomie de l'homme
fut primitivement déduite tout entière de celle des animaux.
Mais, dans le seizième siècle, la science prenant une direction tout-à-fait opposée, on disséqua l'homme, et tout se
rapportant à lui, l'anatomie des animaux fut à son tour
déduite de celle de l'homme.

En conséquence, les anatomistes cherchèrent d'abord les
ressemblances dans l'encéphale des animaux, comparé à
celui de l'homme, qui leur était parfaitement connu. Ces
ressemblances furent saisies chez les mammifères, parce
qu'aux proportions près, l'encéphale est la répétition de
lui-même dans les diverses familles dont se compose cette
classe. On y trouva tout comme chez l'homme, et l'on y
dénomma tout comme chez lui. On arriva ainsi à l'encéphale des oiseaux avec une méthode que l'on croyait sûre;
mais dès les premiers pas on se trouva arrêté dans la détermination des parties dont se compose cet organe dans
cette classe. Le cervelet en arrière et les lobes cérébraux
en avant furent bien reconnus; mais on rencontra à la partie
moyenne une paire de nouveaux lobes qui n'avaient aucun
analogue ni chez l'homme ni chez les mammifères : ces
lobes furent méconnus. Ces erreurs en entraînèrent d'autres
relativement aux parties qui les environnent : toute la région moyenne de l'encéphale de cette classe parut nouvelle; et comme les termes des rapports manquaient dans
la science, le champ des conjectures fut ouvert aux anato-

mistes. La chaîne des ressemblances parut dès lors rompue ; et lorsqu'on en vint aux poissons, il sembla impossible de la renouer à cause de plusieurs circonstances que nous allons faire connaître.

La considération des formes, qui avait si heureusement dirigé les anatomistes chez les mammifères, qui leur avait encore servi à reconnaître les lobes cérébraux et les hémisphères des oiseaux, les abandonna entièrement chez les poissons. Au premier aperçu, rien ne rappelle dans cette classe ni l'encéphale des mammifères, ni celui des oiseaux. Cet organe se compose, chez les poissons, d'une double série de bulbes alignés d'avant en arrière, tantôt au nombre de deux, tantôt au nombre de quatre, et assez fréquemment encore au nombre de six. A quelle paire devait-on donner le nom d'hémisphères cérébraux ? Etait-ce aux antérieurs, aux moyens, aux postérieurs ? A quelle partie des classes supérieures devait-on rapporter les autres lobes ? sur quelles bases devait-on établir les analogies et les différences ? La science manquait des données nécessaires à ce sujet : chacun détermina ces lobes à sa manière, selon les idées qui le dirigeaient. Les mêmes lobes reçurent des noms différens, et furent tour à tour assimilés à des parties tout-à-fait hétérogènes.

Le cervelet lui-même, qu'il est si difficile de méconnaître dans les autres classes, était aussi, chez les poissons, un sujet d'incertitude. Tantôt cet organe est unique et impair, comme chez les poissons osseux ; tantôt, comme chez certains poissons cartilagineux, c'est un organe pair composé de feuillets symétriques et roulés sur eux-mêmes le long des parois du quatrième ventricule. Chez un très grand nombre, un corps particulier se détache des lobes postérieurs, et vient encore compliquer cet organe. Ce corps, qui ressemble tantôt à la luette du voile du palais de l'homme, et d'autres fois au cartilage épiglottique, se place, en forme de couvercle, sur le quatrième ventricule. Le plus souvent, il est simple. D'autres fois, comme chez certaines raies, il est double. Comment, au milieu de ces transformations, reconnaître le cervelet?

La base de l'encéphale des poissons n'est guère moins variable que sa face supérieure. Ce que cette base offre surtout de remarquable, ce sont deux tubercules arrondis, qui, par leur situation et par leur forme, ont quelque ressemblance avec les éminences mamillaires de l'homme : aussi ne manqua-t-on pas de leur assigner cette analogie. Chose remarquable ! disait-on, les éminences mamillaires, qui sont le caractère le plus élevé de l'animalité, se retrouvent chez les poissons, qui paraissent si descendus dans l'échelle animale ! Ces éminences, qui n'existent que chez l'homme, qui ont déjà disparu chez les singes, chez tous les mammifères, et chez tous les oiseaux, sont tout-à-coup reproduites chez les poissons : preuve évidente que leur encéphale appartient à un degré très élevé de l'organisation. En conséquence, on assimilait leurs lobes postérieurs aux hémisphères cérébraux. On trouvait dans ces lobes la couche optique, le corps strié, la corne d'Ammon, la voûte et jusqu'au corps calleux. Considérant alors qu'une partie de ces organes a disparu chez les oiseaux et les reptiles, on ne manquait pas de faire ressortir la prééminence des poissons sur ces deux classes.

Je le demande, pouvait-on entreprendre l'anatomie comparative de l'encéphale avec des déterminations qui choquaient tous les rapports anatomiques et zoologiques des animaux vertébrés? La confusion résultant de tous ces faux rapports et de toutes ces dissemblances fut encore accrue par l'extrême variation de l'encéphale chez les poissons. Chez les mammifères, toutes les parties de l'encéphale sont, à peu de chose près, la répétition les unes des autres. Chez les oiseaux, cet organe est plus fixe encore que chez les mammifères. Les reptiles offrent déjà quelques différences ; mais ces différences, toujours peu importantes, n'altèrent jamais les caractères fondamentaux de l'organe. Il n'en est pas de même chez les poissons : les élémens de leur cerveau sont dans une oscillation perpétuelle. En premier lieu, l'encéphale des poissons cartilagineux n'est pas le même que celui des poissons osseux, les formes générales étant tellement changées d'une série à l'autre, que les parties principales, telles que le cerveau et le cervelet, deviennent tout-à-fait méconnaissables. En second lieu, cet organe ne varie pas seulement de famille à famille, mais il présente les différences les plus grandes d'un genre à l'autre, d'une espèce à l'espèce voisine. Ainsi, il était bien impossible que la science, sans un principe puissant, pût marcher sur un terrain si difficile et si accidenté.

Tels avaient été les résultats obtenus par le principe de la forme sans la fonction pour la détermination des diverses parties de l'encéphale des vertébrés. Leur moelle épinière n'avait jamais été méconnue. Encaissée dans un canal formé par la contiguïté des vertèbres, sa détermination dérivait de sa position, de même que la détermination de l'encéphale en masse dérivait de son encaissement dans la boîte osseuse ou cartilagineuse du crâne. Le contenant servait, pour ainsi dire, à connaître le contenu. Mais le contenant venant tout-à-coup à disparaître chez les invertébrés, le système nerveux central se trouvait livré à lui-même ; ni ce qu'on appelait leur moelle épinière, ni leur encéphale n'étaient déterminés en masse. Ainsi les uns rapportaient au grand sympathique tout le système nerveux des invertébrés, sans considérer que, depuis Rufus d'Ephèse et Galien, ce grand nerf était uniquement dévolu aux fonctions nutritives. Les autres (et c'est encore l'opinion de plusieurs anatomistes) ne pouvant avec les vertébrés expliquer les invertébrés, suivaient une marche opposée. Ils considéraient la double chaîne des ganglions des articulés comme l'analogue de la moelle épinière des vertébrés, qu'ils supposaient devoir être renflée à chaque segment vertébral. Mais l'observation directe vint bientôt détruire cette hypothèse, et le doute resta. Si l'on compare l'indétermination de ce système fondamental des appareils de relation à la détermination si heureuse des appareils de nutrition, on ne peut s'empêcher de demander pourquoi les règles, dont l'application a été si efficace d'un côté, se trouvent si inefficaces de l'autre. Les termes du problème restent les mêmes; cependant la méthode qui a réussi d'un côté échoue de l'autre. Il faut donc qu'elle ne soit pas applicable à ces deux ordres d'appareil.

Après en avoir montré l'imperfection dans un système entier de l'organisation, le système nerveux, je vais la montrer maintenant dans des appareils circonscrits, ceux des sens, en choisissant l'odorat et le goût, qui sont intermédiaires aux fonctions de nutrition et de relation, et l'audition, qui rentre exclusivement dans les fonctions relatives.

Dans l'exemple que nous venons de considérer, l'obscurité de la fonction pouvait faire méconnaître l'analogie de ses instrumens. Mais les pièces osseuses, composant le crâne et la face, vont nous servir de nouvelles preuves. Leur but est évidemment, dans toutes les classes, de protéger d'une part l'encéphale quant aux os crâniens, et, de l'autre, de cloisonner les organes des sens quant aux os qui composent la face. L'anatomie de l'homme adulte avait arrêté que le crâne se composait de huit os principaux. Pareillement elle avait déterminé que quatorze pièces osseuses composaient la face, en ne comprenant point les dents dans cette énumération. En tout, la tête de l'homme se composait de trente-quatre pièces pour cloisonner les sens et encaisser le cerveau. Chacune de ces pièces avait un nom particulier; chacune formait une espèce osseuse distincte. L'anatomie comparative avait pour but de reconnaître ces diverses pièces dans la série des vertébrés, et d'exprimer leurs rapports après avoir signalé leurs analogies et leurs différences chez les mammifères, les oiseaux, les reptiles et les poissons.

Chez les mammifères, les os du crâne et de la face se reproduisirent avec de si légères modifications, que l'analogie fut aisément reconnue. Ainsi le pariétal double de l'homme devenait simple chez plusieurs mammifères ; le maxillaire inférieur, unique chez l'homme, se divisait constamment en deux chez les animaux de cette classe. Du reste, les variétés de forme de l'ethmoïde, du sphénoïde, des temporaux, ne laissaient aucun doute sur leur véritable signification. Il en était des os de la tête, dans cette classe, comme des diverses parties du cerveau : les proportions changeaient sans dénaturer fondamentalement les formes. Il n'en fut pas de même chez les oiseaux. Des formes tout-à-fait insolites chez les mammifères se présentèrent, telles que celles de l'os carré ; les os de la face se décomposèrent et se réunirent à tel point, que l'individualité des espèces osseuses des mammifères devint très souvent douteuse. Enfin, il en était des os de la tête comme des parties du cerveau : c'était chez les poissons et chez les oiseaux que se rompait la chaîne des analogies.

Il est à remarquer toutefois que les pièces en rapport immédiat avec l'encéphale étaient celles dont les variations étaient les moins grandes. Les différences se manifestaient surtout sur les os cloisonnant les organes des sens et formant l'ensemble de la face. C'est ce dont l'anatomie comparée du cerveau rend, jusqu'à un certain point, raison. En effet, le cerveau de l'homme étant le plus étendu, en le considérant en masse, les pièces qui lui correspondent sont généralement très grandes. Chez les animaux, la masse cérébrale diminuant graduellement, ces pièces se contractent sur lui et en subissent les diverses modifications. Mais à mesure que l'encéphale se contracte, les organes des sens gagnent en étendue ce que l'encéphale perd. De là les variations et le morcellement des pièces qui les constituent : aussi observe-t-on que les os du crâne sont surtout variables par la partie qui correspond à l'un des organes des sens. Ainsi, chez les oiseaux, les frontaux se prolongent en avant pour former la voûte des orbites. La portion du sphénoïde la plus variable est celle des apophyses ptérygoïdes, qui correspond au goût : celle de l'ethmoïde est le cornet inférieur, entièrement dévolu à l'organe de l'odorat. Plus le sens se prolonge, plus les pièces osseuses qui le constituent s'éloignent du centre, se divisent et deviennent méconnaissables, lors même qu'elles restent assujetties au même usage, comme les maxillaires supérieur et inférieur des crocodiles et le vomer des poissons ; et lorsque, devenant tout-à-fait excentriques, elles passent d'un service à un autre, leur détermination se compose véritablement d'une somme d'inconnues, comme pour les pièces operculaires des poissons et l'os carré des oiseaux.

Ainsi la forme organique avait commencé à diriger les anatomistes ; la forme se décomposant à l'infini, on rallia assez heureusement ces métamorphoses à la fonction dans les appareils de la vie de nutrition. Mais la fonction étant méconnue dans certains appareils de la vie de relation, la forme ne put plus être ramenée à son type. D'autres fois, l'usage étant connu, les pièces étaient si déformées, si multipliées, qu'on ne pouvait plus ramener à l'unité leurs divers fractionnemens. Enfin, et c'est ici surtout que les difficultés se multiplient, les appareils changeant de fonction, leurs formes se dénaturant complétement pour s'accommoder à leurs nouveaux usages, on se trouvait jeté absolument en dehors de toutes les règles anatomiques : on entrait dans un dédale dont chacun, à son gré, se tirait comme il le pouvait.

On a remarqué que c'est presque toujours une grande difficulté à vaincre qui fraie à l'esprit humain des routes nouvelles. Ici M. Geoffroy Saint-Hilaire en donna une belle preuve. S'étant placé, par une heureuse inspiration, sur le nœud même des indéterminations, il voulut expliquer la tête osseuse des poissons, et ramener les pièces qui la composent au type ordinaire de l'homme adulte. Mais il s'aperçut bientôt que la tête osseuse de l'homme ne lui fournissait pas le nombre des pièces dont se compose la tête des poissons. Rejetant alors l'idée des pièces ichthyologiques que ses prédécesseurs avaient admises, il conçut la pensée de chercher les pièces qui lui manquaient dans les noyaux osseux dont se compose la tête osseuse de l'embryon humain. Il entra ainsi dans une immense carrière dont les premiers pas furent couronnés du plus heureux succès. La tête osseuse des poissons, ramenée au type naturel des rapports, ouvrit une voie nouvelle qui laissa dès lors concevoir la solution d'une multitude de questions réputées insolubles, vu l'inutilité des efforts précédemment tentés.

Mais il restait tant d'observations à faire, tant de précautions à prendre, et l'erreur nous menaçait de tant de côtés, que les inquiétudes des anatomistes redoublèrent au même instant : elles augmentèrent surtout à la vue du règne animal, qui, dans son ensemble, ne paraissait plus à cet illustre anatomiste qu'une unité organique, diversifiée de mille manières par la diversité de la vie dans chaque grande coupe des êtres. Mais l'analogie de composition organique était proclamée : il ne restait plus qu'à la justifier par des faits ; et pour marcher à leur découverte d'une manière sûre et capable de forcer les convictions, il fallait des guides qui apprissent à les reconnaître. C'est de cette nécessité que sortirent les deux principes généraux de cette anatomie comparative : 1° le principe des connexions ; 2° le principe du balancement dans les masses organiques ; principes dont on trouvera dans ce travail de si fréquentes et (que la reconnaissance me permette d'ajouter) de si heureuses applications. Je commence par le système nerveux cérébro-spinal.

Nous venons de voir que la chaîne des analogies s'était

rompue chez les oiseaux. Pourquoi s'était-elle rompue?
Evidemment à cause des formes nouvelles que présentait
la région moyenne de leur cerveau. Pour ramener ces
formes à celles des mammifères qui leur servent de type, la
méthode qui avait si heureusement réussi à M. Geoffroy
Saint-Hilaire se présentait d'elle-même. Chercher dans
l'encéphale du fœtus des mammifères un organe dont la
forme reproduisît celle de la partie moyenne de l'encéphale
des oiseaux, tel me parut d'abord le moyen d'arriver à la
solution du problème; mais, dans l'exécution, je fus arrêté
par une difficulté qui, pendant quelque temps, me parut
insurmontable. L'embryon humain ne reproduit à aucune
époque aucune forme encéphalique qui se rapproche de
la forme de la région moyenne de l'encéphale des oiseaux
adultes. Cette forme est tout-à-fait spéciale et caractéristique pour cette dernière classe. Rebuté par l'insuccès, j'al-
lais donc renoncer à l'entreprise, quand l'idée me vint de
comparer embryon à embryon dans les deux classes.

En effet, si l'on considère d'une part que cette région
moyenne est un des organes les plus complexes et les plus
richement organisés de l'encéphale des oiseaux; si, de
l'autre, on considère l'atrophie de ces mêmes parties (ou
de ce que je regardais comme les parties analogues, d'après
les belles indications de MM. Gall et Cuvier) chez les
mammifères et l'homme, on jugera qu'il ne pouvait y avoir
de comparaison entre les deux termes, et que simplifier
encore le terme des mammifères, en laissant subsister la
complication de celui des oiseaux, ce n'était qu'éloigner la
difficulté. Car si les tubercules quadrijumeaux des embryons des mammifères sont, il est vrai, constitués par
deux lobes vésiculaires, comme ceux des oiseaux, leur
situation et leur structure sont si différentes que les dissemblances surpassent de beaucoup les analogies; d'une
part, les lobes des embryons des mammifères forment une
saillie très élevée sur la face supérieure de l'encéphale, et

en sont la partie la plus proéminente : ceux des oiseaux
sont invisibles sur cette face, et à leur place se trouve
une lame quadrilatère. Chez les oiseaux adultes, ces mêmes lobes sont déjetés sur les côtés, et font, à la base
de leur encéphale, la saillie que les lobes analogues font
sur la partie opposée du cerveau des mammifères. Les
lobes de ces derniers sont à leur tour invisibles sur cette
même base. On voit donc que les deux termes de comparaison étaient pris sur les faces opposées de l'encéphale des
deux classes. Enfin, les lobes embryonnaires des mammifères se touchent ; ceux des oiseaux, au contraire, sont très
écartés l'un de l'autre, et unis entre eux par là plus large
des commissures, formée par des stries grises et blanches
alternatives.

Si, malgré de telles dissemblances, le génie des anatomistes (MM. Gall, Cuvier, Arsaki, Tiedemann) rapprochait des parties si différentes, les caractères hétérogènes
qu'elles offraient faisaient aussi naître des doutes, et de ces
doutes on passait à de nouvelles déterminations qui, laissant
toujours l'esprit en suspens, livraient à l'arbitraire des anatomistes de se décider pour l'une ou pour l'autre des analogies que l'on soupçonnait. Ainsi, après le travail de
M. Tiedemann, M. Tréviranus en revint à l'idée de Haller
et de Malacarne, qu'il modifia d'une manière assez ingénieuse. Délaissant les lobes des oiseaux, il crut retrouver
les tubercules quadrijumeaux de cette classe dans un petit
renflement situé sur les côtés de l'aqueduc de Sylvius et
sur la lame transverse qui sert de couvercle à cet aqueduc.
Si M. Tiedemann pouvait alléguer en faveur de son opinion la cavité des lobes de l'embryon humain et l'ouverture
qui fait déboucher cette cavité dans l'aqueduc de Sylvius,
M. Tréviranus avait pour la sienne la position fixe des parties qu'il compare dans les deux classes. En outre, il retrouvait chez les mammifères adultes des tubercules solides comme ceux des oiseaux. Son hypothèse était d'au-

tant plus attrayante, que non seulement il retrouvait les quatre tubercules des mammifères, mais encore il voyait dans les lobes moyens des oiseaux les analogues des corps géniculés de la classe supérieure. Ainsi encore, après le travail de M. Tiedemann, M. Rolando persistait à regarder la partie moyenne de l'encéphale des oiseaux comme toute la couche optique des mammifères. Enfin, M. de Blainville, dans un travail publié en 1821, assimilait cette même région aux hémisphères cérébraux de la classe supérieure.

En résumé, la science, dans un si court espace de temps, recevait donc quatre déterminations bien distinctes :

1° Celle de MM. Gall, Cuvier, Arsaki, Tiedemann, qui assimilaient cette partie aux tubercules quadrijumeaux ;

2° Celle de M. Tréviranus, qui y trouvait les quatre tubercules et les corps géniculés ;

3° Celle de M. Rolando, qui la comparait, comme Willis et Vicq-d'Azyr, à toute la couche optique ;

4° Celle de M. de Blainville, qui la considérait comme l'analogue des hémisphères cérébraux.

Si quelque chose de positif ressortait de ces diverses opinions, c'était bien évidemment que cette région moyenne de l'encéphale des oiseaux n'était point déterminée ; et ce commun accord des efforts des anatomistes, tous dirigés sur cette région, attestait que tous avaient le sentiment que là était la source des incertitudes de cette partie de l'anatomie comparative, et que là aussi on devait chercher la clef qui devait les dissiper. Or, toutes les fois qu'une difficulté de cette nature se présente dans les sciences, il faut avoir le courage de mettre en pratique le précepte de Bacon, de faire *table rase* de ce qui a été fait et dit, et de procéder ensuite dans ses recherches sur de nouveaux faits et de nouvelles observations. On trouve alors, comme l'a dit encore cet illustre philosophe, que les faits parlent plus haut que les opinions.

En effet, il fallait, dans cet état de l'anatomie, une détermination qui, effaçant toutes les dissemblances dont nous avons déjà parlé, et replaçant les lobes moyens de l'encéphale des oiseaux sur la face dont ils ont disparu, les montrât sur la même ligne qu'ils occupent chez l'homme', les mammifères, les reptiles et les poissons ; détermination qui, à cette unité de position, joignît l'unité de forme, de structure, et qui, pour compléter l'application de toutes les règles sévères de l'anatomie, y joignît aussi l'unité de rapport ou de connexion. Alors on saurait non seulement ce qu'est cette partie, mais encore ce qu'elle n'est pas et ce qu'elle ne saurait être ; car, dans toutes les sciences, le caractère de la vérité est de repousser tout ce qui n'est pas elle. Or, un semblable résultat ne pouvait être obtenu que par l'embryogénie comparative, et c'est ce qui caractérise particulièrement l'ouvrage que j'ai publié sur cette partie de l'anatomie. On jugera d'ailleurs de la méthode par le résultat.

A. *Unité de position.* — Je commence par prévenir que j'ai assigné le nom commun de *lobes optiques* à cette partie, dans toutes les classes, à cause de sa connexion constante avec le nerf optique. Quand on suit la formation de ces lobes, on les voit situés sur la face supérieure de l'encéphale de l'oiseau les troisième, quatrième, cinquième, sixième, septième et huitième jours de l'incubation. Ils font alors sur cette même face la même saillie que les lobes des tubercules quadrijumeaux de l'homme au deuxième mois de l'embryon de l'homme ; du mouton et du veau, de la cinquième ou sixième semaine ; du têtard des batraciens, du dixième au douzième jour de leur formation ; et des poissons, dans toutes les conditions de leur organisation permanente.

B. *Unité de forme et de structure.* — A cette époque de l'incubation des oiseaux, les lobes optiques sont ovalaires, un peu déprimés en dedans, de même que les tubercules quadrijumeaux des embryons de l'homme, du veau, du mouton, du têtard des batraciens, et des poissons. Leur intérieur est creux et rempli par un liquide dans toutes les classes. Dans toutes, leur coquille est formée par une lame mince, disjointe d'abord de sa congénère, et un peu plus tard engrenée avec elle.

C. *Unité de connexion.* — Ces lobes recouvrent dans toutes les classes la rainure des pédoncules cérébraux, désignée sous le nom d'aqueduc de Sylvius. Chez les oiseaux, comme dans toutes les autres classes, on trouve constamment en arrière l'insertion de la quatrième paire de nerfs; en avant et en bas, celle des nerfs optiques; en avant et en haut, la glande pinéale et ses pédoncules; antérieurement, leur cavité débouche dans le troisième ventricule; et postérieurement, dans le quatrième.

Si je pouvais un instant me détacher de mes propres recherches et me juger moi-même, je dirais que la détermination de cette partie exigeait rigoureusement ce que j'ai fait, et tout ce que j'ai fait; car l'unité de forme, de position et de structure sans l'unité de connexion n'eût offert en faveur de notre analogie que de fortes présomptions, et l'unité de connexion sans les autres analogies eût laissé sans réponse les objections des anatomistes, qui déjà l'avaient abandonnée.

Si, par la pensée, nous arrêtions les formes de l'encéphale de toutes les classes à cette époque, on voit combien serait simple l'anatomie comparative de cette partie, ou plutôt il n'y aurait pas même d'anatomie comparative, puisque l'on n'aurait plus que des analogies à constater.

Mais si, abandonnant les embryons, nous nous transportons tout-à-coup chez les animaux parfaits, un tableau bien différent se présente à nos regards. Tout est changé dans les lobes optiques des oiseaux; l'insecte n'est pas plus différent de sa larve, le papillon de sa chrysalide, la grenouille de son têtard, que le lobe optique d'un oiseau adulte ne l'est du même organe chez l'embryon. C'est une méta-

morphose complète, où tout est changé, excepté la connexion : circonstance qui prouve toute l'importance et la
fixité de ce grand principe introduit dans la science par
M. Geoffroy Saint-Hilaire. En effet, dans le demi-cercle
que parcourt chaque lobe optique dans sa rotation autour
du pédoncule cérébral, la quatrième paire de nerfs, le nerf
optique, la glande pinéale et ses pédoncules, restent invariablement à la même place, et sont là comme des témoins
de leur analogie primitive chez les oiseaux, ainsi que de
leur analogie permanente chez les reptiles et chez les poissons.

Maintenant cette région moyenne de l'encéphale étant
connue, déterminée, ramenée à sa véritable *signification*
dans toutes les classes, la connaissance de toutes les autres
parties en dérive nécessairement ; c'est, comme nous l'a-
vons déjà dit, la clef de cet organe varié de tant de manières
dans la série des vertébrés. Ainsi, en arrière des lobes optiques se trouve le cervelet : on ne peut le méconnaître,
soit qu'il se réduise chez les reptiles à ses plus petites dimensions, soit qu'il s'élève au maximum de son développement chez les mammifères et chez l'homme, soit enfin
qu'il présente des formes fixes, comme chez tous les
oiseaux, ou des formes variables dans toutes les espèces,
comme chez les poissons. Ainsi les lobes cérébraux suivent,
dans toutes les classes, les lobes optiques en avant, et,
quoique non moins variables dans leurs formes que le cervelet, on ne peut un instant les méconnaître dans toutes
les classes. Ainsi encore, la paire de lobes qui succède en
avant aux hémisphères cérébraux représente toujours les
lobes olfactifs, soit qu'ils égalent par leur masse la masse
des lobes cérébraux, comme chez certains poissons ; soit
qu'ils s'anéantissent presque complétement, comme chez
presque tous les oiseaux et chez quelques mammifères ;
soit enfin qu'ils se placent sur la même ligne que les lobes
cérébraux, qu'ils se cachent à leur base ou qu'ils soient

projetés loin d'eux, comme chez beaucoup de reptiles. Voilà donc des diversités sans nombre ramenées à l'unité.

Ainsi, dès à présent personne ne peut douter que l'encéphale des animaux vertébrés ne soit ramené à une structure uniforme, et que les lois de ses variations ne soient déterminées.

La détermination rigoureuse des élémens organiques est donc la base de l'anatomie comparative, et l'organogénie un des moyens les plus positifs pour arriver à ce résultat. Cette détermination devient surtout difficile dans les appareils de la vie de relation, lorsque, dans leur démembrement, les pièces qui les composaient changent de but ou d'usage, et s'associent diversement pour de nouvelles fonctions. La fonction cessant alors de diriger l'anatomiste, il lui devient indispensable de recourir à d'autres caractères puisés dans les organes mêmes qui subissent ces transformations. Parmi ces caractères anatomiques, celui des connexions mérite une attention particulière. On vient d'en voir une application dans la détermination des élémens de l'encéphale. Je vais en montrer une autre dans les appareils osseux situés sur les flancs de la base du crâne, et si diversifiés dans la série des animaux.

Que de combinaisons il a fallu essayer avant d'arriver à reconnaître que les osselets de l'ouïe se transforment, chez les poissons, en pièces osseuses destinées à l'appareil respiratoire! Et quelle concordance dans ce résultat anatomique avec celui de la pathologie qui nous a montré en dernier lieu que le nerf facial est un nerf respirateur! M. Charles Bell a confirmé, par le système nerveux, l'idée si heureuse de M. Geoffroy Saint-Hilaire sur les os operculaires, idée à laquelle l'avait conduit le principe des connexions.

Il était plus difficile encore d'expliquer l'os carré des oiseaux : il fallait en effet découvrir d'abord les pièces qui entrent dans sa composition, et déduire l'individualité de ces pièces de la nécessité même de l'emploi qu'elles ont chez les mammifères et chez l'homme. Le cadre du tympan forme un anneau à l'entrée du conduit auditif externe. Or, tout anneau est formé au moins de deux pièces, ainsi que nous l'avons déjà dit. C'est aussi ce que je trouvai pour le cadre du tympan chez tous les jeunes embryons des mammifères et de l'homme. Le *tympanal* et le *serrial*, noms sous lesquels M. Geoffroy Saint-Hilaire a désigné ces deux osselets, sont toujours distincts dans le jeune âge. Or, à cette pièce vient s'ajouter le pédoncule d'une troisième, étendue sur la base du rocher, et dont le but, chez l'homme, est de compléter le canal carotidien : c'est le cotyléal de M. Geoffroy. Par son corps, le cotyléal cloisonne l'entrée de la carotide dans le crâne; par son extrémité, il concourt à former la cavité destinée à l'articulation du maxillaire inférieur. La carotide interne étant portée chez l'homme à son plus haut point de développement, le corps du cotyléal a grandi dans la même proportion, en atrophiant son extrémité articulaire. Mais à mesure que l'on s'éloigne de l'homme, la carotide interne s'atrophiant, le canal carotidien diminue, le corps du cotyléal se réduit de plus en plus ; ce que le corps de cet os perd en volume sert au développement de son extrémité, qui, embrassant la base du tympanal et du serrial, forme, dans le genre *felis*, cette conque auditive externe à laquelle M. Cuvier a donné le nom de caisse. Cette caisse est ainsi composée du tympanal, du serrial et du cotyléal ; à côté se trouve le stylhial, dévolu aux fonctions de l'hyoïde. Or, chez les oiseaux, le stylhial, se réunissant aux trois autres pièces, forme un os mobile et à quatre faces: c'est l'*os carré*, espèce de régulateur des mouvemens des maxillaires dans cette classe. Il résulte ainsi de ces variations de fonctions de ces diverses pièces que le seul caractère auquel elles sont assujetties est la connexion ; et cette connexion se remarque encore chez les reptiles et surtout chez les poissons, où ces piéces restent tout-à-fait démembrées, comme chez les jeunes embryons.

Le principe des connexions est, pour l'organogénie animale, un guide non moins sûr et non moins fécond que l'est celui des insertions en organogénie végétale. L'un correspond à l'autre, et l'un et l'autre sont particulièrement applicables à la phythogénie et à la zoogénie, à cette dernière surtout, en ce qui concerne les premiers développemens ; car les organismes étant isolés primitivement, on conçoit que leur association doit s'opérer dans un ordre prévu et déterminé pour que les formations puissent s'accomplir. Or, les connexions sont le lien par lequel s'établissent ces rapports nécessaires, et ce lien devient souvent le signe distinctif des organismes et la base des comparaisons que l'on peut établir entre les diverses classes d'animaux. Jusque là il y a de la zootomie, mais non de l'anatomie comparée. Cette science, en effet, ne peut évidemment commencer que lorsque la signification des organismes analogues a été déterminée dans la série animale.

L'ovologie est aussi ancienne que la science. Hippocrate, Aristote, Galien, Arantius, Aquapendente, s'occupaient avec zèle des enveloppes adventives de l'embryon ; Malpighi, Graaf, Maître-Jean, Needham et leurs contemporains s'en occupèrent avec non moins de persévérance. Les uns et les autres firent de l'ovologie, mais non de l'ovologie comparée : l'ovologie comparée est en quelque sorte née de nos jours, et sa marche rapide, de même que sa certitude, achèvent de démontrer la puissance du principe des déterminations, dont cette science n'est qu'une application.

On sait que l'ovologie des oiseaux sert de terme de rapport à l'ovologie comparée ; on sait aussi le rôle capital que joue le vitellus dans cette classe, en raison de son volume et de sa liaison avec l'intestin par le pédicule vitello-intestinal. Cet organisme, porté là au maximum de son développement, échappait aux observateurs chez l'homme, en raison de son exiguïté. Albinus aperçut d'abord une vésicule isolée dans ses enveloppes. Sœmmering, qui la retrouva, indiqua le premier ses rapports avec l'intestin ; et Wrisberg décrivit chez le jeune embryon le pédicule vitello-intestinal, de manière à ne laisser aucun doute sur son analogie avec le vitellus des oiseaux. C'est sur cette détermination, établie aux deux points extrêmes de son existence, que s'est guidée la science, et de là l'étude et la comparaison de cet organe dans tout le règne animal n'a plus été qu'une affaire du temps.

La détermination de l'allantoïde s'est fait attendre plus long-temps. On l'avait méconnue chez les oiseaux, à cause des différences, inconciliables en apparence, qui la séparent de celle des ruminans, où d'abord elle a été bien observée, parce qu'elle y est, comme le vitellus chez les oiseaux, portée à son maximum de grandeur. Or, quelle est la connexion de cet organisme chez les ruminans? C'est une double vessie étranglée dans son milieu. Une de ces vessies occupe le bassin de l'embryon ; l'autre est logée dans ses enveloppes. L'étranglement est formé par un pédicule creux, qui les réunit. Or, c'est exactement la répétition des connexions de la vésicule ombilicale avec l'intestin. Ce fut cette connexion que M. Dutrochet prit pour base quand il nomma cette enveloppe vessie ovo-urinaire ; et cette dénomination, rappelant son attribut anatomique principal, est devenue le guide qui a dirigé les anatomistes dans cette partie naguère si confuse, et aujourd'hui si précise, de l'ovologie comparée. Une détermination rigoureuse a produit ce résultat.

C'est également sur les connexions de l'œuf avec la membrane caduque que Hunter puisa les fondemens de l'histoire si avancée de cette enveloppe.

Ces résultats, déjà si remarquables, le sont peut-être moins que ceux qui ont établi, dans ces derniers temps, l'anatomie comparée de la vésicule prolifère. Les anatomistes du dix-septième siècle savaient très bien qu'il y avait des vésicules dans l'ovaire des mammifères et de l'homme. Malheureusement ces vésicules furent comparées à l'œuf des oiseaux, et cette erreur de détermination rendit inféconde cette découverte pendant plus d'un siècle. Graaf, qui le premier avait vu les follicules ovariens, dit cependant qu'ils ne deviennent œufs que dans l'utérus. Mais ses explications à ce sujet furent si confuses, que Haller et son école n'admirent pas d'ovule dans la vésicule de Graaf; ils la supposèrent remplie d'un fluide qui, dans le moment de l'imprégnation, était versé dans les trompes. Hayston s'efforça de prouver cette assertion, que Cruiskamp réfuta par des expériences si précises, qu'après Graaf, la découverte de l'ovule doit lui être rapportée. Néanmoins, après des volumes écrits sur cette matière, la question, de guerre lasse, fut délaissée, parce qu'elle n'était pas entrée dans le domaine de l'anatomie comparée. Or, elle n'était pas entrée dans le domaine de l'anatomie comparée, parce que la détermination manquait dans les faits qu'elle embrasse. Sans détermination, en effet, la zootomie n'est, si je puis ainsi dire, qu'un jaillissement incertain vers le savoir. Reprenez ces mêmes faits, en recherchant leur *signification* dans la série, selon l'expression si heureuse des anatomistes allemands, et vous en verrez sortir la connaissance exacte de la vésicule de Graaf, celle de l'ovule renfermée dans son intérieur, la découverte de la vésicule prolifère, sa conversion en membrane blastodermique par l'effet de l'imprégnation. L'anatomie comparée succédera à la zootomie; car ces parties une fois bien déterminées dans une classe, l'application s'en fera immédiatement à toutes les autres. Placé par cet ordre de recherches sur le début même de l'animalité, on passera sans interruption, sans lacune, sans changement de plan, des vertébrés aux invertébrés, et l'on appréciera à leur juste valeur les modifications que toutes ces parties subissent dans les échelons divers de la série animale. A l'ovologie succédera l'ovologie comparative ; et celle-ci se confondra avec l'ovogénie, preuve nouvelle que l'anatomie comparée et l'organogénie sont souvent une seule et même chose. C'est précisément ce qui a lieu actuellement, et ce qui explique les progrès si rapides de l'ovogénie. Les faits ne manquaient pas aux anatomistes du dix-septième et du dix-huitième siècle pour fonder l'ovologie comparée : pourquoi ne l'ont-ils pas fondée ? Evidemment parce qu'il manquait quelque chose à ces faits pour pouvoir être comparés les uns aux autres, et laisser saisir par cette comparaison les liens qui devaient les unir. Quelque nombreux qu'ils fussent, leur connexité n'était pas aperçue, parce qu'ils étaient indéterminés. On les a déterminés de nos jours par un principe précis, et l'ovologie comparée, ainsi que l'ovogénie, ont marché à grands pas vers leur degré de perfection.

Nous verrons bientôt qu'une indétermination de même nature a arrêté et arrête encore les progrès de l'embryogénie générale. La même cause tient aussi à l'écart les organismes des animaux invertébrés. Leur zootomie si avancée, si riche de travaux précis, est presque inféconde pour l'anatomie comparée. La moitié du règne animal est étrangère à l'autre. Essayons cependant de les rapprocher, en fixant la détermination de celui des systèmes organiques qui, dans l'embranchement des invertébrés, régit et commande tous les autres, le système nerveux ; et cherchons à ramener autour de cette détermination les anomalies que présente cet embranchement quand on le compare à celui des vertébrés.

CHAPITRE X.

Du renversement d'attitude des organismes chez les invertébrés.
— Démonstration de leur système nerveux.

Tout est grand, tout est admirable dans la nature ; ce qui s'y voit quelquefois d'irrégulier et d'imparfait suppose règle et perfection ; l'ordre s'y maintient jusque dans le désordre. Mais notre esprit, accoutumé à l'étude de la vie chez les grands animaux, s'est fait d'après leur considération une idée absolue de la création. Tout ce qui n'atteint pas, tout ce qui dépasse nos types de convention, tout ce qui s'écarte même de leur arrangement le plus ordinaire, est déclaré une infraction aux lois que nous avons supposées, et comme tel repoussé quelquefois et du domaine de la nature et du domaine de la science. C'est en partant de là que les zootomistes et les philosophes qui ont porté leurs regards sur les corps organisés avaient défini l'anomalie, la monstruosité, toute conformation différente de ce qui *doit être*, comme s'ils avaient eu la certitude de savoir ce qui doit être dans un corps organisé !

Prétention étrange qui, plus que tous les systèmes, a entravé la marche des sciences anatomiques et physiologiques, et les arrête encore dans leur essor ! On a vu Aristote limiter l'animalité aux êtres qui étaient pourvus d'un cœur. On a vu Galien déclarer impossible à la nature ce qu'il y avait d'imprévu dans ses causes finales. On a vu Haller, dans sa vieillesse, admettre des fonctions sans organes. On a vu enfin, pendant des siècles, les anomalies organiques repoussées avec horreur de la physiologie. Tout cela paraît absurde aujourd'hui, et l'on n'en persiste pas moins dans l'absolu de ces mêmes idées. Ainsi nous croyons bien connaître le plan d'après lequel ont été construits les animaux vertébrés, et nous déclarons aussitôt que tout ce qui s'en écartera, que tout ce qui pourra déranger nos conceptions en sera repoussé. Ainsi nous voulons bien qu'on s'occupe des anomalies, des monstruosités, mais à condition qu'on les rejettera sur un plan différent de celui des vertébrés réguliers; à condition qu'on admettra pour eux des germes spéciaux et des lois particulières de développement. Mais tandis que nous procédons ainsi par la voie d'exclusion qui nous est habituelle, voilà que des recherches nouvelles dévoilent la composition et la structure des animaux invertébrés : la plus grande moitié du règne animal demande à se placer dans nos divisions trop arbitraires. Comment l'y admettre? les organismes y sont sens dessus dessous comparés à ceux des vertébrés; tout y est différent, changé de place : cette harmonie, cette corrélation des parties qu'il nous a plu de déclarer inséparables de la vie, ne s'y observe plus. Les monstruosités étaient choquantes sans doute, mais du moins le plus grand nombre d'entre elles n'étant pas viable, on pouvait, sans trop choquer la raison, les mettre de côté, et les regarder en quelque sorte comme non avenues. Mais les invertébrés étant des anomalies vivantes, soumises à des lois constantes d'existence et de reproduction, le même procédé ne leur était guère applicable. Qu'en faire donc? Le plus simple eût été sans doute de reconnaître que nos vues sur les vertébrés étaient trop restreintes, et de chercher à les élargir par la voie de l'organogénie. Mais l'organogénie existant à peine, ses données n'étaient pas susceptibles de cette application. Dans cette insuffisance, et pour sortir de l'embarras qu'occasionnaient les organismes des invertébrés, on imagina qu'ils avaient été construits sur un plan particulier tout différent de celui des vertébrés. On supposa à la création deux puissances, deux volontés, l'une pour produire les vertébrés, la seconde pour donner naissance aux invertébrés, et l'on mit en parallèle ces deux produits, dont chacun avait ses lois propres de formation et de développement, et qui n'avaient de commun entre eux que la vie. On procéda comme avaient procédé Aristote, Galien, Haller et Bonnet; et, comme eux, on finit par se persuader hardiment que notre insuffisance était aussi celle de la nature. On eut donc ainsi trois plans de formation : un plan pour les vertébrés, un second pour les invertébrés, et un troisième pour les anomalies organiques.

Mais tandis que l'homme divise dans sa pensée, la nature et le temps, ce grand maître dans les sciences, sont là qui réunissent dans leur action. Cette action lente, mais positive, a déjà fait rentrer, par les progrès de l'organogénie, les anomalies organiques dans les lois de formation et de développement qui sont propres aux organismes normaux. De trois plans il n'en reste plus que deux, et bientôt peut-être il n'y en aura plus qu'un ; car les invertébrés franchissent de toutes parts les barrières que leur a imposées le préjugé. Remarquons, en effet, que si l'organogénie a replacé dans les lois communes les monstruosités, dont les organismes sont si anormaux que la vie est rendue impossible, à plus forte raison doit-on espérer d'y faire rentrer les invertébrés dont les organismes anormaux, à la vérité, sont néanmoins parfaitement viables. *A priori* cette possibilité est évidente ; mais, ainsi que nous l'avons déjà dit, nous voulons rejeter ici entièrement de notre esprit les déductions *à priori*, et n'appeler à notre aide que les lumières que peuvent nous fournir l'observation et l'expérience. Essayons donc de montrer ce que peut, dans son état présent, l'organogénie pour élucider une question si capitale pour l'anatomie, la physiologie et la zoologie.

Et d'abord connaissons bien les difficultés principales qui s'opposent à la liaison naturelle des invertébrés aux vertébrés. Ces difficultés sont de deux sortes : elles viennent en premier lieu de l'inversion des organismes des invertébrés, de leur renversement d'attitude par rapport à l'attitude de

ceux des vertébrés ; et, en second lieu, des différences inconciliables qui séparent le système nerveux ganglionnaire
des animaux inférieurs du système cérébro-spinal des animaux supérieurs. Si donc nous parvenons d'une part à expliquer par l'organogénie ce renversement d'attitude des
organismes, et à montrer de l'autre que les invertébrés sont
dépourvus de système cérébro-spinal, et que le ganglion-
nement de leur système nerveux correspond de tous points
à l'un des systèmes nerveux ganglionnés des vertébrés, nous
aurons aplani les principaux obstacles qui séparent l'un de
l'autre les deux embranchemens du règne animal. Ainsi,
passons maintenant aux faits, en commençant par le renversement d'attitude des organismes.

Ce fait du renversement des organismes est sans contredit le plus inattendu et le plus singulier que puisse offrir
l'organologie animale. Rien dans la composition des animaux ne pouvait en rendre raison, ni chez les vertébrés ni
chez les invertébrés parvenus au terme de leur développement. A lui seul il justifiait par son contraste la séparation établie entre les deux embranchemens ; mais à lui seul
aussi il devait suffire à prouver toute l'influence que l'organogénie est appelée à exercer sur l'avenir de la science. Or,
on sait que chez les invertébrés, de même que chez les vertébrés, l'ovule se compose, 1° d'une membrane externe, de
la vésicule prolifère et de la masse vitelline ; 2° qu'après
l'imprégnation, la membrane prolifère ou blastodermique
succède à la vésicule, et, comme elle, repose sur le vitellus ;
5° enfin, que la lame muqueuse d'où provient l'intestin est
en communication directe avec le vitellus ou la vésicule
ombilicale. Jusque là tout est analogue dans les deux embranchemens ; mais ici se manifeste la cause organogénique
du renversement qui nous occupe. En effet, dans ses premiers développemens, l'embryon des vertébrés est couché
à plat ventre sur le vitellus, de sorte que les formations qui
proviennent de la lame externe du blastoderme sont obligées

de s'effectuer par-dessus le canal intestinal qui fixe le jeune embryon dans cette position. L'attitude que prennent les organismes chez les vertébrés est ainsi commandée par ce lien immédiat qui forme une sorte de ligament vitello-embryonnaire. Supposez maintenant que le vitellus, au lieu d'être situé au-dessous de l'embryon primitif, soit placé au-dessus, il est évident qu'en se développant dans cette nouvelle situation, les organismes seront forcés de se placer, au fur et à mesure de leur manifestation, immédiatement au-dessous ou au bas du canal intestinal, au lieu de se loger au haut ou au-dessus, comme dans le cas précédent. Or, c'est justement ce qui a lieu chez les invertébrés. Chez eux, le vitellus est au-dessus, au lieu d'être en dessous, comme chez les vertébrés ; de sorte que, si chez ces derniers l'embryon repose sur le vitellus, chez les invertébrés, au contraire, c'est le vitellus qui repose sur l'embryon. Ce beau résultat, préparé par une des vues les plus hardies que M. Geoffroy Saint-Hilaire ait émises en zoologie, a été rendu si évident par les travaux anatomiques de MM. Ratké, de Baer, Carus et Valentin, etc., que nulle vérité n'est mieux établie en zootomie, que ne l'est ce rapport inverse de la vésicule ombilicale et de l'embryon dans les deux embranchemens.

Or, que l'on suive maintenant les conséquences nécessaires de ce fait primordial de l'embryogénie dans les deux embranchemens ; n'est-il pas évident que chez les vertébrés l'axe cérébro-spinal qui provient de la lame externe du blastoderme devra se placer au-dessus de l'intestin, tandis que chez les invertébrés leur axe nerveux devra se placer en dessous ? N'est-il pas évident que les premières ébauches du système sanguin provenant de la lame vasculaire du blastoderme devront prendre position chez les vertébrés au-dessous du canal intestinal, tandis qu'elles ne pourront le faire qu'au-dessus chez les invertébrés ? N'est-il pas évident que les membres satellites du système nerveux dans les deux embranchemens devront se jeter en avant et en haut chez les vertébrés, et en bas et en arrière chez les invertébrés ? Toutes ces dispositions se suivent et se commandent réciproquement dans l'harmonisation de ces organismes fondamentaux, auxquels le système digestif sert de guide et de pivot. C'est là ce qui explique la position qu'occupent d'abord les veines descendantes et le cœur, de la trentième à la quarante-cinquième heure de l'incubation ; c'est là ce qui seul peut rendre compte, ainsi que nous le montrerons, des évolutions premières de l'organe central de la circulation.

On voit donc, en premier lieu, comment le canal intestinal devient le régulateur des organismes dans l'ébauche première de l'embryogénie ; comment sa présence et ses rapports commandent et obligent la situation que prennent autour de lui, et le système nerveux, et le système sanguin, et les appareils locomoteurs ; enfin comment la position de l'intestin primitif est elle-même subordonnée au rapport de la vésicule ombilicale avec l'embryon dans les deux embranchemens. D'où il suit en définitive que ce renversement d'attitude des organismes, si inexplicable quand on considère les vertébrés et les invertébrés parvenus au terme de leur développement, est en soi d'une simplicité parfaite lorsqu'on s'élève aux ébauches premières de l'organogénie, et qu'on suit d'une part l'apparition successive des organismes, et de l'autre les rapports nécessaires qui s'établissent entre eux. D'autres considérations non moins importantes se rattachent à ces rapports primitifs du blastoderme et de la vésicule ombilicale dans les deux embranchemens ; mais nous y reviendrons ailleurs, le renversement d'attitude des organismes seul ayant dû nous occuper présentement.

Ainsi ce parallèle nous amène toujours à conclure, par la force des faits, que les invertébrés sont des embryons permanens des vertébrés ; de sorte que c'est toujours aussi dans la vie fœtale de ces derniers que, sans admettre un changement de plan, nous trouvons l'explication des organismes imparfaits qui les constituent. Cependant les vertébrés ne diffèrent pas seulement des invertébrés par une évolution plus parfaite de leurs organes, ils s'en distinguent surtout par l'addition d'un organisme tout entier, qui, en raison de son importance, exerce sur tous les développemens l'influence la plus puissante. Cet organisme est l'axe cérébro-spinal du système nerveux. Les vertébrés sont donc des animaux *cérébro-spiniens;* les invertébrés sont, au contraire, *acérébro-spiniens.* Ce trait seul les caractérise véritablement, et distingue profondément l'un de l'autre les deux embranchemens du règne animal.

Telle n'est pas l'opinion reçue ; car un des graves inconvéniens de la supposition des deux plans a été de mettre en parallèle, comme s'ils eussent été essentiellement analogues, les organismes parfaits de l'un et de l'autre, et d'arriver ainsi à des rapprochemens dont le contraste piquant pour la zootomie différentielle n'était pas admissible en anatomie comparée. Si les organismes étaient supposés véritablement analogues dans les deux embranchemens, concevrait-on des mollusques, si descendus dans l'échelle animale, respirant par une surface deux fois plus étendue que ne le sont les appareils respiratoires de tous les vertébrés ? Concevrait-on un appareil de circulation avec deux puissances d'impulsion du sang, telles que les deux cœurs des arches, de la lingule et des térébratules, ou telles encore que les trois cœurs des gastéropodes, tandis que les poissons et les reptiles ne seraient pourvus que d'un cœur unique très imparfait ? De semblables résultats n'indiquaient-ils pas hautement qu'on était sur une fausse ligne de rapports, et que l'on comparait des objets qui n'étaient pas comparables ? N'étaient-ils pas suffisans pour indiquer qu'il fallait trouver dans l'embryogénie des vertébrés à l'état transitoire, les correspondans de ces appareils permanens des animaux invertébrés? Mais plus encore; le résultat le plus incompréhensible auquel on arrivait par cette méthode de comparaison était celui qui assimilait le système nerveux central des invertébrés à l'axe cérébro-spinal des vertébrés. Ici on était vraiment dans l'absurde. Faut-il en effet être anatomiste pour comprendre qu'un annélide, le lombric terrestre, par exemple, ne saurait être dirigé dans ses relations extérieures par un axe cérébro-spinal dont le rapport, proportionnel à la masse du corps, dépasserait celui des mammifères et de l'homme? N'est-ce pas le cas de dire avec notre illustre Laplace : *On le prouverait que je n'y croirais pas.* Or, loin d'être prouvée, cette analogie est repoussée par toutes les données positives de l'anatomie et de la physiologie du système nerveux ; elle est repoussée, ainsi que nous l'avons établi dans l'anatomie comparée du cerveau, par les données positives de la névrogénie ; et, en les rappelant, nous avons voulu surtout montrer à quelles conséquences conduit en anatomie une base vicieuse de comparaison résultant d'un défaut de détermination.

Mais il ne suffit pas d'avoir établi ce que n'est pas l'axe nerveux des invertébrés, ce qu'il ne saurait être, il faut encore prouver ce qu'il est, afin de ne laisser aucune indécision dans la concordance de ce système fondamental et distinctif de l'animalité. Essayons donc de prouver à quelle partie du système nerveux des vertébrés correspond le système nerveux central des invertébrés. Rappelons à ce sujet qu'outre l'axe cérébro-spinal qui les caractérise, le système nerveux des vertébrés et de l'homme se compose de deux chaînes ganglionnées, placées l'une en arrière, et l'autre en avant du corps des vertèbres ; rappelons encore que ces ganglions communiquent entre eux par des cordons intermédiaires qu'ils s'envoient réciproquement de ganglion en ganglion, de manière à former le long de l'épine quatre cordons nerveux non interrompus ; rappelons enfin que les chaînes nerveuses sont indépendantes l'une de l'autre, c'est-à-dire que l'antérieure est isolée de la postérieure, avec laquelle elle n'a aucune communication directe. Cet isolement des chaînes nerveuses des vertébrés n'est pas important en anatomie seulement, il l'est surtout en physiologie par la distinction des fonctions qui sont dévolues en particulier à chacune d'elles. Ainsi la chaîne antérieure qui constitue le grand sympathique est dévolue aux organes de la vie végétative ou de nutrition, et reste étrangère aux organes de la vie de relation ; et, au contraire, la chaîne postérieure constituée par la série des ganglions inter-vertébraux est dévolue aux fonctions de relation, aux appareils locomoteurs particulièrement ; tandis que son action reste complétement étrangère aux fonctions et aux organes de la vie de nutrition. Cela posé, venons à la détermination du système nerveux central des invertébrés. Disons d'abord que la chaîne nerveuse qui paraît unique chez les insectes, les crustacés et beaucoup d'annélides, est primitivement double ; il y a une chaîne à droite et l'autre à gauche ; les traces de cette dualité se conservent constamment, et chez tous, au pourtour de l'œsophage, et souvent, chez les insectes et les crustacés, dans diverses régions du corps. L'unité de la chaîne nerveuse des invertébrés parfaits est donc un résultat de leur évolution ; plus la métamorphose est complète chez les insectes, plus l'unité de la chaîne nerveuse est constituée, et, au contraire, chez les insectes à métamorphose incomplète, la dualité primitive se dessine encore sur les ganglions réunis ; chez les crustacés arrivés au terme de leur développement, la dualité primitive est reconnaissable sur presque tous les ganglions associés ou pénétrés ; enfin la chaîne est complétement désunie chez le talitre et le cimothoë ; chez ces derniers crustacés, il y a deux chaînes ganglionnaires permanentes, et ces deux chaînes reproduisent exactement les deux chaînes nerveuses transitoires que pré-

sente l'embryon de l'écrevisse. On sait de plus que les cirripèdes, les anodontes et les balanes offrent constamment, et
à leur état parfait, les deux chaînes nerveuses isolées l'une
de l'autre ; disposition remarquable sans doute par sa coïn-
cidence avec l'état embryonnaire de ces animaux, mais plus
remarquable encore en ce qu'elle sert de passage au système
nerveux des mollusques, chez lesquels la centralisation du
système nerveux disparaît ; de sorte que les chaînes nerveuses se déjettent à droite et à gauche, et sont ainsi maintenues à distance l'une de l'autre. Il suit de là que l'on peut
regarder comme un fait acquis et démontré anatomique-
ment que le système nerveux central des invertébrés se
compose de deux chaînes nerveuses totalement séparées l'une
de l'autre, ou associées à des degrés divers, selon la classe
où on les considère. Il suit encore que ces deux chaînes
nerveuses des invertébrés sont les analogues, ou des deux
chaînes nerveuses du grand sympathique des vertébrés, ou
des deux chaînes nerveuses que forme chez ces derniers
animaux l'ensemble des ganglions inter-vertébraux. Ce premier pas fait, il ne reste plus qu'à spécialiser à laquelle des
deux chaînes nerveuses des vertébrés correspond celle des
invertébrés : est-ce au grand sympathique ? est-ce aux
ganglions inter-vertébraux ? L'anatomie ayant donné la
solution de la première partie de la question, c'est à la
physiologie à résoudre la seconde. Or, nous venons de voir
que des deux chaînes ganglionnées des vertébrés, l'une est
dévolue spécialement aux organes de la vie végétative,
tandis que l'autre est affectée particulièrement aux organes
locomoteurs et à la vie de relation. L'action spéciale de la
chaîne ganglionnée des invertébrés précisera donc sa détermination ; car si elle est dévolue aux organes nutritifs, elle
sera l'analogue du grand sympathique ; si elle est dévolue,
au contraire, aux organes locomoteurs et à la vie de relation
sa concordance devra être rapportée aux ganglions inter-vertébraux. Or tout établit, tout démontre que le système ner-

veux central des invertébrés est le satellite constant des organes locomoteurs et de relation ; il paraît et disparaît avec ces organes, il se déplace et les accompagne lorsque les organes locomoteurs se transportent d'une partie de l'animal à l'autre. Il se raccourcit et se concentre lorsque, dans le passage de l'état de chrysalide à celui d'insecte, les organes locomoteurs de la larve se concentrent et se pénètrent pour constituer des organes locomoteurs plus parfaits. Il suit enfin toutes les phases des organes de la vie de relation, tandis qu'il reste tout-à-fait étranger aux organes de la vie de nutrition, ce que fait aussi le système nerveux des ganglions inter-vertébraux chez les vertébrés.

Cette détermination ne laisserait donc rien à désirer ; elle offrirait tout le degré de certitude désirable en anatomie, si, chez les invertébrés, nous pouvions retrouver le grand sympathique, qui, comme on le sait, a disparu en grande partie dans les deux dernières classes des vertébrés. Or, cette dernière preuve nous a été fournie par l'observation directe : en premier lieu, chez les crustatés décapodes (1), et en second lieu, chez la larve de l'orycte nasicorne, chez laquelle il est beaucoup plus développé que chez l'animal parfait (2). M. Brand l'a décrit ensuite dans plusieurs genres d'insectes. Le système nerveux des invertébrés est donc

(1) Voy. *Règne animal*, Crustacés décapodes, p. 31. C'est par suite de cette démonstration que Latreille prit le système nerveux pour base de la distinction des deux embranchemens du règne animal.

(2) Si on découvre la tête de la larve de ce coléoptère (*S. nasicornis*, Linné), comme on a coutume d'ouvrir le crâne des vertébrés, on rencontre en premier lieu une couche épaisse de muscles, située sur ses parties latérales ; au-dessous de cette couche, et sur la partie moyenne, on trouve en second lieu un tissu adipeux, blanchâtre, granuleux. Si on enlève avec soin ce dernier tissu, on observe, immédiatement au-dessous de lui, un corps d'un gris ardoisé clair, de la largeur d'un millimètre environ sur trois et

l'analogue des ganglions inter-vertébraux des vertébrés. Cette certitude acquise, que de notions importantes s'y rattachent et en découlent ! que de vérités nous apparaissent sous un jour nouveau, et se fortifient mutuellement par leur concordance dans les deux embranchemens ! Je n'en veux citer que quelques exemples.

Ainsi que nous l'avons établi, et que Latreille l'avait apprécié, la découverte du grand sympathique chez les invertébrés n'est pas seulement importante comme fait, elle le devient principalement comme moyen de détermination. Or, le type des rapports de cet organe nous est donné par les mammifères et l'homme, chez lesquels le grand sympathique est porté à son maximum de développement. Avec lequel des deux systèmes nerveux se réunit-il dans cette classe ? Est-ce avec le cerveau et la moelle épinière, ou avec les ganglions inter-vertébraux ? On conçoit que la connexion va être ici déterminante et décisive en quelque sorte ; car si le grand sympathique se joint habituellement à l'axe cérébro-spinal, nul doute que la chaîne nerveuse avec laquelle il se met en relation chez les invertébrés ne puisse être considérée comme l'analogue de cet axe. Mais si, au

quatre millimètres de long. Au-devant de ce corps existent les ganglions pro œsophagiens, très volumineux.

A l'œil nu ce corps paraît homogène ; on le prendrait pour cette couche gélatineuse qui recouvre l'encéphale de certains poissons. Mais après l'avoir plongé dans l'eau afin de détacher la matière adipeuse, si on l'examine à la loupe et à une vive lumière, on découvre un cordon ganglionné ; de chaque nœud partent quatre filets déliés que l'on ne voit qu'à l'aide de la loupe, et qui se distribuent sur l'œsophage : les filets antérieurs vont rejoindre la partie postérieure des ganglions pro-œsophagiens. Le plus souvent j'ai compté trois ganglions, quelquefois j'en ai rencontré quatre. Les deux filets qui terminent le grand sympathique m'ont paru se perdre dans un tissu granulé, bleuâtre, qui ne m'a plus offert les caractères du système nerveux.

contraire, il se réunit avec le système des ganglions inter-vertébraux, nul doute aussi que l'appareil nerveux des invertébrés n'en soit le véritable représentant. Or il est à peine nécessaire de dire que constamment, chez l'homme et les mammifères, les cordons du grand sympathique vont rejoindre les branches antérieures des ganglions inter-vertébraux. La connexion vient donc corroborer les preuves que nous avons déjà données de la signification du système nerveux de l'embranchement inférieur.

CHAPITRE XI.

Application de la détermination du système nerveux des invertébrés à la classification des mollusques et au renversement d'attitude des organismes.

Aristote, ayant fait du mouvement la ligne de démarcation qui séparait les animaux des végétaux, dirigea particulièrement ses vues sur leurs appareils locomoteurs. Galien, qui en approfondit beaucoup mieux le mécanisme et le jeu, appliqua le nom de *membre* à toute partie se mouvant sous l'empire de la volonté ; tout mouvement qui s'exécutait en dehors de cet empire était relégué, même chez les animaux supérieurs, parmi les mouvemens végétatifs ayant pour objet et pour but l'entretien de la vie. En conséquence de cette vue physiologique, Galien distingua les organismes des animaux en deux classes : les organismes de relation et ceux de nutrition, division devenue célèbre depuis Bichat, sous le nom d'organes de la vie animale et de la vie organique. Mais Bichat, qui ne s'occupait que de l'homme, n'osa pas appliquer le nom de membre à la langue, au larynx, à l'œil, aux maxillaires ; il se renferma, comme ses prédécesseurs, dans l'acception des extrémités supérieures et inférieures auxquelles fut limité le nom de membres. Le parallèle que Galien avait cherché à établir entre l'organisation du membre supérieur et celle de l'inférieur, développé avec tant de sagacité par Vicq-d'Azyr, fut repris par Spix, Oken et Meckel, qui, sous le nom d'*homologie*, poussèrent jusque dans ses dernières conséquences l'idée première de Galien, en cherchant dans tous les appareils volontaires la répétition des extrémités. L'imperfection des connaissances embryogéniques fit échouer cette entreprise chez les vertébrés ; mais chez les invertébrés, dont l'organisation embryonnaire est partout si frappante, l'homologie ne se borna pas aux appareils de translation ; elle fut poussée pour les articulés jusqu'à l'évidence, depuis les organes locomoteurs jusqu'aux régions entières du corps. La dénomination de pattes-mâchoires, qui avait soulevé tant d'oppositions chez les vertébrés, n'en éprouva aucune chez les articulés. Nous ne suivrons pas MM. Savigny, Latreille, Oken, Dugès, Léon Dufour, Audouin, Strauss, Milne Edwards, etc., dans la longue série de recherches qui ont mis hors de doute la composition homologique des animaux articulés ; mais nous ferons remarquer que c'est de l'ensemble de ces recherches qu'est sorti le principe si fécond de l'emploi des appareils locomoteurs dans la classification des invertébrés ; principe dont MM. Cuvier, Latreille, de Blainville et Strauss ont les premiers montré toute la fixité.

Or si, comme nous venons de le dire, le système nerveux des invertébrés est le satellite des organes locomoteurs, on conçoit que cette fixité doit se reproduire dans sa disposition, et s'y reproduit en effet. Les beaux travaux de M. Strauss sur le système nerveux des insectes sont particulièrement remarquables sous ce rapport, et c'est aussi sous ce rapport que nos propres recherches sur le système nerveux des mollusques ont fixé l'attention des zootomistes, par la concordance qu'elles ont établie entre ce système et les ambulacres de ces animaux. Cette concordance est d'autant plus frappante, que rien n'est plus variable dans l'organisation que la position qu'occupent chez les mollusques les organes locomoteurs ; tantôt ils environnent la bouche, tantôt ils se placent en forme d'ailes ou de bras sur les côtés de la tête, comme cela a lieu chez les ptéropodes et les brachiopodes ; tantôt ils se portent, comme chez les gastéropodes, au-dessous de l'abdomen ; d'autres fois leurs appendices forment, chez les céphalopodes, une sorte de couronne qui entoure la tête ; d'autres fois encore les appendices, transformés en véritables membres cornés et articulés, s'alignent sur les côtés du corps des anatifes et des balanes ; enfin, chez les bivalves, la locomotion étant bornée à leur entrebâillement, son appareil est représenté par les muscles qui entr'ouvrent et referment les valves de la coquille.

Si le système nerveux des invertébrés est principalement dévolu à la locomotivité ; s'il représente véritablement la chaîne des ganglions inter-vertébraux, on voit de suite que les ganglions qui le composent devront suivre ces divers déplacemens des appareils locomoteurs. Or ils les suivent en effet, et ils les suivent d'une manière si constante, qu'on est surpris que ce rapport n'ait pas encore frappé les zootomistes.

Ainsi la lingule, dont **M.** Cuvier fait avec raison une famille à part sous le nom de brachiopodes, la lingule a ses ganglions, ou ce que l'on nomme son cerveau, situés sur les côtés, et dans l'espèce d'étranglement qui forme la base de chaque bras.

Ainsi, chez le *clio borealis* les ganglions les plus volumineux sont placés à la racine des deux corps que l'on a comparés à des ailes à cause de l'usage qu'en fait l'animal pour se déplacer. Sous ce rapport, le *thétys* peut être rapproché du clio ; car le voile musculeux qui entoure sa tête, et au moyen duquel il nage, peut être considéré comme les deux ailes de ce dernier, réunies et étendues. Or, ainsi que chez le clio, les ganglions principaux du système nerveux siègent sur le *thétys* aux deux racines latérales de cet appareil locomoteur.

La nombreuse famille des gastéropodes est surtout remarquable par ce déplacement du système nerveux : car quel que soit le point qu'occupe le pied sous l'abdomen, constamment des ganglions volumineux viennent, en se détachant de la tête, se loger au-dessus des muscles destinés à le mouvoir. Les *patelles*, les *oscabrions*, les *limaces*, les *hélices*, offrent des exemples remarquables et frappans de cette disposition. Quelquefois même, comme chez les *aplysies*, les ganglions du pied sont si volumineux, comparativement à ceux de la tête, qu'ainsi que l'observe M. Cuvier, ils ont autant de droits, les uns que les autres, à porter le nom de cerveau.

Les appendices brachiaux de la *lingule*, les ailes du *clio borealis*, la trompe du grand *buccin*, la voile natatrice du *thétys*, préparent insensiblement à la concentration des organes locomoteurs autour de la tête des *céphalopodes*. C'est en effet par cette disposition que se distinguent les poulpes et les seiches. Or, chez ces mollusques, les ganglions nerveux, disséminés comme on vient de le voir chez les brachiopodes, les ptéropodes, les gastéropodes, viennent tous, appelés par l'appareil locomoteur, se grouper autour de la tête, où ils forment la masse nerveuse la plus considérable que l'on observe dans cette classe.

La plus exiguë se voit au contraire chez les bivalves, qui sont des acéphales dans toute l'acception du mot. Ici plus d'ailes, plus de bras, plus de pied abdominal, plus d'ambulacres autour de la tête. Les bivalves sont en quelque sorte parasites ; ils ne bougent pas de place. Leur locomotion est limitée au mouvement des valves sur leur charnière, si improprement comparée par Oken à la moelle épinière, et ce mouvement est exécuté par deux trousseaux robustes de fibres musculaires qui s'insèrent dans son voisinage. Au centre de chaque faisceau de muscles sont venus se loger les deux ganglions qui représentent leur système nerveux. Ici encore, ce système s'est complétement mis au service de l'appareil locomoteur. La dose de système nerveux dévolue aux mollusques semble être la même pour tous, et sa répartition est rigoureusement commandée par la disposition des organes de locomotion. La concentration des palpes autour de la tête chez les céphalopodes a ramassé leur système nerveux vers cette partie, mais en en privant les autres régions, de sorte que chez eux il n'y a rien que l'on puisse comparer à ce que l'on nomme moelle épinière chez les insectes et les crustacés. Mais supposez que, comme cela a lieu chez les crustacés et les insectes, les appareils locomoteurs abandonnent complétement la tête pour venir s'aligner chez les mollusques sur les côtés du corps, alors on voit que si la proposition que nous développons est exacte, que si le système nerveux est dévolu à la locomotivité, ses ganglions devront aussitôt délaisser la tête pour se porter sur les flancs de l'animal. Le système nerveux quittera la disposition générale qu'il offre chez les malacozoaires pour revêtir celle qu'il offre chez les insectes et les crustacés. Or, c'est en tous points ce qui arrive chez les cirripèdes. Ces animaux se distinguent des autres mollusques par les membres cornés et articulés qui, au nombre de six de chaque côté, se placent sur les régions latérales du corps; ils se distinguent également par l'atrophie et l'avortement des parties qui constituent la tête; ce sont presque des acéphales. Cette organisation si singulière est si exactement reproduite par la disposition que prend le système nerveux, que celui-ci lui semble entièrement subordonné. Ainsi, tandis que les ganglions nerveux se placent vis-à-vis de chaque membre aux mouvemens duquel ils doivent présider, ils abandonnent si complétement la tête, qu'il a fallu toute l'habileté de MM. Martin Saint-Ange et Burmeister pour découvrir le filet céphalique qui complète en avant la chaîne nerveuse des anatifes et des balanes. Telle est l'expression exacte des faits dans la classe entière des mollusques; en les comparant à ceux que présentent les ganglions inter-vertébraux des vertébrés on juge leur similitude ; chez les invertébrés, de même que chez les vertébrés, on voit ces ganglions se dévouer au service des membres, se multiplier lorsqu'ils se multiplient, diminuer lorsqu'ils diminuent, grossir avec eux, s'atrophier lorsqu'ils s'atrophient, se déplacer enfin, lorsque les membres se déplacent. Ce déplacement des ganglions, qui constitue un caractère si remarquable du système nerveux des invertébrés, est rendu possible, et possible seulement, par les filets intermédiaires analogues aux filets inter-vertébraux, lesquels, selon les besoins, s'allongent ou se raccourcissent. Le système nerveux des invertébrés est donc bien parfaitement l'analogue des ganglions inter-vertébraux des vertébrés. C'est toujours la même conclusion qui ressort des faits, de quelque manière qu'on les envisage ; et, de quelque manière qu'on les envisage, il est impossible qu'on leur applique l'ancienne détermination sans choquer la raison.

Que l'on en juge par un seul exemple : la concentration des ganglions nerveux au pourtour de la tête des céphalopodes rendit possible leur division en deux groupes, l'un antérieur, l'autre postérieur; et aussitôt, sans égard pour les règles que l'expérience a consacrées, on compara le premier au cerveau des vertébrés, et le second à leur cervelet. Cette dernière comparaison parut d'autant plus piquante que tout le monde sait que le cervelet est si réduit chez les anguilliformes parmi les poissons, et chez les batraciens parmi les reptiles, que plusieurs anatomistes ont mis en doute son existence chez ces vertébrés. Voilà donc les céphalopodes élevés au-dessus de ces animaux par leur encéphale. Ce n'est pas tout : l'organogénie a prouvé sans réplique que la moelle épinière est indispensable à la formation de tout encéphale ; chez les céphalopodes, on avait un cerveau et un cervelet sans moelle épinière. Quel contraste! disait-on; quelle anomalie! Ce n'est pas tout encore. Ce cerveau, que nous plaçons par habitude dans la tête, se portait sur les côtés du col chez les ptéropodes, sous l'aisselle des brachiopodes, sous le ventre des gastéropodes, et à droite et à gauche de la charnière des bivalves. Si la méthode analogique avait conduit à de pareils résultats, si elle eût accordé deux cerveaux aux huîtres, de quelles critiques n'eût-elle pas été l'objet! Soyons justes, cependant: la zootomie différentielle recula devant les conclusions de cette nature à laquelle la conduisaient ses principes, et elle en voila la singularité en assurant que les invertébrés étaient construits sur un plan différent des vertébrés; que par conséquent les règles de formation et de développement n'étaient pas les mêmes dans l'un et l'autre embranchement, que par conséquent l'échelle des êtres était une chimère qu'elle repoussait. En présence de faits qu'ils ne pouvaient expliquer, les anciens physiciens assurèrent que la nature avait *horreur du vide.* Cette horreur prétendue de la nature a disparu devant les progrès de la physique; nous pouvons bien espérer maintenant qu'il en sera de même en zootomie (1).

En attendant, nous devons faire remarquer la similitude

(1) La classification parallélique de M. le professeur Isidore Geoffroy Saint-Hilaire nous paraît de nature à avancer ce résultat si désirable en zoologie. Les idées qui servent de base à cette nouvelle classification, quoique exposées par notre célèbre zoologiste en 1832 (*Considérations sur les caractères employés en ornithologie pour la distinction des genres, des familles et des ordres*), et professées par lui au Muséum depuis plusieurs années, étant encore peu connues, nous devons à son obligeance l'analyse qui suit; analyse qui fera connaître l'esprit et la portée de la classification parallélique en zoologie, dont nous montrerons toute l'importance pour la distinction des races humaines dont les séries parallèles nous paraissent propres à faire cesser l'in-

de rapport qui existe entre les ganglions inter-vertébraux des vertébrés et le système nerveux des invertébrés. On

certitude. (Voyez Rapport sur les résultats scientifiques du voyage de *l'Astrolabe* et de *la Zélée*, partie anthropologique.)

« Non seulement les zoologistes n'admettent aujourd'hui ni l'idée de *l'échelle animale*, telle que Bonnet l'avait déduite des doctrines philosophiques de Leibnitz, ni l'hypothèse, au fond identique avec celle-ci, d'une *série continue* parmi les animaux ; mais une série *unique*, *uni-linéaire*, qu'on la suppose continue ou discontinue, est également inadmissible. Les animaux ne se suivent pas dans l'ordre naturel, comme, dans une chaine, un chainon suit l'autre D'une part, certains échelons de la prétendue chaîne animale, certains chaînons nécessaires à l'intégrité de la chaîne qui représenterait la série des animaux, selon les idées de Bonnet, manquent, et sans nul doute manqueront toujours, objection faite depuis long-temps, et qui subsiste dans toute sa force. D'autres difficultés, précisément inverses, ont été soulevées dans ces derniers temps, non plus contre la continuité de l'échelle ou de la série animale, mais contre la disposition uni-linéaire, uni-sériale du règne animal. La série ne s'écarte pas seulement du plan idéal qu'on s'en était tracé, en ce qu'elle présente des lacunes, mais aussi, en sens inverse, en ce que certains degrés d'organisation se trouvent plusieurs fois représentés, en ce que tantôt elle est incomplète, et tantôt elle se dédouble en quelque sorte, ou même se multiplie davantage encore dans certaines parties.

» En d'autres termes, et pour recourir à des expressions abstraites qui nous permettront d'être plus concis, les séries réelles sont loin de se présenter toujours sous cette forme :

$$A, B, C, D, E, F. \ldots Z.$$

» Souvent des termes manquent, et la série devient, par exemple,

$$A, C, F. \ldots Z.$$

» Souvent aussi il existe des termes surabondans, des redoublemens partiels, d'où cette forme beaucoup plus complexe :

$$A, A', B, B', C, C'. \ldots Z, Z'.$$

sait en effet, depuis nos travaux, que chez les mammifères et l'homme les ganglions inter-vertébraux sont développés

« De ces notions, qui résument en elles un très grand nombre de faits, les conséquences suivantes se déduisent relativement aux classifications. Les formes et le plan des classifications ordinaires sont conciliables avec l'existence de séries incomplètes, telles que :

$$A, C, F. \ . \ . \ . \ . \ Z,$$

dont tous les termes, en effet, se suivent dans un ordre logique, quoiqu'à distances inégales. Au contraire, l'existence de termes surabondans, de redoublemens dans la série, entraîne la nécessité de classifications établies sur un plan nouveau, et dans lesquelles les animaux se trouvent disposés, non sur une série unique, mais sur plusieurs séries parallèles, composées de termes réciproquement analogues et se correspondant des unes aux autres. C'est ce mode de classification, appliqué d'abord il y a dix ans à la classe des oiseaux, et déjà étendu à presque toutes les classes du règne animal, qui a reçu le nom de *classification paralléique.*

» Une telle classification est la seule qui puisse exprimer les rapports des êtres, lorsqu'il y a répétition des termes de la série, ou même simple redoublement.

» Soit la suite de termes indiquée plus haut :

$$A, B, B', C, C'. \ . \ . \ . \ . \ Z, Z'.$$

» Hors de l'établissement de deux séries parallèles qui seraient ici :

$$
\begin{array}{ccc}
A. & \ . \ . \ . \ . & A' \\
B. & \ . \ . \ . \ . & B' \\
C. & \ . \ . \ . & C' \\
\vdots & & \vdots \\
Z. & \ . \ . \ . \ . & Z'
\end{array}
$$

on va voir qu'il n'existe pas un seul moyen d'exprimer à la fois, d'une manière simple et logique, les rapports complexes de A avec B et avec A'; de B avec A et C, entre lesquels il est intermédiaire, et avec B' qui lui correspond d'autre part. Les combinaisons qu'emploient les auteurs rentrent toutes dans les trois suivantes :

en raison directe des membres. C'est le même rapport dont nous venons de constater une application si constante dans

1° A, A^l, B, B'. . . . . Z, Z^l.
2° A, B, C. . . . . . . Z, A^l, B^l, C'. . . . Z'.
3° A, B, C. . . . . . Z, Z^l. . . . . . . C^l, B', A^l.

» Dans la première (A, A^l, B, B'. . . . Z, Z^l , A^l placé entre A et B a cependant moins d'affinité avec B, qui le suit immédiatement, qu'avec B', dont il est séparé par B, et la même objection se reproduit contre chaque terme, le premier et le dernier exceptés. Ces deux derniers sont donc les seuls dont les rapports soient fidèlement exprimés.

» Dans la seconde (A, B, C. . . . . Z, A^l, B^l, C^l. . . . . Z'), les rapports sont bien conservés de A à Z, puis de A^l à Z'); mais Z et A^l, qui se rencontrent sur le milieu de la série, sont précisément les deux termes les plus différens entre eux, et par conséquent ceux qui devraient être le plus éloignés l'un de l'autre.

» La troisième (A, B, C . . . . Z, Z^l. . . . . C^l, B', A^l) est bien plus illogique encore que les deux précédentes. En aucun point de la série, il est vrai, deux termes très différens ne se trouvent contigus, mais l'inconvénient inverse a lieu. A et A^l, termes très analogues l'un à l'autre, sont, l'un le premier, l'autre le dernier de la série. De plus, il est facile de voir que l'ordre suivi dans la seconde partie de la série est récurrent, c'est-à-dire inverse de l'ordre suivi dans la première.

» Une telle combinaison est tellement illogique qu'on a peine à croire qu'elle ait pu être adoptée. Elle l'a été cependant, et très fréquemment, par exemple, et dans les ouvrages même les plus récents, pour la grande famille des singes. En méconnaissant le parallélisme des singes de l'ancien et de ceux du nouveau monde, on a été conduit, après avoir classé dans un certain ordre les premiers, à disposer les seconds dans un ordre directement inverse. Car il fallait choisir entre cette combinaison, quelque illogique qu'elle soit, et les deux précédentes, dont la seconde eût amené les résultats les plus disparates, et dont la première eût plusieurs fois entremêlé les genres de l'ancien et du nouveau monde. En faisant, au contraire, des singes de l'ancien monde et de ceux du nouveau, deux séries distinctes et parallèles, aucune confusion entre les deux séries n'a lieu. Le même ordre logique est conservé le système nerveux des mollusques ; rapport qui confirme la précision des bases de leur classification. Si en effet une classification zoologique a pour but principal, après le groupement des êtres, de faire ressortir la concordance qui existe entre les organismes extérieurs et les organismes dans toutes deux : tous les termes analogues de l'une et de l'autre sont mis en regard sans aucune rencontre de termes disparates, et l'on exprime avec une égale clarté les rapports de chaque terme, soit avec les termes qui le précèdent et le suivent dans sa propre série, soit avec le terme correspondant de l'autre série.

» Nous citerons un second exemple bien propre à faire comprendre l'avantage des classifications paralléliques pour l'expression des rapports naturels des êtres. On sait les opinions si contradictoires de M. Cuvier et de M. de Blainville sur le lamantin, et plus généralement sur le groupe des siréniens. Selon M. de Blainville, ces mammifères sont de véritables pachydermes ; selon M. Cuvier, il faut les reléguer à l'extrémité inférieure de la série des mammifères, parmi les cétacés. Laquelle de ces deux opinions est fondée ? Toutes deux le sont, mais incomplétement ; car les siréniens sont à la fois très analogues aux cétacés sous un point de vue, aux pachydermes sous un autre. L'expression de ces doubles rapports est impossible dans une classification uni-linéaire, et de là, dans ce cas comme dans tant d'autres, les divergences les plus frappantes entre les zoologistes, dont chacun, selon ses idées propres, exprimera de préférence tels rapports et sacrifiera tels autres. Ces difficultés s'évanouissent dès qu'on recourt à la classification parallélique. Que l'on fasse des mammifères bipèdes une série distincte, parallèle à celle des quadrupèdes, les siréniens se placent alors naturellement parmi les bipèdes, au-dessus des cétacés et vis-à-vis des pachydermes, et telle est en effet leur véritable place, car ils sont, en quelque sorte, les pachydermes de la série tout aquatique des bipèdes.

» Les classifications paralléliques, comme on peut le déduire de ces courtes remarques, dérivent donc nécessairement de cette haute vérité de philosophie naturelle : que la nature, comme elle se répète dans la création des diverses parties du même être, se répète encore dans la création des diverses séries partielles dont se compose en réalité la série animale. »

intérieurs des animaux , on voit que les appareils locomoteurs doivent être chez les mollusques leur principal point
de ralliement. Or, personne n'ignore que c'est sur les appareils locomoteurs que repose la classification si lumineuse
de Poli et de Cuvier , et on vient de voir que la disposition
qu'affectent ces appareils rend parfaitement raison de celle
de leur système nerveux. Personne n'ignore également que,
guidé par la considération des membres, M. de Blainville
a considéré les cirripèdes comme l'anneau de jonction des
mollusques aux crustacés. Or cette coupe, l'une des plus
heureuses que l'on ait faites dans le règne animal , est si
bien justifiée par leur système nerveux considéré comme
analogue aux ganglions inter-vertébraux , qu'elle nous semble devoir être admise sans réserve.

Une des applications les moins contestées de la théorie
des analogues est celle qui a fait considérer le crâne comme
une réunion de vertèbres. Mais cette conformité de composition limitée au système osseux est loin d'avoir produit
encore tout ce qu'elle renferme pour la concordance des
deux embranchemens. Déjà, dans l'anatomie comparée du
cerveau, nous y avons ajouté celle du système nerveux ;
nous avons montré que les ganglions inter-vertébraux
avaient leurs représentans dans les ganglions sus-sphé-
noïdaux-ophthalmiques, sphéno-palatins, maxillaires et sub-
linguaux. Cela fait, nous avons reconnu dans ces ganglions
les analogues de ceux qui entourent l'œsophage des invertébrés. Il suit de là, en premier lieu, que dans les deux embranchemens du règne animal l'ouverture du canal alimentaire est entourée par un anneau ganglionnaire ; et, en
second lieu, que dans les deux embranchemens, aussi, ces
ganglions envoient des branches aux organes des sens. De
plus, il n'y a, comme je l'ai fait voir, que ce rapprochement qui puisse nous rendre compte des altérations profondes qu'éprouvent les sens chez l'homme et les vertébrés
par suite des lésions des nerfs trijumeaux.

Ainsi l'anatomie, la zoologie, la physiologie, la pathologie, convergent toutes vers un même point, s'éclairent toutes par les vérités dévoilées par l'organogénie. Mais, en revanche, elles lui fournissent quelquefois les preuves les plus décisives, et c'est ce que je vais montrer par l'application de la physiologie au renversement d'attitude des organismes chez les vertébrés et les invertébrés.

Parmi les êtres organisés, les animaux seuls sont doués de deux propriétés qui les caractérisent, la sensibilité et la motilité ; le système nerveux est le siége de toutes deux. Mais chaque nerf ou chaque partie du système nerveux est-elle également propre à développer et à transmettre l'une et l'autre de ces propriétés? où bien existe-t-il des nerfs et des parties dans l'axe cérébro-spinal destinées spécialement les unes à la sensibilité, d'autres à la motilité? Personne n'ignore combien est ancienne la division des nerfs en nerfs du sentiment et en nerfs du mouvement. On sait également combien furent infructueuses les recherches de nos pères pour démontrer l'isolement de ces deux actions, dont ils avaient un pressentiment vague. Ces idées suivies avec persévérance, délaissées ensuite, puis reprises de nouveau par l'école de Haller, et délaissées encore quand s'éteignit l'impulsion donnée par ce grand physiologiste, ont enfin acquis, par les expériences faites de nos jours, tout le degré de certitude désirable en physiologie. Ces expériences, que tous les physiologistes ont répétées depuis MM. Charles Bell et Magendie, ont appris que des deux ordres de nerfs qui partent ou se rendent aux ganglions inter-vertébraux, les branches antérieures sont plus particulièrement le siége de la motilité, tandis que les branches postérieures sont plus spécialement le siége de la sensibilité. Cette spécialité d'action, qui ne se continue pas avec la même précision sur les cordons antérieurs et postérieurs de la moelle épinière, justifie l'importance que nous avons accordée dans nos ouvrages au système nerveux inter-vertébral des animaux supérieurs, en même temps qu'elle va nous servir de dernière preuve pour le fait si capital du renversement d'attitude des organismes chez les intervertébrés ; renversement d'attitude dont l'organogénie nous a dévoilé la cause première.

Si en effet ce renversement est exact, si à cause des rapports nécessaires de l'embryon primitif avec la vésicule ombilicale, l'invertébré a été forcé de renverser ses appareils extérieurs, de porter en haut ce que le vertébré dirige en bas, et en bas ce qu'il dirige en haut, on voit de suite que ce changement de front des parties a dû atteindre les ganglions qui composent leur système nerveux. Or, ces ganglions étant les analogues des ganglions inter-vertébraux des animaux supérieurs, on voit encore que, le ganglion étant retourné, les propriétés des branches nerveuses qui en partent auront dû se déplacer, c'est-à-dire que la sensibilité, qui siège sur les branches postérieures chez les vertébrés, devra être reportée sur les branches antérieures de l'invertébré, tandis que la motilité, dévolue aux branches antérieures des animaux supérieurs, devra résider principalement dans les branches postérieures chez les animaux inférieurs. Si le principe est vrai, cela doit être. Cela est-il ? L'expérience seule pouvait le décider, et l'expérience l'a décidé en effet. Elle a montré que les parties les plus sensibles sont précisément celles auxquelles se distribuent les branches antérieures des nerfs provenant des ganglions, tandis que celles où réside plus efficacement la motilité sont au contraire desservies par les radiations provenant des branches postérieures (1). De sorte que, sous ce rapport encore, l'invertébré est, dans l'acception rigoureuse, un vertébré retourné. La physiologie expérimentale confirme

(1) Le lombric terrestre et la sangsue médicinale sont les annélides sur lesquels nous avons fait ces expériences, dont les détails seraient ici hors de place.

donc de cette manière les données de l'organogénie ; elle confirme le principe de l'unité du plan du règne animal, qui n'est modifié que par le renversement d'attitude des organismes dans les deux embranchemens.

En définitive donc, si dans l'hypothèse qui admet deux plans différens de construction et de développement pour les vertébrés et les invertébrés, ces animaux sont supposés n'avoir rien de commun entre eux ; si l'anatomie d'abord, puis la physiologie, ont pris à la lettre cette scission, et se sont dirigées en conséquence; s'il y a une science pour les vertébrés et une autre science pour les invertébrés, on voit au contraire que, dans la recherche des réalités qui nous occupe, les données positives de l'organogénie nous ramènent sans cesse à la fusion des deux embranchemens, en précisant ce qui les rapproche ou les différencie. On voit enfin que nous sommes conduits par les faits à n'admettre qu'un seul plan de création et de développement pour tout le règne animal. Il serait inutile d'insister sur la portée d'un tel résultat.

CHAPITRE XII.

Loi de formation centripète.

Tels sont les caractères de l'organogénie comparée, tels sont ses méthodes et son esprit. Avec une autorité puisée dans les faits, et que nulle autre branche des sciences anatomiques ne pouvait remplacer, elle a substitué la méthode positive à la méthode hypothétique, la théorie de l'épigénèse au système aventuré des préexistences. Elle nous a montré en premier lieu que, dans leur état primitif, les organismes sont fractionnés et composés d'élémens qui, par leur association et leur pénétration, changent à chaque instant la forme des organes depuis leur ébauche primitive jusqu'à leur développement complet ; elle nous a montré en second lieu tout le règne animal soumis à ce mouvement pendant la période de développement de chaque être, période désignée sous le nom d'embryonnaire, et pour dernier terme la formation de l'homme. L'organogénie humaine devient ainsi le terme de rapport, le critérium auquel l'organogénie des animaux doit être rapportée pour en apprécier la valeur. L'organogénie comparée, ainsi appréciée, nous a montré à son tour qu'à mesure qu'on s'éloigne de l'homme les organismes restent fractionnés de plus en plus, et se fixent pour toujours à des états plus ou moins simples qui, sur les organismes de l'homme, ne sont que passagers. Les organismes des animaux faisant l'objet des études de l'anatomie comparée, l'anatomie comparée nous a offert ainsi, d'une manière permanente, l'organogénie transitoire de l'homme, et elle en a reproduit tous les temps sur les vertébrés d'abord, puis sur les invertébrés. Le rapport des animaux à l'homme, appliqué au rapport des animaux entre eux, nous a montré partout la répétition du même fait : il nous a montré les organismes s'arrêtant d'autant plus tôt, ou disparaissant en totalité ou en partie à mesure que l'on descend dans la série ; de sorte qu'à leur tour les animaux supérieurs, à quelque point de l'échelle qu'on les prenne, ont leur organogénie reproduite d'une manière permanente par ceux des animaux qui leur sont inférieurs. Par là s'est donc présenté, sous un jour tout nouveau, le vaste tableau de la zoogénie.

Mais plus s'agrandissait ce tableau par les décompositions nombreuses que notre analyse lui faisait subir, plus les faits se multipliaient, plus leur ressemblance nous exposait à les méconnaître ou à les confondre, plus il devenait nécessaire de bien apprendre à les distinguer. Une solide logique de l'organogénie était le seul fil conducteur qui pût nous conduire avec certitude dans ce labyrinthe. De là les préceptes que nous avons posés pour servir de base aux déterminations ainsi que les exemples par lesquels nous avons éclairé les préceptes.

Maintenant une tâche plus difficile encore nous reste à remplir ; car ce n'est pas sans motif que l'école de Haller se préoccupait vivement de cette décomposition infinie des organismes que les progrès de l'anatomie leur faisaient subir. Après avoir réduit l'organisation animale en pièces et en morceaux, que ferez-vous de ces débris ? demandait-elle. Comment construirez-vous avec ces ruines ces machines animales si harmoniques dans leurs parties, si admirables dans leurs actions ? En présence de notre impuissance, ne vaut-il pas mieux croire, ajoutait-elle, que toutes ces choses préexistent et que, dans l'état le plus exigu où la science puisse les apercevoir, les animaux sont en petit la répétition où la miniature de ce qu'ils sont en plus grand à leur état parfait ? Mais personne ne croit plus, et personne ne peut plus croire à ces préexistences ; personne ne croit plus, et, à moins de fermer les yeux à l'évidence, personne ne peut plus croire que les embryons soient la miniature des animaux adultes ; et malgré le bruit qu'elles ont fait dans le dix-huitième siècle, ces hypothèses sont tombées pour jamais dans le néant et dans l'oubli. La question de la formation des organismes qui leur avait donné naissance reste toutefois encore dans son entier. C'est donc cette question que nous devons présentement aborder de front. Loin de nous effrayer de ce fractionnement universel des parties que la zoogénie nous montre partout, c'est lui, c'est ce fait général que nous devons prendre pour point de départ, afin d'apprécier ensuite les mouvemens à petite distance par lesquels ces parties marchent à la rencontre les unes des autres pour se constituer définitivement. Et, pour ne point nous égarer dans l'étude si difficile de ces mouvemens organiques, nous devons en proscrire sévèrement cet emploi des forces occultes, qui, n'étant qu'un déguisement de notre ignorance, a toujours eu pour résultat de la prolonger. Galilée n'a pas recherché pourquoi la terre se mouvait; il a constaté qu'elle se meut, en indiquant l'ordre de son mouvement. Newton a calculé les mouvemens des planètes, sans s'inquiéter de la cause de l'attraction qui les portait les unes vers les autres. Harvey a tracé la marche du sang, sans s'occuper des causes finales de la circulation. Pourquoi nous occuperions-nous des causes finales des mouvemens vitaux de formation qui échappent à nos moyens d'investigation ! (1)

La matière vivante étant donnée, comment se meut-elle pour se constituer? Tel est le problème général de l'organogénie animale, et l'observation peut nous en donner la solution.

Or, en se mettant en marche pour s'organiser, la matière vivante se meut de la périphérie au centre. Tout organe se dessine d'abord par ses côtés, tout apparaît d'abord par sa superficie, tout se concentre ensuite en se perfectionnant et afin de se perfectionner encore davantage.

C'est ce mouvement, cet ordre d'apparition des organismes, que j'ai désigné sous le nom de *loi centripète des formations*. Cette loi n'est pas une explication, ce n'est qu'une interprétation de la nature, l'indication générale de sa règle, de son point, le principe géométrique de l'organogénie.

De l'apparation périphérique des organismes résulte leur duplicité primitive; la moitié des élémens qui doivent les constituer sont à droite de la ligne médiane de l'embryon, la seconde moitié est à sa gauche. La dualité des organismes, que nous avons désignée sous le nom de *loi de symétrie*, est ainsi un fait constant, nécessaire, indispensable à tout développement organique.

(1) *Anima mundi*, Platon ; *mens divina*, Aristote ; *voluntas creatoris*, Galien, etc.

Leur réunion ou leur coalescence, lorsque les organismes doivent devenir uniques de doubles qu'ils étaient primitivement, est un fait plus nécessaire encore. Le mode constant et uniforme d'après lequel s'opère cette coalescence est celui que nous avons désigné sous le nom de *loi de conjugaison*, laquelle n'est qu'une déduction de la loi d'homœozygie.

Ainsi tout appareil, tout organisme dont on suivra le développement, apparaîtra d'abord à l'extérieur de la matière qui s'organise; il sera toujours double; l'une de ses moitiés sera à droite, la seconde à gauche, et dans certains organismes ces deux moitiés s'avançant l'une vers l'autre finiront par se réunir et se confondre. Ce sont là les mouvemens généraux de l'organogénie, et nul organisme ne s'y soustraira. Loi centripète, loi de symétrie, loi de conjugaison, telles sont, en résumé, les trois règles auxquelles est rigoureusement assujettie la matière organisée en voie de développement.

Si ces règles sont expérimentales, si elles sont l'expression exacte des faits, nous devons les trouver en action dès avant l'imprégnation, et les voir se dérouler ensuite, après la fécondation, dans tous les actes et tous les phénomènes qui ont pour résultat et pour but la formation d'un animal.

Cela doit être.

Cela est-il ?

On jugera notre réponse, en nous suivant avec attention dans l'enchaînement des preuves qui ressortent directement des faits.

CHAPITRE XIII.

De la ligne primitive et des sacs germinateurs.

Tout le monde sait présentement qu'avant l'imprégnation l'œuf des femelles se compose de trois parties fondamentales : d'une membrane cingeante qui est à l'extérieur, le chorion, d'une vésicule particulière nommée prolifère, et d'une masse granuleuse qui est le vitellus. L'ordre de formation et la position qu'affectent les deux dernières parties, indifférentes en apparence, ont un si grand intérêt pour la génération, qu'indépendamment des vues qui nous occupent, elles méritent une attention toute particulière. La vésicule prolifère est la première développée ; elle a déjà atteint son développement que la masse vitelline est encore incolore, sans globules jaunes, et sans enveloppe propre ; elle occupe alors, d'après M. Wagner, le centre de cette masse albumineuse, d'où elle s'élève insensiblement, à mesure que se forment les globules vitellins, dont la pesanteur spécifique paraît plus forte que le liquide clair qui remplit la vésicule prolifère. Par cette évolution, la vésicule germinatrice arrive ainsi à la superficie du vitellus, qui se revêt alors d'une membrane propre, et qui présente au point correspondant à la vésicule prolifère un disque d'un jaune clair (le disque prolifère), dont le but est de la maintenir en place, et que nous nommons ligament prolifère. La position excentrique de la vésicule génératrice, l'appareil qui la fixe dans cette position, sont les préliminaires indispensables de l'imprégnation qui doit être opérée par le fluide spermatique du mâle, ou les zoospermes. De quelque obscurité que soit encore enveloppé ce premier acte de la génération, un fait évident ressort des travaux anciens et modernes, c'est que la vésicule prolifère et les zoospermes doivent être amenés au point de contact pour que la fécondation s'opère, et de là la nécessité de la position excentrique de la vésicule prolifère. Cette position excentrique est donc une des conditions premières de la fécondation, et le disque prolifère qui maintient la vésicule à un point déterminé de la surface du vitellus a pour effet de l'empêcher de flotter sur cette surface et de se porter sur les divers points de sa circonférence. Les suites de la fécondation vont nous montrer toute l'importance de cet assujettissement de la vésicule prolifère sur un point donné de la périphérie du vitellus.

Nous ne chercherons pas à pénétrer ce qui se passe dans l'acte même de la fécondation : ainsi que nous l'avons déjà dit, nous nous tenons exclusivement dans le domaine des faits que nos sens suffisent à nous dévoiler. Or les faits nous montrent que la rupture de la vésicule prolifère est le résultat immédiat de la fécondation : par cette rupture, le fluide qu'elle renfermait, imprégné par l'action zoospermique, s'en échappe et s'épanche sur le vitellus. Que va devenir présentement cette semence animale? C'est ici que se manifeste toute la prévoyance de la nature, et que se révèle toute l'importance du disque prolifère. Supposé, en effet, que la vésicule prolifère soit susceptible de se déplacer sur la surface du vitellus, sa position superficielle rendrait toujours possible l'imprégnation ; mais que deviendrait la semence animale qu'elle renferme? Épanchée sur la surface du vitellus, elle resterait le plus souvent inféconde. La vésicule prolifère assujettie au contraire comme elle l'est sur le disque prolifère, sa rupture verse le fluide dans la capsule de ce disque, et il se maintient ainsi en rapport avec la seule partie du vitellus qui puisse favoriser ses développemens ultérieurs. Si la position superficielle et tout-à-fait extérieure de la vésicule prolifère était indispensable pour rendre possible l'imprégnation, on voit donc que la position excentrique du disque prolifère à l'extérieur du vitellus est aussi une conséquence nécessaire de la loi

centripète. Tous ces faits se commandent les uns les autres.
Ainsi le premier acte de la génération est un phénomène
fondé sur le principe de l'excentricité des organismes.

La position excentrique du disque prolifère, et la raison
de cette position établie de la sorte, l'observation de ce qui
se passe dans son intérieur devient le point capital. Depuis
le professeur Dœllinger, tous les observateurs ont dit : Le
disque prolifère se transforme en membrane blastodermique. Mais comment s'opère cette transformation? En quoi
consistent les ébauches premières de l'embryon, qui apparaissent dans cette membrane que j'ai nommée embrygène,
il y a déjà vingt ans? Là est la question la plus difficile de
l'embryogénie, et peut-être de toute l'anatomie ; car il s'agit
de saisir l'organisation dans son passage du néant à l'existence, et de déterminer sous quelles formes primitives l'a-
nimal apparaît dans le disque prolifère. Si l'on considère
que ces formes primitives sont très fugaces, que leur durée
n'est que de quelques heures, et qu'elles se manifestent
tantôt plus tôt, tantôt plus tard, sur les œufs soumis à l'incubation, on verra peut-être dans cette circonstance la cause
qui les a fait méconnaître des observateurs, en même temps
qu'on y trouvera une excuse pour les hypothèses qui ont
pris la place du fait. Quoi qu'il en soit, nous exposerons
d'abord le fait, et ce fait nous expliquera l'erreur d'observation d'où ces hypothèses sont sorties.

Les douze ou quinze premières heures de l'incubation
sont employées par la nature à isoler le disque prolifère, et
du vitellus, et de la membrane vitelline : le champ de
l'embryon prend ainsi son indépendance. Mais rien encore
ne se dévoile du travail germinateur qui couve dans l'é-
paisseur du disque, et l'homogénéité paraît égale dans toute
son étendue. A partir de la seizième heure, sous le climat
de Paris, on observe le premier jet qui précède le développement des organismes. Ce premier jet consiste en une
ligne obscure d'abord, qui paraît noire à la loupe, blanche

sous le microscope, et qui occupe l'axe du disque prolifère. Cette ligne primitive se manifeste d'abord vers le milieu du disque, puis elle s'étend vers le haut, où elle est un peu plus large, puis enfin vers le bas, où elle est plus étroite, et finit souvent par un trait presque imperceptible. En même temps que s'opère ce phénomène sur la ligne médiane, les bords de la circonférence du disque se soulèvent et se dessinent avec netteté sur le clair-obscur de l'aire transparente. Commencés vers la seizième heure, ces phénomènes sont terminés ordinairement vers la vingtième, au plus tard sur la fin du premier jour de l'incubation : ils sont évidemment le résultat de la métamorphose qui s'est opérée pendant cet espace de temps dans la composition du disque prolifère.

Mais en quoi consiste cette métamorphose? Qu'est-il sorti de ce premier travail dont nous venons de retracer les symptômes? Il s'est produit deux sacs germinateurs (*sacculi germinativi*), deux grandes cellules embrygènes, portant avec elles tous les élémens des organismes du futur embryon, que des métamorphoses subséquentes en feront naître successivement. Le premier acte de la fécondation consiste donc à séparer en deux parties égales le disque prolifère, à le diviser en deux sacs, l'un à droite, l'autre à gauche, à symétriser enfin les réceptacles des organismes. Les sacs ou les cellules germinatrices se soulèvent d'abord en dehors, puis en dedans. Ce dernier soulèvement produit sur l'axe du disque prolifère un intervalle entre chaque sac, intervalle qui les isole l'un de l'autre, qui donne à chacun son individualité propre; ce vide est ce que l'on a nommé *ligne primitive*. La ligne primitive signalée par tous les observateurs modernes n'est donc ni le zoosperme (MM. Prévost et Dumas), ni les rudimens primitifs de la moelle épinière (M. Wagner), ni ceux de la corde dorsale (M. de Baer); c'est tout simplement un espace vide entre les deux sacs germinateurs. Si cette appréciation rigoureuse de la nature de la ligne primitive lui fait perdre l'importance imaginaire qu'on s'est efforcé de lui attribuer dans le système du développement centrifuge, elle lui en donne une réelle dans la théorie du développement centripète. Elle devient en effet le symbole du grand fait de la symétrie et de la dualité des organismes que nous allons voir se reproduire partout ; symbole dont les deux sacs donnent la réalisation matérielle dès le premier souffle de la vie embryonnaire.

On conçoit en effet toute l'importance de la réalisation matérielle dès le début de l'incubation de la loi centripète, et de celle de la loi de symétrie par la manifestation des deux sacs germinateurs. Les élémens des organismes sont ainsi séparés en deux parties égales : une des moitiés réside dans un des sacs germinateurs, l'autre moitié réside dans l'autre. L'effet des développemens va donc consister à les en faire sortir, pour amener ces deux moitiés l'une vers l'autre, et en constituer un tout unique. C'est précisément ce que doivent nous montrer l'observation et l'expérience.

Mais il convient, avant d'entrer dans cette partie de la physiologie des développemens, d'entrer dans quelques notions anatomiques sur la structure des sacs germinateurs. Chacun d'eux est formé de trois lames ou feuillets d'une nature différente. Il y a d'abord un feuillet extérieur ou séreux, puis un second placé immédiatement au-dessous, et nommé feuillet vasculaire, puis un troisième subjacent au second appelé feuillet muqueux. La nature différente de chacun de ces trois feuillets, le rôle important qui leur est attribué dans la formation des organismes, méritent que nous arrêtions un instant notre attention sur la succession de leur apparition, et l'ordre selon lequel elle s'effectue. Est-ce de l'extérieur à l'intérieur ou, au contraire, de l'intérieur à l'extérieur ? Il n'est pas besoin de dire que, d'après le système des développemens centrifuges, ce dernier mode devrait être celui de la nature ; d'abord devrait paraître le feuillet muqueux, puis le vasculaire, puis le séreux, qui est placé le plus extérieurement. Cette succession n'est qu'une conséquence rigoureusement commandée par l'hypothèse en question. La théorie du développement centripète commande un ordre directement opposé; elle exige d'abord et en premier lieu l'apparition du feuillet séreux ou externe, en second lieu celle du feuillet vasculaire, et en troisième et dernier lieu celle du feuillet muqueux. Or, si nous consultons les faits, tous les embryogénistes modernes, unanimes sur ce point, s'accordent à dire que le feuillet externe est le premier que l'observation fasse distinguer, puis le feuillet vasculaire, enfin le feuillet muqueux. L'ordre centripète de l'apparition des feuillets germinateurs est donc constant.

Le triomphe de la vérité sur l'erreur a sans doute beaucoup d'importance dans un sujet de cette nature; mais cette importance deviendrait bien plus grande encore si chaque feuillet avait un attribut spécial dans la formation des organismes; si, par exemple, du feuillet séreux devaient provenir la moelle épinière, le cerveau, les vertèbres, le crâne, les organes des sens, etc.; du feuillet vasculaire, le cœur et le système sanguin de l'embryon; si enfin le canal intestinal et ses nombreuses dépendances devaient être le fruit des développemens du feuillet muqueux. Qui ne voit alors que l'ordre et la succession selon lesquels apparaissent les feuillets des sacs germinateurs, nous donneraient la clef de la succession et de l'ordre que doivent suivre dans leur manifestation les organismes qui leur sont dévolus? Si cela était, qui ne voit que la loi centripète indique que de la lame la plus extérieure ou séreuse devraient sortir d'abord la moelle épinière et le cerveau qui ouvriraient le mouvement des développemens de l'embryon, et qu'autour de cet axe nerveux devraient se grouper les vertèbres, le crâne, les sens et leurs dépendances? Si cela était, qui ne voit que cette loi même indique qu'après les organismes de relation ceux de la circulation devraient suivre pour se conformer à l'ordre d'apparition du feuillet vasculaire? Enfin que cette loi indique encore que la lame muqueuse devra la dernière se mettre en mouvement, et que, par conséquent, les organismes les plus tardifs chez le jeune embryon seront les organismes de nutrition? Cet ordre de formation est bien différent sans doute de celui que portaient à supposer nos habitudes d'observation des animaux adultes, et les idées préconçues sorties de ces habitudes : mais que sont ces habitudes et ces idées à côté de la réalité des développemens?

Or, la réalité est là en effet qui confirme par sa puissance irrésistible la succession centripète des organismes. La réalité nous montre que le feuillet le plus externe est celui qui constamment ouvre les développemens ; de sorte qu'on en voit sortir successivement la moelle épinière et l'encéphale d'abord, puis les vertèbres, puis le crâne, les sens et leurs dépendances. Les faits sont là pour attester que lorsque le feuillet externe a esquissé les traits des organismes de relation, le feuillet vasculaire se met en marche à son tour et esquisse de la même manière les vaisseaux périphériques, les veines caves, les aortes, le cœur. Jusqu'à ce moment, le feuillet muqueux est resté en repos ; mais à peine le feuillet vasculaire a-t-il terminé son mouvement que le sien propre commence, et qu'on voit se dérouler successivement le canal intestinal, les glandes, les poumons, le foie, le pancréas, etc. Cet ordre est invariable ; ce n'est pas une fois, ce n'est pas mille fois, c'est toujours que les développemens des organismes se succèdent comme nous venons d'en tracer le tableau, se conformant ainsi à la formule donnée par la loi centripète. On doit remarquer en effet que les organismes de nutrition ferment la marche des développemens, par la raison que le feuillet muqueux des sacs germinateurs est le dernier qui se manifeste ; tandis que les organes de relation sont si précoces, par la raison encore que le feuillet externe ou séreux devance les autres dans ses formations. Ainsi tout se tient et se lie dans la loi des développemens centripètes. Ainsi encore de l'indépendance des trois feuillets germinateurs résulte l'indépendance primitive des trois grands systèmes d'organismes qui en proviennent. Supposez que tous les organismes se mettent en marche en même temps, comment éviter la confusion et le désordre que leur présence simultanée pourrait occasionner? On voit donc quel est le but, quelle est la sagesse de la nature qui ne les fait entrer en ligne que les uns après les autres, et après un ordre défini d'avance qui ne varie jamais.

CHAPITRE XIV.

Loi d'équilibration des organismes. — Excès primitif à leur apparition.

Parmi les conséquences nombreuses qui dérivent de l'ordre centripète des formations et de l'indépendance primitive des organismes, nous devons placer en première ligne le balancement alternatif qui s'établit entre eux pour produire leur équilibration, et par suite leur harmonie dont l'entretien de la vie est le résultat. Depuis Aristote, Hippocrate et Galien, tous les physiologistes ont admiré, sans pouvoir s'en rendre compte, cet accord parfait de tous les organismes entre eux ; Galien, qui tranchait toutes les questions, décida celle-ci d'un mot, par les causes finales. Mais ce mot ne fait que cacher ce qui est à rechercher, savoir, comment s'établit cette harmonie des parties, et par quel mécanisme enfin s'équilibrent les organismes. Si l'anatomie a été impuissante jusqu'à ce jour pour résoudre cette question, en sera-t-il de même de l'organogénie? Voyons-le par l'interprétation des faits; et afin d'en rendre l'intelligence plus facile, représentons simplement par trois plans les provenances des trois feuillets des sacs germinateurs.

Le premier plan provient, comme nous venons de le voir, de la lame externe ; il ouvre les développemens de l'organogénie : ce début isolé a pour effet de porter à des dimensions exagérées l'axe cérébro-spinal, le rachis et le crâne ; toute l'action plastique se concentre en effet sur ces appareils. Quand paraît le second plan, l'action plastique délaissant en partie les organismes de relation porte ses effets sur les organismes de la circulation, qui à leur tour acquièrent des grandeurs démesurées. Enfin, peu de temps après que le feuillet muqueux s'est mis en mouvement, les organismes de nutrition ou du troisième plan attirant à eux l'action plastique, leur volume dépasse toute proportion. Ainsi chacun à leur tour ces trois systèmes d'organismes provenant des trois feuillets germinateurs se trouvent développés avec excès. Mais voici la chose remarquable : c'est que l'excès normal de développement des organismes du second plan a pour effet de réduire les dimensions de ceux du premier, et de les ramener à leurs proportions connues; pareillement, l'excès normal de développement des organismes de nutrition réduit les proportions des organismes de circulation, de même que ceux-ci avaient amorti les organismes de relation. Cet excès primitif de développement qui fait la base de la *loi d'équilibration des organismes* se répète dans toute l'organisation. Chaque organe en particulier débute par exagérer ses dimensions; il y est ramené ensuite par des excès de développement qui se manifestent ailleurs, jusqu'à ce que, l'action formatrice étant terminée, tout se constitue et se fixe dans les rapports qui nous sont connus chez l'adulte.

Mais il faut spécialiser cette loi d'équilibration dont la trop grande généralisation pourrait faire méconnaître le but. Nous choisirons pour exemples l'axe cérébro-spinal, le cœur, l'intestin et le foie : l'axe cérébro-spinal, parce qu'il est l'organe principal des développemens du feuillet externe des sacs germinateurs; le cœur, comme principal organe de ceux du feuillet vasculaire; et l'intestin et le foie, parce que ce sont les organismes principaux du feuillet muqueux.

De cette manière nous aurons un type de chaque feuillet formateur, et nous pourrons apprécier l'action réciproque par laquelle ils s'influencent.

Soit donc l'axe cérébro-spinal du système nerveux ; son ampliation est si grande dès le début des développemens que non seulement ses cordons sont contournés en spirale pour occuper le moins d'espace possible, mais qu'encore le canal vertébral et le crâne sont ouverts et écartés en avant et en arrière pour agrandir le champ qui doit le contenir. Cette exagération de développement se conserve jusqu'à l'époque où les rudimens du cœur, réunis en un canal deux fois replié sur lui-même, donnent à l'organe ce développement exagéré qui l'a fait comparer au goître. Or, cette première exagération du cœur a pour effet de réduire l'axe cérébro-spinal, de déplisser d'abord ses cordons, de diminuer ensuite le champ qui les contient, ce qui permet au canal vertébral et au crâne de se réunir en avant et de former une large gouttière dans laquelle l'organe repose. Néanmoins son volume dépasse encore les proportions qui doivent constituer son état normal, car il fait hernie en arrière du crâne et du rachis, qui ne peuvent le contenir dans son entier. Une seconde réduction de ce volume se produit lorsque les cavités du cœur, élargies outre mesure, font acquérir à cet organe les dimensions exagérées qui ne se reproduisent plus que dans l'état pathologique. Cet excès de développement du cœur fait encore revenir sur lui-même l'axe cérébro-spinal, de sorte que le canal céphalo-rachidien peut se clore en arrière comme il s'était clos en avant, et constituer un étui dans lequel est logée définitivement la partie centrale et fondamentale du système nerveux. Tels sont les faits. Si on compare les organes entre eux on voit évidemment que les uns semblent acquérir ce que les autres perdent ; on voit que les réductions qui s'opèrent dans l'axe cérébro-spinal tournent au profit du développement du cœur, qui dépasse alors toutes les dimensions connues, de même que l'axe central du système nerveux avait de prime abord dépassé toutes les siennes. Mais on voit aussi qu'il y a réellement transport de l'action formatrice du feuillet externe des sacs sur le feuillet moyen ou vasculaire; de sorte que l'on peut traduire cet effet en disant que l'exagération de formation des organismes du feuillet vasculaire fait rentrer dans leurs limites les organismes du feuillet externe, qui les avaient dépassées.

Si l'équilibre a été rétabli dans l'axe cérébro-spinal par l'exagération qu'ont prise le cœur et les gros vaisseaux, par quel moyen ces dernières parties rentreront-elles à leur tour dans les dimensions qu'elles doivent conserver? Disons d'abord que les dimensions du cœur sont alors tellement exagérées qu'il est situé hors de la poitrine comme l'axe cérébro-spinal était situé hors des cavités de la colonne vertébrale et du crâne. Remarquons ensuite ce qui survient en ce moment dans l'ordre des développemens. Le phénomène le plus saillant qui se manifeste à cette période est la formation du foie, organe principal du troisième feuillet des sacs germinateurs, qui est au feuillet muqueux ce que le cœur est au feuillet vasculaire et le cerveau au feuillet séreux. Or, tout le monde sait que chez l'embryon le foie est si prodigieusement développé que non seulement il remplit à lui seul l'abdomen, mais qu'il refoule encore les intestins dans le cordon ombilical et qu'il maintient à distance les parois de l'abdomen. Que résulte-t-il de cette hypertrophie exagérée du foie? Il en résulte l'atrophie du cœur. En effet, pendant que l'organe principal du feuillet muqueux acquiert ces dimensions outrées, l'organe principal du feuillet vasculaire s'atrophie. Le cœur diminue de volume à mesure que le foie s'accroît; il se réduit et rentre dans ses limites par un mécanisme tout-à-fait semblable à celui par lequel il a fait lui-même rentrer l'axe cérébro-spinal dans les siennes. L'action formatrice s'est ainsi déplacée une seconde fois; du feuillet vasculaire elle a passé sur le feuillet muqueux, comme précédemment elle avait passé du feuillet externe sur le feuillet vasculaire; et de même que la réduction de l'axe cérébro-spinal avait permis au canal céphalo-rachidien de se fermer d'abord en avant puis en arrière, de même la réduction du cœur permet à la poitrine jusque là ouverte antérieurement de se clore définitivement par la réunion des sternums. Tous ces faits se suivent, se ressemblent, se répètent; tous sont assujettis à la même règle, au même mécanisme, à la même équilibration. En observant cet assujettissement de la nature aux mêmes procédés de développement, aux mêmes lois organogéniques, à la même unité de méthode, on reconnaît avec admiration la main puissante qui la conduit et la dirige vers son but. Que sont les causes finales à côté de ces grands phénomènes?

De l'équilibration de la tête et de la poitrine, passons à celle de l'abdomen. Que vont devenir les intestins projetés hors de cette cavité et logés provisoirement dans le cordon ombilical? Comment rentreront-ils dans le domicile qu'ils doivent occuper toute la vie? Comment les parois de l'abdomen se refermeront-elles sur eux pour les clore hermétiquement? C'est ici surtout que les faits sont évidens, par la raison que l'embryon étant plus âgé, leur constatation devient plus facile. Ce déplacement des intestins a été produit, comme nous venons de le dire, par l'ampliation énorme du foie à laquelle suffit à peine toute la cavité abdominale; leur hernie en est la conséquence, de même que les hernies de la moelle épinière, de l'encéphale et du cœur sont les conséquences de leur excès de développement. Or, l'hypertrophie exagérée du foie venant à cesser, sa diminution fait un vide dans l'abdomen, et ce vide est occupé aussitôt par les intestins qui se précipitent dans son intérieur. En même temps aussi les parois abdominales, n'étant plus tenues écartées par le foie, suivent le mouvement des intestins, arrivent au point de contact, et se réunissent comme l'ont fait les deux sternums. La fermeture de l'abdomen est donc la répétition de la fermeture de la poitrine, comme celle-ci était la répétition de la fermeture du canal rachidien et du crâne. Mais ces faits d'équilibration ne disent pas encore la raison de la diminution si frappante de cet organe. Cette raison se trouve dans l'excès de développement que prend d'abord l'estomac et puis le duodénum, excès de développement qui passe ensuite sur les intestins grêles et s'arrête en définitive sur les gros intestins. Cette succession d'hypertrophies dans le canal alimentaire atrophie successivement l'organe hépatique et le ramène à l'état qu'on lui connaît chez l'adulte; en même temps elle produit sur les parties diverses de ce conduit des ampliations exagérées qui d'abord rapprochent l'estomac de celui des ruminans, qui font ensuite que les intestins grêles sont réellement les gros intestins, et qui s'épuisent enfin sur cette région finale du canal intestinal. Quel spectacle que celui de ce balancement successif dans les dimensions des divers organismes ! Quelle sagesse dans cette action formatrice qui les hypertrophie chacun à leur tour, et qui, chacun à leur tour, les fait rentrer dans leurs limites en se transportant de l'un sur l'autre ! Rien de plus surprenant sans doute que la simplicité de ce mécanisme, si ce n'est la grandeur du résultat qu'en fait sortir la nature en harmoniant ainsi toutes les parties de l'embryon. Rien de plus simple également, et rien de plus constant que ce mouvement centripète agissant de la périphérie vers le centre, poussant ainsi les organes vers les cavités qu'ils doivent occuper, et aussitôt qu'ils y sont arrivés en refermant sur eux les parois pour les abriter et les clore définitivement. Si la fixité et la régularité des mouvemens à grandes distances excitent notre admiration, la régularité et la fixité de ces mouvements à petite distance n'ont-elles pas aussi leur intérêt ?

Or, le mécanisme d'équilibration que nous venons d'exposer se reproduit partout ; il se répète jusque dans les plus petits détails de l'organisation ; il se fait même sentir jusque dans les tissus élémentaires des parties. Il nous suffira d'en observer les effets dans les cavités splanchniques, et d'abord dans le crâne pour ce qui concerne l'encéphale. Sur cet organe, l'excès de développement porte d'abord sur les lobes optiques, dont l'exagération, persistant dans des classes entières, atrophie ce qui l'environne; tantôt le cervelet, comme cela a lieu chez la plupart des reptiles; tantôt les hémisphères du cerveau, comme on le remarque chez presque tous les poissons. Chez les mammifères, l'excès de développement se portant sur le cervelet et le cerveau, ce sont au contraire les lobes optiques qui sont réduits dans leurs dimensions. Chez les oiseaux, l'équilibration est différente encore, les lobes optiques conservant une prédominance marquée; mais comme déjà leur constitution encéphalique marche vers celle des mammifères, ces lobes ne restent plus sur la face supérieure de l'encéphale; ils exécutent un demi-mouvement de rotation qui les fait saillir sur les côtés, et rapproche l'un de l'autre le cervelet et le cerveau. D'où il suit que les lobes optiques sont réellement l'organe régulateur de l'encéphale chez les animaux vertébrés, puisque l'équilibration s'opère sous leur influence.

Mais l'influence de l'évolution d'une partie sur l'évolution des autres n'est nulle part plus marquée que dans l'abdomen et le thorax, à cause de la mobilité des organismes contenus dans ces cavités. Le foie, qui les domine tous, les assujettit tous à ses propres évolutions. Nous avons déjà vu que, lors de son hypertrophie exagérée, la cavité abdominale suffisant à peine à son extension, il en repousse le canal intestinal; nous avons vu aussi que, lorsqu'il réduit ses dimensions, le cœur d'abord, puis les intestins, rentrent dans leurs cavités respectives. Mais là ne se borne pas son influence : à peine ses organes sont-ils rentrés dans leur domicile qu'ils se placent sous la domination du foie, et obéissent à ses moindres évolutions. Lorsqu'en effet le cœur est rentré dans la poitrine, le foie, hypertrophié encore, occupe la partie médiane de l'abdomen, sans s'incliner ni d'un côté ni d'un autre. Le cœur repose dans le milieu du thorax, maintenu là par le plan horizontal que lui offre le diaphragme immédiatement appliqué sur la convexité du foie. Plus tard l'équilibre de la décroissance du foie se trouve rompu, l'atrophie porte principalement sur le lobe gauche, le lobe droit conserve son volume, et il s'enfonce dans l'hypocondre du même côté. Le cœur, qui repose médiatement sur la face convexe de cet organe, suit naturellement l'inclinaison du plan qu'elle présente. A mesure que le lobe gauche du foie s'affaisse, le cœur suivant son mouvement s'abaisse avec lui ; il glisse de droite à gauche et se fixe à la position que lui a faite l'évolution du foie. D'où il suit que l'inclinaison à gauche du cœur répète dans la poitrine l'inclinaison du foie dans l'abdomen. D'où il suit encore que les mammifères chez lesquels le cœur ne repose pas médiatement sur le foie restent étrangers à cette inclinaison, de sorte que chez eux le cœur occupe toujours le milieu de la poitrine. Il en est de même de la position de l'estomac et de la rate. Le foie, en se plaçant à droite, entraîne la petite extrémité de l'estomac de ce côté, ce qui nécessairement force la grosse extrémité à laquelle adhère la rate de se loger dans l'hypocondre gauche. Le lobe droit du foie entraîne ainsi avec lui le cœur pulmonaire, les veines caves, l'azygos, le duodénum et le cœcum, tandis que le lobe gauche est accompagné par le cœur aortique, par l'aorte pectorale, l'estomac, la rate et l'S iliaque du colon. Ce qui achève bien de prouver que l'évolution de ces organes est subordonnée à celle du foie, c'est que si celui-ci se transpose, s'il passe de droite à gauche, comme on l'observe quelquefois chez l'homme, aussitôt tous ces viscères font volte-face, et tous, sans exception, se déplacent et se transposent suivant sa loi.

Quant à ce qui concerne l'équilibration d'un organe en particulier, nous n'en citerons qu'un seul exemple, qui

offre le balancement de ses diverses parties d'une manière
si tranchée qu'il porte avec lui la conviction. Cet exemple
est celui du développement de l'estomac des ruminans.
On sait que chez le bœuf et le mouton cet organe se compose de quatre loges de capacités inégales ; en suivant l'ordre de leur grandeur chez l'animal adulte, ces loges sont
la *panse*, la *caillette*, le *feuillet* et le *bonnet*. Mais cet
ordre est entièrement interverti dans le cours de l'embryogénie. En premier lieu c'est le *bonnet* dont les dimensions sont exagérées, en second lieu c'est la *panse*,
en troisième lieu le *feuillet ;* et enfin le *caillette*, domi-
née jusque là par les autres cavités, les dépasse toutes
à son tour par son volume. D'où l'on voit que c'est par
suite d'un excès successif de développement dans ses diverses parties que l'estomac des ruminans acquiert enfin les
dimensions respectives qu'offrent à la naissance les quatre
cavités dont il se compose.

CHAPITRE XV.

Loi d'équilibration chez les invertébrés.

La loi d'équilibration offre donc deux temps distincts chez
les vertébrés : le premier relatif au balancement de formation des feuillets germinateurs et des organismes généraux
qui en proviennent ; le second correspondant aux formations
des feuillets germinateurs et des organismes eux-mêmes.
Or, il est établi : premièrement, que les feuillets germinateurs entrent successivement en action ; secondement, qu'ils
conservent leur indépendance résultant de leur isolement ;
troisièmement, que le feuillet externe est celui qui ouvre
les développemens. Il est établi également que l'action formatrice (quel que soit son principe) se porte tantôt sur un

feuillet germinateur, tantôt sur un autre, et que l'effet de sa présence sur l'un des feuillets est toujours d'en exagérer les produits en atrophiant les produits des autres feuillets. La conséquence immédiate qui dérive de ces faits est que plus les feuillets germinateurs sont développés, plus sont forts les organismes qui en sortent. Chez les vertébrés supérieurs, les trois feuillets germinateurs ayant une force égale, l'égalité de développement se conserve dans les organismes qui en proviennent. Mais supposez qu'il en soit différemment; supposez que l'un des feuillets prédomine sur les autres, il est évident que les organismes provenant des feuillets dominateurs devront être développés avec excès, tandis que ceux des feuillets dominés devront être au contraire atrophiés. C'est le cas des animaux invertébrés, dont le caractère le plus général réside dans l'inégalité des organismes fondamentaux comparativement à l'égalité de développement qui existe chez les animaux vertébrés.

Les crustacés et les insectes sont caractérisés par l'excès de développement du feuillet germinateur externe, et il en résulte que les organismes qui en proviennent sont portés à un tel degré d'exagération, que les organismes des feuillets vasculaire et muqueux sont constamment tenus à leur minimum de développement. Chez les insectes, indépendamment des organismes ordinaires du feuillet externe, on voit celui-ci envoyer des prolongemens dans l'intérieur, qui, sous la forme de trachées, s'étendent dans la profondeur de tous les organismes, et établissent une sorte de circulation aérienne. Mais à côté de ces organismes exagérés du feuillet extérieur, se trouve une telle atrophie de ceux du feuillet vasculaire, que le vaisseau dorsal en reste seul le représentant; et encore n'est-on pas complétement d'accord sur la nature hématosique de ce vaisseau. Quant aux organismes de nutrition, leur exiguïté a frappé dans tous les temps les physiologistes. Il n'y a au-dessus des insectes sous ce rapport que certains animaux radiaires, comme les astéries et les rotellines, dont les tuyaux presque solides sont presque vides de viscères. Les crustacés tirent également les conditions principales de leur existence de l'excès de développement du feuillet germinateur externe. Mais déjà chez eux on remarque un développement plus marqué des organismes des feuillets vasculaire et muqueux, qui cependant ne dépasse jamais celui de l'état embryonnaire primitif des animaux vertébrés. Enfin les annélides offrent en petit ce que les deux classes précédentes offrent en grand sous le rapport de l'excès de développement des organismes du feuillet externe.

Les animaux articulés sont donc caractérisés par l'inégalité de développement des organismes provenant des divers feuillets, et chez eux tout semble sacrifié à ceux qui proviennent du feuillet externe. De là naît chez eux, d'une part la complication de organismes extérieurs, cette multitude d'ambulacres qui tantôt se convertissent en pattes-mâchoires, et tantôt en antennes, et d'autre part la simplicité de leurs organismes intérieurs, lesquels, restant toujours à un faible degré de développement, ne subissent ni les métamorphoses, ni les évolutions qui compliquent l'arrangement et la disposition des viscères chez les vertébrés supérieurs. Dans le cours de l'incubation des oiseaux, on observe qu'à l'époque où prédominent les organismes du feuillet externe, l'embryon est allongé comme le sont les annélides ; il n'y a encore ni délinéation du thorax, ni délinéation de l'abdomen. Quand le feuillet vasculaire exagère les dimensions du cœur, celui-ci étant repoussé hors de la poitrine, le thorax n'est pas nettement exprimé ; mais quand le feuillet muqueux entre en action, le foie se développant en place, il y a alors un vaste abdomen qui, joint à la tête du poulet, rapproche tout-à-fait l'animal des crustacés quant à la disposition générale, et peut-être aussi quant à l'exagération du volume du foie. Enfin, après que le cœur est rentré dans la poitrine, le poulet offre trois grandes segmentations au tronc, la tête, le thorax et l'abdomen, segmentations qui rappellent celles des insectes. D'où l'on voit que la segmentation primitive du tronc de l'embryon du poulet, ou sa division en tête, thorax et abdomen, rappelle jusqu'à un certain point celle des annélides, des crustacés et des insectes; et de même que celle des deux premières classes, elle a sa cause dans la disposition des organismes intérieurs (1).

Quoi qu'il en soit, de l'excès de développement des organismes du feuillet germinateur externe chez les articulés, et du mouvement de développement des organismes des feuillets vasculaire et muqueux, il résulte que ceux-ci sont parfaitement abrités et protégés, et que chez eux les déplacemens ou les hernies de sont pas possibles. Mais si le contraire existait, si le feuillet muqueux exagérait ses développemens, et si le feuillet externe affaiblissait les siens, l'inverse devrait se produire, c'est-à-dire que les organismes de nutrition outrés dans leur développement, ne pourraient plus être ni protégés, ni contenus par les organismes du feuillet externe, lesquels seraient déjetés sur les côtés; c'est ce qui existe chez les embryons des vertébrés supérieurs, lorsque l'exagération des développemens des feuillets vasculaire et muqueux a fait dépasser à leurs organismes les proportions requises. Ce déplacement des viscères, qui n'est que passager chez les embryons des vertébrés, deviendrait donc l'état permanent et normal des animaux invertébrés qui offriraient cette disposition. Or, cette disposition est précisément celle que nous présentent le plus

(1) La segmentation du tronc des insectes, sa division si tranchée, en tête, thorax et abdomen, ne peut cependant être ramenée à ce qui existe chez les autres animaux. Le thorax surtout échappe à toute analogie; on ne voit pas comment il peut se faire qu'il y ait des pattes à sa partie inférieure et des ailes a sa partie supérieure. Cette partie de l'organogénie des invertébrés nous paraît exiger encore beaucoup de recherches.

grand nombre de mollusques ; chez eux , l'excès de développement des organismes du feuillet muqueux , maintient
dans une atrophie permanente le développement des organismes du feuillet externe ; et de là naît leur éventration
d'une part , et de l'autre les irrégularités de position qu'affectent leurs viscères qui sont sans domicile réel, sans lien
pour les unir et les circonscrire.

Nous ne pousserons pas plus loin ces données sur l'équilibration des organismes des invertébrés , notre but étant
de montrer son rapport avec celle de l'état primitif de
l'embryon des vertébrés. Mais ce que nous ne saurions trop
faire remarquer, c'est que chez les mollusques , de même
que chez les articulés , c'est toujours le feuillet externe ou
séreux qui ouvre les développemens : ce sont toujours les
parties périphériques , celles qui appartiennent à la vie de
relation , qui apparaissent les premières, tandis que les organismes de nutrition , provenant du feuillet muqueux , ne
viennent que plus tard et après. Du reste, que l'on exprime
comme on voudra ce fait capital de l'organogénie , cette
succession dans les organismes si tranchée et si peu remarquée avant nos travaux et que nous avons formulée sous le
nom de loi centripète des développemens , ou de développe-
pement excentrique : l'essentiel c'est que la chose soit reconnue par tous les observateurs (1).

---

(1) L'organogénie des mollusques eût pu peut-être se soustraire
à cette règle générale , à cause de l'excès de développement des
organismes provenant des feuillets muqueux. Mais son action paraît tellement inhérente à la formation même des animaux , elle
semble si indispensable à leurs conditions primitives d'existence,
que cette classe , de même que les autres invertébrés , y est rigoureusement assujettie. On pouvait l'entrevoir dans les travaux de
Malpighi ; mais voici comment s'exprime à ce sujet un observateur
ingénieux , qui a fait du développement de certains mollusques
une étude toute particulière : « Dans l'évolution de l'embryon de
« l'animal, tout indique la grande loi du développement centri-

Avant de passer outre , nous devons exposer ici un fait général que l'on a opposé à la loi centripète , et que seule la loi centripète explique ; ce fait est celui de l'individualié qu'offrent les embryons de toutes les classes et de toutes les familles dès la délinéation de leurs contours. Un embryon d'oiseau est un oiseau , celui d'un poisson un poisson , etc., l'embryon de l'homme est un être humain, dès la première ébauche de leurs organismes. Cette particularité si souvent remarquée par les anatomistes n'a jamais été expliquée. Or, qui n'en voit présentement la raison? Si le feuillet externe des sacs germinateurs ouvre les développemens, s'il est le premier à se produire , qui ne voit que l'individualisation si précoce des embryons en est la conséquence nécessaire? Qui ne voit encore que la configuration générale des animaux en découle aussi nécessairement que leur individualisation? Qui ne voit enfin la raison du principe que nous avons développé dans un autre ouvrage (1) , savoir, que les caractères différentiels des êtres sont à l'extérieur, tandis que leurs caractères de ressemblance sont à l'intérieur? Ce sont là des faits généraux qui se tiennent et qui ne peuvent être séparés les uns des autres, car les uns et les autres dérivent essentiellement de l'action centripète des développemens.

» pète. » *Mémoire sur l'embryogénie des mollusques gastéropodes*, par M. Dumortier, t. X des Mémoires de l'Académie des sciences de Bruxelles.) Que l'on me permette de citer aussi le passage suivant du même auteur : « J'ai retiré de cette étude (l'embryogénie » des gastéropodes) un autre avantage, celui de connaître les di- » verses phases de l'embryogénie des animaux inférieurs, qui, » suivant la judicieuse remarque de M. Serres, sont eux-mêmes » comme des embryons permanens des animaux supérieurs; de » sorte que cette étude peut servir à éclaircir les points les plus » importans des premières phases de l'embryogénie des animaux » supérieurs et de l'homme. »

(1) *Anatomie comparée du cerveau.* 1826.

CHAPITRE XVI.

Loi de symétrie ou de dualité des organismes (1).

Mais si les organismes sortent successivement des feuillets germinateurs ; s'ils en sortent d'abord avec excès pour s'influencer réciproquement, et s'équilibrer, cela ne dit pas encore comment ils en sortent, dans quel état ils se produisent dès leur début. Sont-ils formés de toutes pièces dans les feuillets germinateurs? ces feuillets n'en renferment-ils, au contraire, que les élémens? S'ils n'en renferment que les élémens, conformément aux données de la théorie de l'épigénèse, ne faut-il pas rechercher dans quel ordre et d'après quelles règles ils se produisent? Ne faut-il pas constater d'abord la loi générale de leur développement primitif, pour en voir dériver ensuite les lois fondamentales de leur configuration, et avoir ainsi la raison de leur existence? Or le fait primitif de tous les organismes est leur dualité. Tous, sans exception, sont doubles à leur apparition, tous sont pairs : on trouve à droite du jeune embryon la répétition exactement de ce qui est à gauche ; les organismes impairs qui viennent plus tard sur la ligne médiane former des arcs-boutans ou des clefs de voûte sur lesquels s'appuient les organismes pairs, ne deviennent tels que par la fusion de la dualité primitive qui les constituait dès leur début. L'embryon résulte ainsi de la réunion de deux moitiés d'embryons ; l'animal unique, si l'on peut s'exprimer ainsi, est le produit de deux moitiés d'animaux. Plus ce résultat est inattendu dans l'état présent de la physiologie, plus nous devons nous attacher à en démontrer la certitude et la

(1) *Lex serriana* (Meckel). Voy. aussi *Analyse des travaux de l'Académie des sciences* pendant les années 1819 et 1820, par M. Cuvier.

généralité dans les premières périodes de l'organogénie.

Nous avons déjà vu qu'après la fécondation , le premier acte de l'incubation est de séparer en deux parties égales la membrane germinatrice du disque prolifère , de la transformer en deux sacs, dont l'un est à droite et l'autre à gauche. Nous avons vu également qu'au moment de leur apparition ces sacs sont séparés l'un de l'autre par un espace vide que l'on a nommé ligne primitive, et nous avons supposé que chacun de ces sacs pourrait être considéré comme une sorte de réservoir renfermant par moitié les germes à venir des organismes de l'embryon. Si cela est, et afin de convertir notre supposition en réalité, nous devons donc voir sortir de ces sacs la moitié de ces organismes, pour suivre ensuite, lorsque cela doit avoir lieu, la conversion de leur dualité en unité. Ainsi conçue, la loi de symétrie devient une question de fait dont l'observation doit nous montrer la certitude dans la formation primitive des organismes provenant de chacun des feuillets germinateurs.

D'abord nous examinerons l'origine des organes de relation ou de ceux qui proviennent du feuillet externe. Nous ne nous arrêterons pas à établir que les nerfs périphériques sont doubles chez les vertébrés et les invertébrés. Qui ne sait que tous les animaux ont un double appareil nerveux de relation? Qui ne sait que tous les nerfs , que tous les ganglions du côté droit, sont la répétition des ganglions et des nerfs du côté gauche? Ces notions sont vulgaires. La dualité primitive de l'axe cérébro-spinal a été, au contraire, repoussée avec d'autant plus de force que son unité primitive formait évidemment la clef de voûte de tout le système du développement centrifuge. Or les deux cordons par lesquels se manifeste d'abord la moelle épinière sont si apparens chez les jeunes embryons des oiseaux , des reptiles, des mammifères et de l'homme, que, depuis nos travaux, il n'est pas d'embryogéniste qui n'ait vérifié par lui-même l'exactitude de cette observation. Il n'en est pas non plus qui n'ait vu la moelle allongée primitivement double, qui n'ait vu les deux lames nerveuses par lesquelles débute le cerveau, les deux feuillets primitifs d'où sort le cervelet, les doubles faisceaux qui constituent le corps calleux, les doubles lames de la voûte et du *septum lucidum*, etc. ; la dualité, en un mot, de toutes les parties centrales du système nerveux des vertébrés. La dualité de l'axe nerveux des invertébrés, lorsqu'il paraît unique, comme chez la plupart des insectes et des crustacés, est un fait définitif acquis à la science depuis le beau travail de M. Ratké [1]) sur l'embryogénie de l'écrevisse ; et cette dualité persistant constamment chez les cirripèdes, les cimothoé, les lalitres ; persistant à un degré beaucoup plus marqué encore chez la plupart des mollusques, la dualité ou la symétrie du système nerveux est un fait incontestable, et nous pouvons ajouter un fait incontesté, si nous en jugeons par la publication de tous les travaux récens sur l'organogénie.

Que la loi centripète et la loi de symétrie aient été méconnues dans le système nerveux, cela se conçoit d'après la difficulté du sujet ; mais qu'elles aient échappé aux sa-

(1) En exposant le renversement d'attitude des organismes chez les invertébrés, nous avons laissé de côté la situation inverse qu'occupent, dans les deux embranchemens du règne animal, les muscles et les parties solides qui leur servent d'insertion. Cette question intéressante, débattue plusieurs fois dans la science depuis Willis, nous paraît susceptible d'un degré d'avancement, d'après une des belles observations de l'anatomiste célèbre cité plus haut. En effet, M. Ratké a observé que chez l'embryon de l'écrevisse le système nerveux central ne naît pas, comme chez l'embryon des vertébrés, du côté de la lame séreuse opposé au vitellus, mais bien du côté inverse. Or, si le système nerveux commande la position des muscles et celle des parties solides qui leur servent de point d'appui, ne pourrait-on pas trouver la raison de leur inversion dans cette inversion primitive du système nerveux dans les deux embranchemens ?

vantes investigations dont le système osseux a été l'objet, c'est un fait d'autant plus remarquable que le développement excentrique n'est nulle part plus marqué que dans l'apparition des os. Ainsi, au tronc, c'est la clavicule qui paraît d'abord, puis les masses latérales des vertèbres, puis les côtes, puis le sternum. Au bassin, c'est l'ilium et l'ischium, placés à la périphérie, qui s'ossifient en premier lieu, puis en dernier lieu le pubis, qui est au bassin ce que le sternum est au thorax, la partie centrale de la ceinture osseuse. Quelque compliquée que soit l'ossification du crâne, elle procède constamment dans le même ordre et d'après la même règle, les noyaux osseux se montrant en premier lieu à la périphérie, puis gagnant de proche en proche le centre des os. Ainsi, dans le temporal, c'est sur l'apophyse zygomatique que paraît le premier noyau osseux, puis viennent les os de l'oreille moyenne, puis le rocher. L'ossification de cet os procède ainsi excentriquement ou de dehors en dedans. La même chose a lieu sur le sphénoïde dans les grandes et les petites ailes, c'est-à-dire que les parties périphériques ouvrent l'ossification, tandis que la partie centrale la ferme. De même sur l'ethmoïde. Voyez ses masses latérales, dont les lamelles osseuses sont si distinctes, tandis que la lame centrale est encore cartilagineuse; voyez les cornets nasaux s'ossifiant à part sur les côtés, tandis que la partie centrale, qui devrait leur correspondre, avorte; voyez sur le plateau des dents composées les promontoires, qui doivent en former les éminences, s'ossifier en premier lieu, puis des lamelles, partir de ces différents points, s'avancer de dehors en dedans pour constituer définitivement le plateau ou la couronne. Ainsi le développement centripète du système osseux est une loi d'expérience. La dualité primitive des os qui occupent les axes du squelette, et qui tous sont uniques chez l'animal parfait, est une conséquence nécessaire de cet ordre ostéogénique. Ainsi le corps des vertébrés est double

primitivement ; il y a un demi-rachis à droite, et un second
à gauche. Le corps du sphénoïde est également double ou
plutôt quadruple ; car tout le monde sait qu'il y a dans le
début deux sphénoïdes distincts. La lame ethmoïdale, le
vomer, qui ne sont que des feuillets osseux si minces qu'ils
semblent pouvoir renfermer à peine un noyau d'os, se développent cependant par deux lamelles osseuses ; tant la
nature reste invariablement attachée à ses règles. C'est d'a-
près la même loi qu'il y a d'abord deux hyoïdes, deux maxillaires inférieurs, deux sternum. En résumé la dualité osseuse n'offre pas une seule exception. Il en est de même de
la dualité musculaire : un faisceau de muscles occupant la
droite du tronc de l'animal, a toujours et doit toujours
avoir à gauche son correspondant ; sans cela l'équilibration, indispensable au mouvement volontaire, serait impra-
ticable. Aussi la dualité de cette partie du système musculaire n'a-t-elle jamais été niée. Mais la dualité l'a été pour
les muscles destinés à former certaines ouvertures du corps;
elle l'a été pour ceux de la luette et pour le diaphragme ;
elle l'a été particulièrement pour les muscles entrant dans
la composition des organismes de la vie végétative ; c'est-
à-dire que la dualité musculaire, incontestée pour sa partie
périphérique, a paru douteuse dans ses parties centrales,
sur lesquelles néanmoins elle est primitivement très prononcée. Ainsi la luette a ses deux muscles ; il y a d'abord
un demi-diaphragme à gauche, et un autre demi à droite.
Le pharynx est composé par trois paires de muscles. L'œ-
sophage a ses deux longs faisceaux, ainsi que l'estomac
et les intestins, ainsi que l'utérus et la vessie. L'ouverture
de la bouche, celle de l'anus, celle du vagin, celles du
diaphragme, résultent toutes de l'assemblage de muscles
pairs et égaux, dont une moitié forme un des côtés de l'ouverture, et la seconde moitié constitue le côté opposé.
Os, muscles, nerfs, axe cérébro-spinal, encéphale, moelle
épinière, tout ce qui provient de la lame externe des sacs

germinateurs est donc rigoureusement assujetti à la loi centripète des développemens et à la loi de symétrie, qui en est la conséquence. Tous ces organismes sortent par moitié des sacs germinateurs, qui fournissent chacun, et par moitié aussi, les lames composant le feuillet germinateur externe. Ces grands faits organogéniques sont pour ainsi dire contenus et renfermés dans ce fait primordial.

En est-il de même des organismes provenant du feuillet vasculaire ? Verrons-nous les vaisseaux qui composent ce feuillet se développer de la circonférence au centre? Verrons-nous ces innombrables veines et artères se former de dehors en dedans, et par paires moitié d'un côté, moitié de l'autre? Verrons-nous enfin deux moitiés de feuillet vasculaire, venant l'une d'un sac germinateur, l'autre de l'autre, et servant pour ainsi dire de souche et de racine aux vaisseaux du corps de l'embryon, à ses veines, à ses artères et au cœur lui-même? Si cela était, n'y verrait-on pas la loi centripète et la loi de symétrie en action? Or cela est. Suivez la manifestation des vaisseaux de la circulation primitive. Par où les voyez-vous débuter? Est-ce sur le centre de la membrane omphalo-mésentérique, ou à sa périphérie? est-ce en dedans ou en dehors? La circulation, de même que la formation des vaisseaux, débute toujours par la circonférence de cette membrane, par ses points les plus éloignés du centre. Là, sur les confins les plus reculés de la membrane, vous voyez apparaître en principe deux traits jaunâtres : l'un est d'un côté, l'autre du côté opposé. A ces traits, qui sont les indices premiers de la grande veine circulaire, que le système centrifuge avait nommée veine terminale, et que la théorie centripète nomme proto-géniale ou antégéniale, parce qu'elle précède tout le système sanguin ; à ces traits primitifs se joignent successivement d'autres traits de même couleur, qui, longeant toujours la périphérie de la membrane, constituent un arc vasculaire à droite, et un second arc tout-à-fait semblable à gauche. A

peine les deux moitiés du système sanguin primitif sont-
elles ainsi dessinées, que vous voyez se produire par cen-
taines et par pelotons isolés les capillaires artériels et veineux qui constituent le corps de chaque moitié du feuillet
vasculaire, et qui le constituent en se joignant pièce à
pièce avec les vaisseaux, d'abord de la veine circulaire,
puis entre eux pour constituer les troncs qui doivent se
porter dans le corps même de l'embryon (1). Le système
sanguin périphérique est donc dessiné et arrêté à l'époque où apparaissent pour la première fois les veines et
les artères centrales qui vont servir aux développemens
embryonnaires : d'abord les veines, puis les artères. Mais
comment se formera à son tour ce système sanguin primitif de l'embryon ? Dans quel ordre et dans quel nombre
se manifesteront les troncs vasculaires ? Si, comme nous
venons de le voir, il y a deux demi-feuillets vasculaires,
l'un droit et l'autre gauche, entourant le champ où se
développe l'embryon, on conçoit que chaque demi-cercle
devra envoyer une veine par sa partie supérieure, qui sera
la continuation de cette partie de l'arc proto-génial ; une
seconde veine par sa partie inférieure, qui continuera
aussi l'arc inférieur de la grande demi-veine proto-géniale ;
et enfin une troisième veine et une artère, qui partiront de
la partie moyenne de chaque demi-feuillet, pour se diriger
vers la partie moyenne du jeune embryon. Il devra donc
exister ainsi trois grandes veines et une artère de chaque

(1) Cette formation est la répétition de celle des vaisseaux des
végétaux, exposée par M. Gaudichaud. « Les vaisseaux tubuleux
« de M. Gaudichaud, ou ceux du système descendant des végé-
« taux, se forment pièce à pièce, cellule par cellule, et de haut en
« bas. Peu à peu ils finissent, au bout d'un certain temps, par
« constituer de véritables tubes, qui vont du sommet des tiges
« jusqu'à la base des racines sans éprouver d'altération dans leur
« composition organique. » (Comptes-rendus de l'Académie des
sciences, 22 février 1841, p. 369.)

côté. La symétrie et la dualité seront alors parfaites, et résulteront, comme on vient de le voir, de la marche périphérique ou centripète des développemens. Or cette seconde période de formation du système sanguin primitif est si claire dans sa manifestation, si précise dans l'ordre et la succession des parties qui la constituent, si apparente, à cause de la grandeur relative qu'a déjà acquise l'embryon, qu'on en suit tous les temps et pour ainsi dire toutes les nuances, par la coloration que prennent les vaisseaux au fur et à mesure de leur apparition. Ainsi l'on voit, en premier lieu, les deux arcs supérieurs de chaque demi-veine proto-géniale se continuer sur la face antérieure de l'embryon, et donner naissance à deux grandes veines nommées descendantes, parce qu'elles descendent en effet sur l'embryon. On voit, en second lieu, les arcs inférieurs des demi-veines proto-géniales se prolonger comme les supérieurs, et produire à leur tour deux grandes veines dites ascendantes, parce qu'elles marchent en sens inverse des précédentes. On voit enfin les veines et les artères du milieu de chaque demi-feuillet vasculaire produire une grosse veine et un gros tronc artériel de chaque côté; artère et veine qui pénètrent dans le milieu du champ embryonnaire de la même manière que les veines descendantes ont pénétré par le haut et par le bas. Chaque demi-veine circulaire a donc formé de cette manière un cercle entier; de sorte qu'alors il y a réellement deux cercles vasculaires au milieu desquels repose l'embryon en voie de développement. Ces deux cercles vasculaires primitifs semblent avoir pour but, pour résultat, la formation du cœur, organe principal des développemens du feuillet vasuculaire. Ainsi la marche même des formations nous conduit à l'étude de l'état primitif du cœur. *A priori*, nous pourrions dire qu'il doit être double, qu'il doit y avoir un demi-cœur à droite correspondant au cercle vasculaire droit, et un demi-cœur à gauche représentant le demi-cercle vasculaire de ce côté.

Cette disposition est en effet une nécessité de ce qui précède. Mais nous avons déjà dit que nous repoussions de l'organogénie les déductions *à priori*, pour n'admettre que ce que montre l'observation directe. Or encore ici l'observation directe est si concluante, qu'elle ne laisse aucun doute dans l'esprit. Le cœur débute en effet par deux vaisseaux cardiaques, obliquement placés sur le devant de l'embryon, et isolés l'un de l'autre. Un de ces vaisseaux se met en relation avec un des cercles vasculaires, l'autre avec le cercle opposé. Chacun des cercles a ainsi son représentant dans la dualité primitive du cœur. Mais les vaisseaux cardiaques ne sont d'abord en relation qu'avec le système veineux des cercles vasculaires : les deux artères dites ombilicales, parce qu'elles rejoignent l'embryon vers le point que l'ombilic devra occuper, paraissent étrangères à sa formation. A quoi servent-elles cependant? que viennent-elles faire dans le champ des développemens? Elles viennent pour constituer l'aorte, qui, plus tard, doit prolonger le cœur dans tout le tronc. Mais si le cœur est double, si chaque cercle veineux a produit son vaisseau cardiaque, chaque cercle artériel devra produire de son côté une aorte qui le représente. Il y aura donc deux aortes primitivement, comme il y a deux vaisseaux cardiaques. Et remarquez bien que ces deux aortes seront une suite nécessaire de la dualité des artères ombilicales, comme les deux cœurs ont été une nécessité de la dualité des veines descendantes et ascendantes, et celles-ci une nécessité de la dualité des veines proto-géniales, qui elles-mêmes reconnaissaient pour cause la dualité primordiale du feuillet germinateur. Comme tout se tient dans la nature! Remarquons encore que chacune des aortes correspond à chacune des moitiés de la moelle épinière et de l'encéphale, à chacune des moitiés du rachis du crâne et de la face, à chacune des moitiés enfin des systèmes osseux et musculaire. La dualité devait exister partout ou nulle part : c'est partout qu'elle existe. Les artères et les veines, qui sont uniques chez l'adulte, sont doubles primitivement, de même que l'aorte ; il y a alors deux veines caves supérieures et inférieures, deux veines azygos, deux artères sacrées moyennes, deux artères spinales antérieures et postérieures, deux artères calleuses ; enfin deux moitiés symétriques de système sanguin pour servir aux développemens des deux moitiés qui doivent constituer l'animal.

Avant de passer à la dualité primitive des organismes provenant du feuillet muqueux, nous devons dire un mot de la loi du croisement du système sanguin. Si l'on cherche dans l'histoire de l'embryogénie les motifs qui ont fait supposer que le système vasculaire était produit par l'action lente du cœur, qui aurait creusé lui-même dans les parties les routes que le sang devait parcourir, on les trouve en partie dans la disposition superficielle des artères et de veines, dans leur faible adhérence aux organes, qui les rend pour ainsi dire flottantes. Comment avec cette mobilité les vaisseaux resteraient-ils en place pendant les développemens ? Comment conserveraient-ils leurs rapports ? Chaque obstacle que l'on rencontrait dans l'étude de l'organogénie faisait ainsi créer une hypothèse qui détournait de l'observation, laquelle cependant pouvait seule donner la solution des difficultés que l'on soulevait. Mais si au lieu de s'arrêter à l'hypothèse que nous venons d'indiquer, on eût consulté la nature, on eût trouvé le remède à côté du mal, une cause d'ordre à côté de celle qui devait produire le désordre. Cette cause d'ordre, destinée à s'opposer aux déplacemens, réside dans le croisement des deux sortes de vaisseaux du système sanguin. Dans le plan supérieur à l'ombilic, les veines sont antérieures et les artères postérieures ; dans le plan inférieur, au contraire, ce sont les artères qui sont en avant, et les veines en arrière. De cette disposition croisée il résulte qu'en haut les artères sont maintenues en place par les veines, tandis que les veines le sont en bas par les artères. Cette double application si heureusement calculée suffit donc pour la fixité des rapports.

Plus on se rapproche de la partie interne de l'embryon, de celle que forme le feuillet muqueux, et qui est appliquée immédiatement contre le vitellus, plus la dualité organique devient difficile à constater. Que de temps on a été à retrouver les deux plis intestinaux de Wolf? Que venait faire cette dualité intestinale en présence des unités organiques primitives que l'on supposait partout sur la ligne médiane? N'était-ce pas un hors-d'œuvre? Néanmoins ce jalon, posé par l'observation directe en opposition avec les idées reçues, devait finir par réaliser en lui tous les développemens des organismes provenant du feuillet muqueux; de sorte que personne ne doute plus maintenant d'un fait que naguère tout le monde repoussait. Il y a en effet deux intestins primitifs dont nous exposerons ailleurs la formation fractionnée en trois zones distinctes. De chacun de ces intestins naissent de chaque côté, en premier lieu les glandes salivaires, en second lieu les poumons, en troisième lieu le pancréas et le foie; car il y a aussi primitivement deux organes hépatiques, deux pancréas et peut-être deux rates. Chaque intestin primitif apporte avec lui les rudimens des organes dont la réunion doit constituer le canal digestif et ses annexes. Soit que les organes génito-urinaires proviennent du feuillet muqueux isolé, ou du feuillet muqueux et vasculaire réunis, leur dualité originaire se prononce dans toute l'étendue de cet appareil; la moitié est d'un côté, la seconde moitié de l'autre. Mais ce qui, dans les vues que nous développons, donne à l'étude de cet organisme un intérêt particulier, c'est qu'il a deux périphéries et un centre, qu'il a par conséquent de doubles organes à sa circonférence et des organes uniques au milieu. La dualité des parties qui sont à la périphérie n'a jamais été le sujet d'un doute; tout le monde sait que les animaux ont deux reins, deux testicules, deux ovaires, que précèdent chez leurs embryons les deux corps de Wolf; tout le monde sait également qu'à l'autre extrémité de l'appareil il existe deux tuniques vaginales, une paire de bourses, deux grandes et deux petites lèvres et deux clitoris, et deux verges dont les deux corps caverneux de l'adulte représentent le type primitif; mais on sait aussi qu'il n'existe dans la sphère la plus élevé de l'animalité qu'un utérus, qu'une vessie et qu'un canal de l'urètre. C'est donc la dualité originaire de ce canal de la vessie et de l'utérus que la loi de symétrie était tenue de démontrer. La dualité utérine déjà été exposée dans ce travail : il ne nous reste donc qu'à indiquer celle de la vessie et de son canal. Cette dualité de la vessie a sa source dans l'origine de l'allantoïde, si bien caractérisée par **M. Dutrochet** sous le nom de vessie ovo-urinaire. La double vésicule qui, dans le début, constitue cette enveloppe embryonnaire, est une prolongation de l'intestin, qui répète en bas pour l'allantoïde ce qu'il a produit en haut pour le poumon (1). Quant à la dualité du canal de l'urètre, les deux lames qui le constituent partent de la partie interne des branches du pubis, qui d'abord réunies en haut forment une petite voûte qui se convertit en canal par leur engrainure inférieure (2).

(1) Pour les détails de la formation double de la vessie, voyez le Mémoire d'anatomie transcendante publié dans le neuvième volume des Mémoires de l'Académie des sciences.

(2) La dygénie du canal de l'urètre est un fait très difficile à constater dans l'embryogénie normale des mammifères et de l'homme; elle devient évidente, au contraire, dans la monstruosité que j'ai désignée sous le nom de cystidymie (ischiadelphie, G. S.-H.). Dans un cas de ce genre, pour la dissection duquel j'ai été secondé par deux anatomistes distingués, MM. Giraldès et Estévenet, nous avons vu si distinctement les deux lames urétrales, que nous avons pu les faire représenter avec netteté dans les beaux dessins exécutés par M. Werner, peintre du Muséum. Ces dessins, et le Mémoire dont ils font partie, paraîtront dans un des prochains volumes des Mémoires de l'Académie des sciences.

Le feuillet muqueux des sacs germinateurs étant le plus interne des trois, et le dernier à entrer en action, on conçoit que les lois centripète et de symétrie sont moins prononcées sur ses organismes que sur ceux des autres feuillets, à cause du rapprochement où se trouvent les moitiés primitives des organes. Dès lors on conçoit que c'est principalement sur eux qu'ont dû porter les objections que l'on a faites à ces règles de développement dont nous venons de montrer les principales applications. Mais si nous avions pu entrer ici dans ces détails, nous aurions fait voir que la structure des ovaires et des testicules se manifeste sur ces organes de dehors en dedans. Nous aurions insisté surtout sur la formation des uretères qui, partant des reins, cheminent si manifestement vers la vessie qu'on peut suivre chez eux les divers temps de la loi centripède. Néanmoins, parmi les objections faites à la loi de symétrie, il en est une qui paraît si décisive d'après la considération de certains animaux adultes, que nous ne pouvons la passer ici sous silence. Si la dualité des organismes, a-t-on dit, est une règle générale des développemens, comment se fait-il que la plupart des ophidiens, parmi les reptiles, n'aient qu'un poumon, et tous les oiseaux qu'un seul ovaire? Que sont devenus et le second ovaire des oiseaux et le second poumon des ophidiens? C'est précisément là que se trouve la réponse. En effet tous les ophidiens ont leurs deux poumons à la naissance, et tous les oiseaux possèdent leurs deux ovaires dans tout le cours de l'incubation, et souvent au-delà; mais par une raison qui nous échappe, après la naissance des ophidiens, un de leurs poumons se flétrit et disparaît; de même que chez les oiseaux, l'ovaire droit qui se manifeste dès le sixième jour de l'incubation, et s'accroît jusqu'au quatorzième, s'atrophie à partir du dix-septième, et a complétement disparu dès les premiers mois qui suivent l'éclosion. La symétrie qui, sous ce rapport, caractérise la vie embryonnaire de ces animaux, s'efface peu à peu dès leur entrée à la vie extérieure : de réguliers qu'ils étaient, ils deviennent irréguliers, et, pour parler selon le langage moderne, considérés sous le rapport du poumon, les ophidiens sont des monstres par défaut, de même que le sont les oiseaux par rapport aux ovaires. Cette objection prétendue est donc au contraire une belle vérification de la règle. Or, de même que nous avons montré que la loi de symétrie dérive comme conséquence de la dualité originaire des sacs générateurs, de même il nous faut établir présentement que la loi de conjugaison qui va ramener cette dualité à l'unité organique, n'est à son tour qu'une conséquence de la loi de symétrie. Nous aurons ainsi et la raison de la dualité de l'animal et la raison de son unité, qui se rattachent l'une et l'autre à la loi centripète des développemens.

CHAPITRE XVII.

Loi de conjugaison des organismes.

Si le fractionnement primitif des organismes nous les a montrés divisés et subdivisés à l'infini dans leurs élémens constitutifs, la loi d'homœozygie nous a initié au principe de l'association qui rassemble et réunit ces élémens pour constituer les matériaux des organes auxquels nous avons donné le nom d'*organites*. Si la loi de symétrie vient de nous faire connaître la règle générale du démembrement de ces organites, de leur désassociation par paires au moment de leur apparition, la loi de conjugaison va nous apprendre la règle ou le mécanisme de leur association, lorsque les organites, ou même leurs élémens, sont rapprochés les uns des autres, et amenés au point de contact. Il suit de là que la loi de conjugaison n'est que la régularisation de l'association. Appliquée à la dualité des organismes, la conjugaison a pour effet de faire cesser cette dualité sur ceux qui occupent la ligne médiane, de les unir, de les confondre, de sorte à produire sur cette ligne la fusion des deux moitiés d'embryon pour en constituer un système simple. Appliquée aux organes eux-mêmes, la conjugaison aura pour résultat de développer leur structure propre, de nous montrer d'où proviennent les éminences qui hérissent leur surface, les enfoncemens, les gouttières, les rainures qui creusent légèrement leur surface, les trous qui les perforent de part en part, les cavités plus ou moins profondes qui se manifestent dans leur composition propre, ou qu'ils commencent à former par leur réunion. Enfin il n'est pas jusqu'aux aqueducs et aux canaux qui sillonnent la profondeur des organes qui ne puisse se ramener au procédé général de la conjugaison des organismes.

CHAPITRE XVIII.

Formation des organes impairs.

Tous ces organes occupent la partie centrale des organismes, et tous, comme nous venons de l'exposer, sont primitivement composés de deux moitiés égales, séparées l'une de l'autre par un certain intervalle. Supposez que dans leurs développemens les organismes soient immobiles, évidemment ils resteront tels que vient de les laisser la loi de symétrie; mais supposez, au contraire, qu'ils soient doués de mouvement, que les deux moitiés, marchant de dehors en dedans, se portent l'une vers l'autre, l'effet de ce mouvement sera évidemment de les rapprocher, de les amener au point de contact, et, ce point de contact atteint, elles s'associeront, s'engrèneront mutuellement, et les deux parties n'en feront plus qu'une. La dualité sera convertie en unité, les deux moitiés paires formeront un organe impair. Ce mécanisme se répétant sur l'axe de tous les organismes, tous les organes impairs reconnaîtront la même origine et se développeront par le même procédé.

Si du principe vous descendez au fait; vous verrez les deux cordons de la moelle épinière se réunir en avant, puis en arrière; cette double association se répétant sur les lames de l'encéphale, vous en verrez sortir l'axe cérébro-spinal; autour de lui les deux moitiés du rachis et du crâne exécutant le même mouvement, les deux corps des vertèbres n'en feront qu'un, les deux ethmoïdes, les deux sphénoïdes se convertiront en un seul sphénoïde et en un seul ethmoïde, les deux occipitaux en un seul occipital; il y aura alors une vaste gouttière dans laquelle reposera la partie centrale du système nerveux. En suivant le mouvement, on verra les lames vertébrales, les grandes ailes du sphénoïde, les temporaux, les pariétaux et les coronaux se réunir en arrière et en haut, comme l'ont fait en avant et en bas les corps vertébraux ethmoïdaux et sphénoïdaux, et l'on aura de cette manière un vaste étui osseux, développé tout autour de l'axe cérébro-spinal. La dualité sera ramenée à l'unité, il n'y aura qu'une colonne vertébrale et qu'un crâne, comme il n'y a qu'une moelle épinière et qu'un encéphale quand les développemens sont accomplis. Ce n'est pas tout, car on verra aussi les deux moitiés de corps calleux, les deux moitiés de septum lucidum, les deux moitiés de cervelet, de la valvule de Vieussens et des commissures cérébrales, devenir impaires, de paires qu'elles étaient, comme les deux lames perpendiculaires de l'ethmoïde ne formeront qu'une lame, les deux vomers qu'un vomer unique, les deux maxillaires inférieurs, les deux hyoïdes, les deux larynx qu'un larynx, qu'un hyoïde, et qu'un maxillaire inférieur. On arrivera ainsi au sternum dont on verra les deux moitiés se fermer sur le cœur, auquel cet os sert de plastron ; et de même les deux abdomens se fermeront sur les intestins, les deux bassins sur l'utérus, la vessie et le rectum. Toutes ces parties qui étaient doubles seront alors uniques ; de pairs, tous ces organes seront devenus impairs, et ils le seront devenus par le même mécanisme.

La loi de dualité qui produit les organes pairs étant générale, on conçoit que celle d'unité qui produit les organes impairs devait l'être également. Ainsi les deux lames intestinales produiront un intestin unique ; les deux vaisseaux cardiaques se mettront en un seul, de même que les deux diaphragmes, les deux foies, les deux pancréas, les deux allantoïdes, les deux lames urétrales, les deux prostates, les deux utérus, les deux pénis ; enfin les deux aortes, les deux veines caves supérieures, les deux inférieures, les artères spinales, etc., se convertiront en une seule aorte (1),

(1) Après le double développement des vertèbres, le point de nos recherches sur l'organogénie qui a été le plus contesté, est le fait de la dualité primitive de l'aorte ; puis celui de la conversion des deux aortes est une artère centrale unique. Cette observation, une des plus importantes de la théorie des développemens et de l'épigénèse, a été répétée par un des embryogénistes modernes les plus célèbres, M. Allen Thomson. Le procédé dont il s'est servi pour vérifier ce fait lui donne un tel caractère de certitude, que nous croyons devoir transcrire ici le passage de son ouvrage qui le concerne.

« Dans son quatrième Mémoire d'anatomie transcendante, M. Serres rend compte de plusieurs observations délicates qu'il a faites sur le développement de diverses parties du système vasculaire, et qui l'ont conduit à expliquer l'origine de quelques unes des principales artères d'une manière différente de celle qui est généralement reçue par ceux qui ont écrit sur ce sujet, et à établir que toutes les artères uniques, situées dans le plan médian du corps, ont été primitivement doubles, qu'elles ont été formées par la réunion de deux vaisseaux, et que *la dualité des artères tend à l'unité, de dehors en dedans, en vertu des lois de forma-*

en veines caves uniques, etc. L'unité organique sortira partout de la dualité primitive ; de cette unité de formation résultera donc pour tous les organes impairs une similitude de composition, de sorte qu'en les supposant divisés par une ligne médiane, l'un des côtés offrira la répétition exacte de l'autre.

CHAPITRE XIX.

Formation des ouvertures des organismes.

Les organismes des animaux sont emboîtés les uns dans les autres ; il y en a de contenans, il y en a de contenus, et tous doivent communiquer entre eux. Pour que cette communication puisse s'opérer librement, il faut donc des

tion de la circonférence au centre, ou lois de symétrie et de réunion.

» Les principales artères que M. Serres décrit comme formées et réunies de cette manière sont l'aorte, l'artère basilaire et l'artère calleuse du cerveau, ainsi que les artères ombilicales dans le pédicule de l'allantoïde. Il appuie ses conclusions sur la structure de ces artères dans le fœtus chez les oiseaux et chez les mammifères, à une époque peu avancée de leur développement, à l'état monstrueux, et dans les divers ordres d'animaux vertébrés à l'état adulte.

» A propos de la formation de l'aorte, M. Serres rappelle l'observation qui a été faite par la plupart de ceux qui ont étudié avec soin le développement du poulet, et en particulier par Pander (Beitrage, etc., § 13, pl. viii) ; à savoir, que vers la soixantième heure de l'incubation l'aorte du poulet consiste dans deux vaisseaux bien distincts l'un de l'autre dans toute l'étendue de la portion abdominale de l'artère en question, là où elle donne naissance aux artères de l'*area vascularia*.

» A cette époque, la portion abdominale de l'embryon se compose seulement d'une colonne vertébrale rudimentaire, qui ren-

ouvertures : comment se forment-elles ? Cette question,
qui n'en était pas une pour le système des préexistences,
qui supposait tout préformé, en est une importante pour
la théorie de l'épigénèse, qui rejette les préformations.
Cette théorie est donc tenue d'en expliquer le mécanisme.
Rien n'est plus simple. Il y a sur les côtés de la colonne
vertébrale une série de trous égale en nombre à celui des
vertèbres, afin de laisser entrer ou sortir du canal vertébral
soit les nerfs, soit les veines et les artères. Ces trous sont
formés de la manière qui suit : sur les côtés du corps de
chaque vertèbre existe une échancrure produisant un en-
foncement sensible; lorsqu'on rapproche l'un de l'autre
deux corps vertébraux, l'échancrure de la vertèbre supérieure s'appliquant sur celle de la vertèbre inférieure, les
deux réunies forment une ouverture, un trou que l'on a
nommé *de conjugaison*, parce qu'en effet il ne peut se

ferme la moelle épinière ; des portions latérales épaissies de la
lame séreuse de la membrane germinale, portions qui forment les
parois de l'abdomen, et du commencement des replis intestinaux
à la surface inférieure. Toutes ces parties sont encore situées à
peu près dans le même plan que la portion horizontale de la
membrane germinale ; à peu près au milieu de cette portion de
l'embryon, on voit les deux artères de l'aire vasculaire naître de
l'aire transparente et de l'aire vasculaire, tandis que les branches
aortiques avec lesquelles elles sont en communication constituent
deux vaisseaux parallèles situés des deux côtés de la colonne vertébrale, et s'étendant jusqu'à l'extrémité de la queue depuis le
point du dos qui correspond au ventricule du cœur, point où ils
se réunissent en un seul tronc.

» Pander et M. Serres ont tous les deux désigné sous le nom
d'ombilicales les artères de l'aire vasculaire, circonstance qui a
eu jusqu'à un certain point pour résultat d'obscurcir la description qu'ils ont donnée de ces artères. Pander, en effet, oubliant
que les artères ombilicales proprement dites, qui se distribuent
sur l'allantoïde, sont produites par les portions iliaques de l'aorte
à une époque beaucoup plus tardive que les vaisseaux de l'aire,

produire que par la conjugaison des deux vertèbres. Ce mécanisme si simple est celui que la nature met en œuvre

suppose que la seule différence que présente la structure de l'aorte dans le fœtus et dans l'animal adulte, consiste en ce que la division de ce vaisseau dans les artères iliaques a lieu plus haut. Mais il est évident que cela n'explique pas cette circonstance que les artères de l'*aire vasculaire* du jaune (lesquelles, ainsi que l'indique leur nom plus récent et plus convenable d'*omphalo-mésentériques*, sont la continuation des artères des intestins) naissent chacune d'une branche distincte de l'aorte.

» M. Serres a encore observé que de la quarantième à la cinquantième heure, c'est-à-dire immédiatement après que la circulation du sang a commencé, le tronc aortique est double dans toute son étendue depuis le point où ses branches naissent du bulbe du cœur jusqu'à l'extrémité de la queue, et c'est, suivant lui, par la réunion graduelle de ces deux vaisseaux sur la ligne médiane que se forme l'aorte unique de l'adulte.

» Baer, dont nous avons eu si fréquemment occasion d'admirer les soigneuses recherches sur le développement, a aussi porté son attention sur l'état de l'aorte aux premières époques de l'incubation; mais il ne paraît pas avoir obtenu le même succès. Dans son histoire du développement du poulet (*Répertoire général d'Anatomie et de Physiologie*, t. VIII, p. 72), il dit que les deux vaisseaux dans lesquels le ventricule du cœur chasse le liquide qu'il contient vers la quarantième heure, après avoir contourné la partie antérieure du canal intestinal, et s'être prolongés dans un certain espace, se réunissent *probablement* après avoir été séparés pendant un certain temps. Il ajoute que cette réunion ne peut pas toutefois être facilement démontrée durant cette période, par la raison que ces vaisseaux, lorsqu'ils arrivent au-dessous de la colonne vertébrale, semblent perdre leurs parois, et que leur contenu est trop transparent pour en indiquer distinctement le trajet. Cependant, d'après le même auteur, l'union de ces deux vaisseaux peut facilement être démontrée avant la fin du second jour.

» Ces remarques de Baer, et la circonstance que M. Serres ne fait pas allusion dans sa description de l'état primitif double de l'aorte à l'existence des dix subdivisions branchiales de ce vaisseau, qui

pour la formation de tous les trous, de toutes les ouvertures du corps des animaux et de l'homme. Partout où existe

ont été découvertes par Huschke, Ratké et Baer, et que nous
avons décrites à la page 64 de cet essai; et que de plus il ne nous
a donné aucun renseignement sur les moyens qu'il a employés
dans ces investigations si difficiles, m'ont conduit à regarder
comme nécessaire de répéter les observations de M. Serres, dans
le but non seulement d'en vérifier l'exactitude, mais encore de
reconnaître les rapports des deux branches aortiques décrites par
M. Serres avec les racines dorsales de l'aorte, formées par la
réunion des arcades branchiales de chaque côté de l'intestin.

» La température étant fort basse à l'époque où j'ai fait mes observations, j'éprouvai beaucoup de difficulté à placer le poulet
vivant dans le champ du microscope et à observer la circulation
du sang pendant une période aussi peu avancée que celle où devaient se faire les recherches dont il s'agit : aussi ai-je été obligé
d'avoir recours à un autre mode d'observation, qui consiste à
pratiquer des sections transversales du fœtus dans toute sa longueur, dans le but d'arriver à reconnaître la structure de ses vaisseaux. Ce moyen n'est pas facile, mais c'est un de ceux qui donnent les résultats les plus certains et les plus satisfaisans, et je suis
arrivé ainsi à confirmer les résultats généraux établis par M. Serres,
relativement à la duplicité de l'aorte pendant les premières périodes du développement fœtal chez les oiseaux.

» Dans le poulet, à la trente-sixième et à la quarantième heure
de l'incubation (a), c'est-à-dire un peu avant qu'ait commencé la
circulation du sang et immédiatement après, j'ai vu deux vaisseaux naissant du bulbe du cœur, contournant la face antérieure
de l'intestin, et se continuant jusqu'à l'extrémité du fœtus, parallèles l'un à l'autre, tout en demeurant séparés dans toute leur
étendue. Ces vaisseaux sont situés au-dessous de la moelle épinière et de chaque côté de la *chorda dorsalis* (b), partie qu'occu-

(a) En mentionnant les heures d'incubation, j'ai eu en vue des périodes en
rapport, non pas avec le temps précis qu'ont employé les fœtus particuliers qui
ont servi à mes recherches, mais avec l'état de leur développement et avec les périodes générales adoptées par Baer, par Prevost et Dumas, etc.

(b) La *chorda dorsalis*, ainsi appelée par Baer, correspond par sa position à la raie
primitive de la matricule; c'est un petit cordon opaque (*dense* en anglais), situé
immédiatement au-dessous de la moelle épinière.

une ouverture, qu'elle soit pratiquée dans le système musculaire, dans le système nerveux, dans les systèmes fibreux

peront plus tard les corps des vertèbres. Les artères omphalo-mésentériques naissent de ces vaisseaux beaucoup plus haut à cette époque qu'à une époque plus avancée; et au premier coup d'œil, elles semblent être les seules branches qui naissent des vaisseaux aortiques; mais un examen attentif montre deux autres petits vaisseaux situés entre les artères omphalo-mésentériques, et descendant un peu jusque au-dessous de l'endroit où ces dernières passent dans l'aire vasculaire : vers la queue de l'embryon, ces deux prolongemens des vaisseaux aortiques semblent se perdre dans un grand espace vide qui existe entre la lame vasculaire de la membrane et la *chorda dorsalis.*

» Dans le poulet, à la quarante-huitième ou à la cinquantième heure, c'est-à-dire à une époque où la circulation du sang est parfaitement établie dans l'aire vasculaire, mais où la seconde série de veines n'est pas encore apparue, j'ai trouvé les deux vaisseaux aortiques réunis sur une grande portion de leur longueur dans la région dorsale. Cette réunion paraît commencer dans la région dorsale, à peu près dans le point opposé à l'oreillette ; mais je n'ai pas été assez heureux pour pouvoir déterminer l'époque précise où ce progrès commence. La réunion va se continuant d'avant en arrière, de telle façon qu'à la soixantième ou à la soixante-cinquième heure, toute la portion dorsale et partie de la portion abdominale de l'aorte ne sont plus qu'un seul vaisseau aussi bien que le point de départ des artères omphalo-mésentériques. Ces dernières, se réunissant elles-mêmes bientôt dans une partie de leur longueur, semblent naître d'une seule branche.

» Au quatrième jour, ce qui restait des deux portions abdominales des vaisseaux aortiques s'est complétement réuni jusqu'au point où doit avoir lieu la division permanente de ce vaisseau. Là les deux troncs demeurent séparés, et ils fournissent les artères ombilicales ou vaisseaux de la membrane allantoïde, dont le développement commence vers cette époque. Ce sont les premières branches considérables qui se forment de l'artère iliaque.

» Pendant le temps que dure cette réunion de portions dorsales et abdominales du double tronc aortique, les deux vaisseaux qui naissent du bulbe du cœur, et dont les deux aortes ont été d'abord ou osseux, vous la verrez toujours produite par la conjugaison de deux ou de plusieurs parties de ces divers sys-

la continuation, ue se réunissent pas comme ces derniers en un seul tronc, ainsi que les observations de M. Serres pourraient le laisser croire. J'ai déjà décrit ces deux vaisseaux (page 257 du Mémoire, et fig. 20, 21 et 30) comme étant la première paire d'arcades branchiales, dont les parties postérieures constituent les racines séparées de l'aorte, qui se voient dans le poulet au troisième et quatrième jour de l'incubation, et à ces racines vont encore se joindre vers cette période les quatre autres arcades branchiales qui apparaissent successivement de chaque côté du pharynx. Les racines de l'aorte et les arcades branchiales que nous avons déjà observées ne se réunissent pas entre elles, mais elles offrent d'autres changemens fort remarquables dans leurs parties, agrandissement ou oblitération. Une portion des premières arcades branchiales donne naissance aux artères carotides dans tous les animaux vertébrés, pendant que le tronc propre de l'aorte, ou du moins sa portion ascendante et sa crosse, sont produits par d'autres vaisseaux branchiaux et par les racines dans lesquelles ceux-ci se réunissent; l'aorte se forme d'un ou de plusieurs vaisseaux branchiaux, suivant la classe à laquelle appartiennent les animaux qui sont le sujet de l'observation. Dans les mammifères, elle résulte de la permanence de la quatrième arcade branchiale et de la racine aortique du côté gauche; dans les oiseaux, par celles du côté droit; dans la plupart des reptiles, par celles des deux côtés; dans les batraciens à queue, par trois ou quatre arcades et leurs racines de chaque côté; dans les poissons osseux, par quatre; et dans les sélaciens, par toutes les cinq paires de vaisseaux branchiaux, et les deux racines qui s'observent aux premières époques du développement du fœtus (fig. 1, 9, 11, 14, 15, 19, 20, 30, 35, 39 de ces deux dernières planches).

» La découverte de l'état primitif double de l'aorte dorsale et abdominale dans le fœtus très jeune, découverte due à M. Serres, n'en doit pas moins être regardée comme étant du plus haut intérêt; car non seulement elle met en lumière un changement très singulier dans les artères médianes, auquel on avait accordé peu d'attention jusque là; mais elle paraît en outre devoir expliquer plusieurs variations qui s'observent chez diverses tribus de

tèmes organiques. Nous ne nous arrêterons pas à détailler
ce procédé pour la formation de toutes les ouvertures qui
perforent le système osseux ; il est en effet si évident pour
le trou vertébral lui-même, pour celui qui transperce les
apophyses transverses des vertèbres cervicales, pour les
trous sacrés et sous-pubien, pour le trou occipital, pour
les trous ronds, ovales et sphéno-épineux du sphénoïde,
pour le trou auditif, pour les fenêtres de l'oreille moyenne,
que nul doute, depuis la publication de nos lois d'ostéogénie, ne s'est élevé sur la généralité de ce mécanisme de
formation.

Mais il n'en est pas de même pour les ouvertures des
autres systèmes organiques, du système musculaire en
particulier. La contractilité de ce système est si active que,
s'il eût existé des fibres circulaires, comme on le supposait,
la lumière des ouvertures qu'il présente eût à chaque mouvement varié ses dimensions, ce qui eût gêné la liberté
d'action des parties qui les traversent. Si, au contraire, il
existe un faisceau musculaire distinct pour chaque côté de
l'ouverture, on conçoit que leur contraction isolée élargira
plutôt qu'elle ne rétrécira le trou qu'ils constituent par leur
réunion ; on conçoit également que lorsque ces ouvertures
seront pratiquées dans des muscles plus ou moins soumis
à la volonté, la combinaison de ces contractions isolées
pourra, selon le besoin, en diversifier la grandeur. Quoi
qu'il en soit, non seulement toutes les ouvertures pratiquées

reptiles dans le point de jonction des racines de l'aorte et dans
l'origine des artères cœliaque, mésentériques et autres.

» Les observations de M. Serres, relativement à l'union des doubles artères basilaires et calleuses, n'offrent pas un moindre intérêt, et il en est de même de plusieurs faits curieux qu'il a men-
tionnés en parlant de l'union des principaux troncs veineux et des
variétés qui existent dans la distribution des vaisseaux du cordon
ombilical chez plusieurs mammifères. » (Allen Thompson, traduit
de l'anglais par M. Doyère.)

dans le système musculaire sont comme celles du système osseux des ouvertures de conjugaison, mais souvent même, à cause de la circonstance que nous venons de mentionner, le système fibreux se joint à lui pour en tapisser les contours. C'est ainsi que l'anneau fibreux du diaphragme qui entoure la veine cave est fourni par la jonction sur la ligne médiane des deux moitiés de ce muscle ; c'est ainsi que l'ouverture œsophagienne et l'anneau aortique résultent du croisement de ses piliers antérieurs et postérieurs ; c'est également du croisement simple des deux faisceaux des muscles de l'abdomen que l'anneau inguinal tire son origine. L'arcade crurale a pour base le plancher osseux du pubis, et pour contour supérieur l'arc fibreux des obliques et des transverses abdominaux. Il en est de même de l'arcade axillaire qui livre passage aux vaisseaux du thorax ; il en est de même des ouvertures que traversent les artères inter-costales, les obturatrices, etc. Nulle part cette composition binaire des anneaux musculeux n'est plus marquée qu'à la bouche, à la vulve, à l'anus, aux paupières. Il y a quatre muscles labiaux, deux supérieurs et deux inférieurs, pour former l'entrée du canal digestif ; il y a de doubles sphincters musculaires pour constituer son anneau de terminaison ; il y a deux arcs musculaires qui se réunissent en haut et en bas pour former l'ogive de l'entrée du vagin ; enfin l'anneau musculeux des orbiculaires des paupières a sa moitié supérieure formée par un muscle, et sa moitié inférieure par un autre ; l'angle de leur jonction forme les commissures. C'est peut-être à cause de ce rapport de composition binaire que les anciens anatomistes ont donné à la conjugaison des commissures de l'encéphale chez les mammifères les noms si impropres et si déplacés d'*anus* et de *vulve*. Les *scissures*, les *rainures* et les *fentes* n'étant que des ouvertures plus ou moins prolongées, il serait superflu de s'arrêter ici sur la conjugaison constante de leur formation.

CHAPITRE XX.

Formation des cavités des organismes.

Dans le système des préexistences, toutes les cavités, formées à l'avance, se dilataient, comme le fait, sous le souffle, la cavité d'une bulle de savon. Dans la théorie de l'épigénèse, toutes les cavités doivent être formées par l'adjonction et l'engrenure de plusieurs parties dont la réunion constitue leurs parois. A la rigueur, ces cavités ne sont que des trous intérieurs, de sorte que la composition des uns pourrait nous servir à déduire celle des autres, si, avant tout, nous ne devions prendre l'observation pour guide. Cette marche nous est d'autant plus nécessaire ici que si la composition fractionnée de certaines cavités n'est misé en doute par personne, celle d'un beaucoup plus grand nombre est rejetée par la plupart des anatomistes ; il est donc important d'établir d'après les faits que le mécanisme de leur développement est le même pour toutes, quelle que soit d'ailleurs la diversité des organes qu'elles occupent, et la diversité des tissus qui concourent à leur formation.

Nous n'avancerons rien qui ne soit parfaitement connu de tout le monde, quand nous dirons que la cavité du crâne, celle de l'orbite, celle des fosses nasales, etc., résultent du concours de plusieurs pièces osseuses, engrenées entre elles de manière à constituer les voûtes qu'elles présentent. Cette composition est si évidente que nul doute n'a pu s'élever à leur égard. Mais il n'en sera pas de même si nous voulons étendre ce principe aux cavités articulaires des os. Ces cavités sont si diverses, si variables, qu'elles semblent échapper au premier abord à toute similitude de formation. En effet, entre la cavité cotyloïde si profonde pour encaisser la tête du fémur, et la dépression si superficielle de l'atlas pour favoriser le glissement de l'apophyse odontoïde, la différence est si tranchée que nul rapport ne paraît exister entre elles. Néanmoins, comme les cavités précédentes, toutes celles dites articulaires exigent au moins deux pièces pour leur composition. La cavité cotyloïde en a trois décrites par tous les anatomistes, et de plus une quatrième (*le cotyloïdal*) que nous avons découverte chez les mammifères. La cavité glénoïde du scapulum en a constamment deux chez l'homme, souvent trois chez les mammifères. Chaque corps de vertèbre a sa demi-facette articulaire pour former avec sa voisine la cavité qui reçoit la tête des côtes. Les deux noyaux du corps vertébral de l'atlas se réunissent pour former la cavité odontoïdienne. Enfin il n'est pas jusqu'à la cavité de l'enclume qui ne soit le résultat du concours des deux pièces primitives qui entrent dans la composition de cet osselet de l'oreille moyenne. Cette règle de formation est donc générale. Ce n'est pas tout : les cavités de réception sont souvent divisées par des loges distinctes ; ces loges sont le produit de cloisons isolées qui se détachent des parois internes de la cavité. Ainsi la cavité du crâne est divisée en deux loges par la tente du cervelet, fibreuse chez l'homme, osseuse chez certains mammifères. La cavité olfactive est divisée en deux par le diaphragme que forment la lame perpendiculaire de l'ethmoïde et le vomer, puis subdivisée encore par les cornets. La longue gouttière des maxillaires, dans laquelle sont renfermés les germes des dents, se divise en une multitude d'alvéoles à l'aide de petites lames osseuses qui se détachent de ses parois, etc. La division des cavités générales est donc aussi produite par la conjugaison interne de leurs parois. Évidente pour la division des cavités osseuses, cette règle d'organogénie l'est aussi pour la division des cavités de l'encéphale, pour la division des cavités du cœur. Ici l'importance de ces organes, l'importance de leur fonction donne un intérêt tout particulier à ce procédé de développement. Si on a égard à cette importance, il y a loin sans doute des cavités cardiaques et de celles de l'encéphale aux cavités olfactives et alvéolaires ; mais si l'on se borne à étudier le mécanisme d'après lequel elles se produisent, on trouve qu'il est exactement le même. Ainsi la cavité du quatrième ventricule est produite par la conjugaison des lames du cervelet ; la cavité des lobes optiques résulte de la réunion de ses feuillets ; l'aqueduc qui fait communiquer ces deux cavités est le résultat de la réunion et du prolongement des deux cordons de la valvule de Vieussens. Les grands ventricules du cerveau sont le produit du plissement des lames hémisphériques, se conjuguant d'abord transversalement par les faisceaux qui forment le corps calleux, puis d'arrière en avant par ceux qui composent la voûte, puis enfin par le *septum lucidum*, que déjà Galien nommait le diaphragme du cerveau. Comme on le sait, la communication de ces cavités avait pour objet, d'après les anciens, de faciliter la libre circulation des esprits animaux ; depuis que ces esprits ont disparu de la physiologie, le fait anatomique est seul resté. Mais si la circulation des esprits animaux n'existe pas, le sang, que les anciens disaient immobile, circule, et la continuité de son mouvement, auquel la vie est attachée, ajoute beaucoup à l'intérêt de la formation des cavités du cœur. Ainsi que nous l'avons déjà dit, les deux vaisseaux cardiaques en se réunissant forment une cavité unique ; cette cavité se divise en premier lieu par une cloison transversale qui sépare les oreillettes des ventricules ; puis du sommet de ces derniers s'élève une cloison musculaire, un véritable diaphragme qui subdivise en deux la cavité ventriculaire, puis encore de la paroi interne de l'oreillette se détachent deux demi-cloisons qui marchant l'une vers l'autre la subdivisent comme la cloison précédente a subdivisé le ventricule. Les loges cardiaques ne sont donc encore, comme celles de l'encéphale, que des cavités de conjugaison.

La loi de conjugaison devient ainsi, pour la structure et la composition des organismes, ce que les lois précédentes sont pour la forme. On remarquera en effet que le cœur est un organe à cavités ouvertes. Or, avoir ramené à une règle fixe la formation de ces ouvertures et de ces cavités, après avoir déterminé la nature des tissus qui les composent, n'est-ce pas avoir expliqué les conditions physiques de cet organe? Cette explication déjà difficile nous prépare à l'explication plus difficile encore de la composition du globe de l'œil, qui résulte d'une succession de cavités nombreuses fermées et emboîtées les unes dans les autres. Nul organe mieux que celui-ci ne se prêtait à la supposition des préformations organiques; nul ne semblait mieux que celui-ci devoir se soustraire à l'application des règles générales de l'organogénie; car pour que des membranes vésiculaires et sphéroïdales puissent se conjuguer pour donner naissance à leurs cavités, il faut de toute nécessité qu'elles soient primitivement divisées. Or, la forme même du globe de l'œil semblait repousser cette division primitive, qu'ont cependant mise hors de doute les belles recherches d'ophthalmogénie de M. Huschké. L'œil étant primitivement divisé en deux par une fissure antéro-postérieure, on conçoit que de la réunion des deux moitiés de sclérotique résulte la sphère de cette enveloppe; on conçoit également que du même mécanisme résulte celle de la choroïde, ainsi que les deux moitiés de cercle qui forment l'iris. Pareillement les deux moitiés de sclérotique et de choroïde en se réunissant en arrière doivent constituer une ouverture que traverse le nerf optique; leur réunion en avant développe un anneau semblable d'où résulte la pupille sur l'iris, et l'ouverture antérieure de la sclérotique que vient clore la cornée transparente dont le développement se fait à part, selon le même anatomiste. Les deux chambres de l'œil sont évidemment produites par le diaphragme mobile de l'iris; les loges de la membrane hyaloïde, que remplit l'humeur vitrée, paraissent dues aux cloisons qui se conjuguent les unes les autres. Enfin la formation fractionnée du cristallin, dont l'agrégation des granules imite la figure polyédrique du tissu cellulaire des plantes (Reisch, Valentin), la formation fractionnée de ses fibres qui partent de ces granules, et qui d'abord plus visibles à la périphérie gagnent de proche en proche le centre, tout annonce que la formation si complexe du globe de l'œil rentre dans les règles communes au développement des autres organes (1).

CHAPITRE XXI.

Formation des canaux des organismes.

Les canaux n'étant en quelque sorte que des cavités prolongées, leur mécanisme de formation est exactement le même que celui de ces dernières; ils sont toujours et partout le produit de la conjugaison de deux ou de plusieurs parties. Mais leur réunion s'opère de deux manières très distinctes : tantôt elle a lieu par simple association ou engrenure; tantôt elle s'effectue par pénétration.

Dans les canaux par association, les parties se soudent entre elles par des sutures dont celles des os du crâne peuvent donner l'idée. On en a des exemples dans la formation du canal de la moelle épinière, dans celle du canal intestinal et du canal de l'urètre. Les exemples sont plus frappans encore dans le procédé d'où résultent les canaux sous-

(1) N'ayant fait, jusqu'à ce jour, aucune recherche propre sur l'ophthalmogénie, nous croyons devoir appeler l'attention des observateurs sur l'apparition et la succession des diverses parties de l'œil, ainsi que sur la manière dont elles se comportent les unes à l'égard des autres dans les divers temps de leur formation.

orbitaires, palatins postérieurs, ptérygoïdiens, dans le canal dentaire inférieur, dans l'aqueduc osseux que traverse le nerf facial, dans le labyrinthe de l'oreille interne, qui se montre d'abord sous l'aspect d'un canal uniforme contourné plusieurs fois sur lui-même ; à l'une de ses extrémités se développent par conjugaison les trois canaux demi-circulaires, à la formation desquels concourent plusieurs pièces osseuses distinctes ; à l'oreille interne apparaît le limaçon dont le mécanisme reproduit celui des canaux demi-circulaires. L'oreille interne est ainsi un assemblage de canaux, comme le cœur est une réunion de cavités ouvertes, et l'œil un composé de cavités fermées, et ces cavités, de même que ces canaux, sont tous le produit de l'association de plusieurs parties.

Dans les canaux développés par pénétration, la conjugaison est plus intime encore ; car deux parties déjà creuses étant amenées au point de contact, la portion des parois par lesquelles elles se touchent s'efface, disparaît, et des deux cavités se forme le canal. Le canal central de l'os canon des ruminans peut servir de type à ce procédé de développement qui se répète sur tous les os longs du squelette des animaux et sur plusieurs des canaux du système sanguin. Les deux os qui composent l'os canon des ruminans ne se pénétrant que long-temps après la naissance, on peut suivre à l'œil nu tous les temps de ce mécanisme de développement, on peut suivre toutes les périodes de l'effacement des parois par lesquelles les os se sont touchés et pénétrés. La formation du canal central des os longs s'opérant au contraire sur le fœtus dès les premiers temps de l'ossification, le microscope est nécessaire pour dévoiler le mécanisme ; mais avec son aide on voit évidemment que les canalicules osseux qui remplacent le tissu cartilagineux vont, en se développant et en augmentant de calibre, de la périphérie au centre de l'os ; parvenus là, il existe un moment où le canal médullaire est représenté par deux

canalicules centraux plus larges que les autres, lesquels,
venant à se rapprocher l'un de l'autre, se pénètrent comme
les deux os canons, réunissent leurs deux cavités, et produisent par cette réunion le canal médullaire unique des os
longs, limité, à cause de ce mécanisme de formation, à leur
partie médiane. Si on considère que tout le système osseux
est composé de canalicules, que les reins sont une agglo-
mération de petits canaux, les testicules un assemblage de
conduits, on concevra l'importance qu'acquièrent les règles
de l'organogénie à mesure que l'on pénètre plus profondément dans la structure intime des parties. Quelquefois
même, comme cela a lieu particulièrement pour le système
sanguin primitif, on voit le mécanisme de la fonction, qui
est ici la circulation du sang, acquérir un nouveau degré
de certitude des lois que nous venons d'exposer.

RÉSUMÉ.

Telles sont les règles expérimentales qui constituent la
théorie de l'épigénèse. Elles nous paraissent remplacer
avec avantage les suppositions inadmissibles du système
des préexistences. Ces règles ne sont en effet que la traduction des mouvemens à petites distances, qui, dans l'organogénie humaine et comparée, portent les organismes les
uns vers les autres en les dirigeant de dehors en dedans,
conformément à la loi centripète des formations. Elles ex-
priment ainsi les diverses périodes que traversent les organes dans le cours de leurs développemens. C'est en quelque sorte la réalisation, par la nature, de l'analyse et de la
synthèse.

La loi de symétrie, qui nous a montré le dualisme primitif de tous les organismes, n'est à la rigueur qu'une règle
d'analyse.

La loi de conjugaison, qui ramène ce dualisme à l'unité, qui par ses conséquences donne naissance aux organes impairs, aux trous, aux cavités, aux canaux qui se développent dans les organismes, n'est au fond qu'une règle de synthèse.

Enfin, la loi d'équilibration, qui de leur exagération primitive ramène tous les organes, par une série uniforme de balancemens, au volume respectif qu'ils doivent conserver, n'est également qu'une règle de subordination des organismes les uns à l'égard des autres.

Les règles de l'organogénie normale ainsi posées, reste à rechercher celles de l'organogénie anormale, soit que les organismes s'arrêtant dans leur marche n'atteignent pas le degré de perfection qui les caractérise, soit qu'après l'avoir atteint ils reculent de l'état où ils étaient parvenus pour se détériorer et se détruire. Ces études nouvelles, relatives à la tératogénie et à la pathogénie, feront le sujet de la quatrième partie de ce travail. Dans la troisième, nous ferons l'application spéciale des lois que nous venons de formuler aux trois système osseux, nerveux et sanguin.

FIN.

ERRATA.

Page 10, ligne 34, *rayez* Sclebel.

Page 13, ligne 23, *au lieu de* Juerg, *lisez* Jœrg.

Page 19, ligne 2, *lisez :* Une succession d'êtres nouveaux venus, etc.

Page 52, ligne 3, *au lieu de* M. Oken en Angleterre, *lisez* M. Oken en Allemagne.

Page 54, ligne 10, *au lieu de :* ne sont en réalité que l'échafaudage. Une idée mère, une pensée première, etc.; *lisez :* ne sont en réalité que l'échafaudage d'une idée mère, d'une pensée première, etc.

Page 80, ligne 7, *au lieu de* formée d'avance par....., *lisez* formée d'avance dans.....